过渡金属催化
小分子反应的
理论研究

Theoretical Studies
of Small Molecule Reactions Catalyzed
by Transition Metals

李婧婧　著

化学工业出版社

· 北京 ·

内容简介

本书以过渡金属配合物催化羰基化、加氢/脱氢以及惰性键活化的反应机理为主线，系统总结了目前过渡金属配合物催化小分子反应的研究现状及文献报道的可能反应机理，重点阐明了作者近些年在过渡金属配合物催化转化理论计算方面开展的研究工作。

本书可供金属有机化学、理论与计算化学、功能分子与材料等领域的科研人员及高校有机化学、物理化学、功能材料等专业的师生参考。

图书在版编目（CIP）数据

过渡金属催化小分子反应的理论研究 ／ 李婧婧著.
北京 ： 化学工业出版社，2025. 6. -- ISBN 978-7-122
-47930-3

Ⅰ. TQ426.8

中国国家版本馆 CIP 数据核字第 2025U09L29 号

责任编辑：李晓红

责任校对：边　涛　　　　　　　装帧设计：刘丽华

出版发行：化学工业出版社
　　　　　（北京市东城区青年湖南街 13 号　邮政编码 100011）
印　　装：北京科印技术咨询服务有限公司数码印刷分部
710mm×1000mm　1/16　印张 12¼　字数 236 千字
2025 年 6 月北京第 1 版第 1 次印刷

购书咨询：010-64518888　　　　售后服务：010-64518899
网　　址：http://www.cip.com.cn
凡购买本书，如有缺损质量问题，本社销售中心负责调换。

定　　价：98.00 元　　　　　　　版权所有　违者必究

　　过渡金属配合物催化小分子反应在现代有机合成和工业催化中占据重要地位，其高效性和高选择性为复杂分子的构建提供了强有力的工具。鉴于化学工业对绿色高效催化过程的迫切需求，深入理解过渡金属配合物催化的反应机理尤为重要。传统实验手段在揭示催化本质机理方面存在局限，促使研究者转向理论计算方法。理论计算不仅能解释实验现象、预测反应路径，更能够分析催化剂与底物之间的相互作用，为催化剂的理性设计提供理论依据。

　　基于这一背景，本书研究内容聚焦"可持续发展"这一国家重大战略需求，服务于大宗和精细化学品合成、新能源以及环境治理等产业，对高值化学品的合成、可再生能源的利用以及缓解环境问题具有重要意义。本书共分为 5 章，第 1 章绪论，概述了过渡金属配合物催化羰基化、加氢/脱氢以及 C-X 键活化反应的发展概况，并阐述了理论计算在反应机理研究中的重要性。第 2 章介绍了本书所涉及的理论基础、计算方法和计算软件。第 3 章致力于钯配合物催化烯烃羰基化反应的机理研究，通过对不饱和烃氢甲酰化、氢羧化以及氢酯化的反应机理和选择性的详细分析，揭示了钯配合物在羰基化反应中的独特催化性能。第 4 章探讨了锰、铁和铱配合物在加氢/脱氢反应中的催化机制，通过对碳酸亚乙酯加氢、乙酰丙酸加氢、甲酸脱氢等反应的研究，揭示了不同过渡金属配合物在加氢/脱氢反应中的催化性能差异及其结构-活性关系。第 5 章阐释了钴、钨配合物催化 C-X（H、F、S）键活化的反应机理，揭示了过渡金属配合物在 C-X 键活化反应中的独特催化性能及其选择性控制机制。

　　本书的特色在于通过密度泛函理论系统阐明金属配合物催化小分子反应的微观机制，揭示配体电子效应、立体效应对反应活性和选择性的影响，填补实验难以触及的机理空白。结合形变/结合能分析、自然键轨道理论等研究方法，总结金属氧化态、配体结构对反应活性影响的规律，为高效催化剂设计提供分子层面的理论依据。此外，本书详述的理论基础和计算方法，为读者提供了实用的工具和参考。希望本书能为从事金属有机化学、理论与计算化学、功能分子与材料研究的科研人员和学生提供有价值的参考。

　　本书的编写得到了许多人的支持和帮助。首先，感谢导师张冬菊教授和同事们在研究过程中给予的指导和鼓励。此外，感谢出版社的编辑团队，他们的专业建议和细致工作使本书得以顺利出版。最后，感谢我的家人，他们的理解和支持是我完成本书的重要动力。

李婧婧

2025 年 3 月 26 日

目 录

第 3 章
过渡金属钯配合物催化烯烃羰基化反应

054

第 4 章
过渡金属锰、铁和
铱配合物催化加氢/
脱氢反应

104

第 5 章
过渡金属配合物催化 C-X(H、F、S)键活化的反应机理

157 ——————

第 1 章

绪论

　　金属有机化学是在无机化学和有机化学相互渗透中发展起来的，并迅速跻身于当代化学中发展最迅速、最富有生命力的前沿领域之列，它的兴起有力地推动了新能源、生物医药、新材料、环境保护等领域的发展。最近几十年众多高活性、高选择性的新型过渡金属有机配合物的开发和利用，将金属有机化学的地位提高到了一个崭新的水平。许多过渡金属有机化合物不仅本身就是有效的杀菌剂、抗生素和抗癌药物，而且可以通过其催化性能实现手性药物的合成。金属有机化学的发展对生命科学和工业生产都产生了革命性的影响，具有不可估量的发展潜力和应用前景。

　　有关金属有机化学的历史，最早可以追溯到 1827 年，丹麦药剂师 Zeise[1] 在加热 $PtCl_2/KCl$ 的乙醇溶液时无意合成出了含铂和乙烯的金属有机化合物（图 1-1 中的 **A**），但是由于当时条件有限，这种结构未能得到表征。直到 1849 年，Frankland[2] 合成了有机化合物二乙基锌（图 1-1 中的 **B**）后，金属有机化学才得以发展。而为金属有机化学发展史添上浓墨重彩一笔的，莫过于 Griganrd 试剂的出现。1990 年，基于前人的研究，Grignard[3] 在其导师 Barbier 的指导下合成了镁有机化合物 RMgX（图 1-1 中的 **C**，Grignard 试剂），至今这一试剂仍被广泛使用，Griganrd 因此获得了 1912 年的诺贝尔化学奖。1951 年 Pauson[4] 偶然合成了三明治夹心结构的二茂铁（图 1-1 中的 **D**），这个优美而又新颖的分子的出现使金属有机化学进入飞速发展阶段。1968 年，Knowles[5] 使用过渡金属对手性分子进行氢化反应，合成出治疗帕金森病的特效药 L-DOPA（图 1-1 中的 **E**）。此后经过野依良治和 Sharpless 两位科学家的进一步研究，开拓了分子合成的新领域，三位科学家因此分享了 2001 年诺贝尔化学奖。进入新世纪，面对能源和环境的双重挑战，金属有机化学开始向着"原子经济性"发展。可以预见，金属有机化学将与新颖的、前沿的学科再次交叉，为材料、环保、能源、人类健康等方面作出贡献。

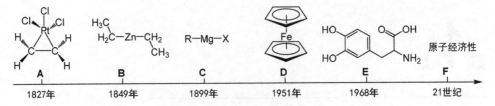

图1-1 金属有机化学发展史

作为一门交叉学科，金属有机化学已经渗透到多个领域。在高分子科学领域，金属有机化合物作为催化剂为各种特殊性能材料的合成提供了可能性，如二茂铁基聚合物，不仅可以增加材料的敏化性能还可以作为航天飞机外层涂料的改进剂。在生物医药领域，金属有机化合物不仅可以作为催化剂实现手性药物的合成，而且其本身亦可作为药物治疗疾病，如有机锑化合物可以治疗血吸虫病，顺铂化合物对癌症有一定的疗效。而在有机化学领域中，金属有机化合物应用的历史最悠久也最成熟，其中过渡金属参与的均相催化反应更是广泛研究的热点，接下来我们主要介绍过渡金属配合物参与的几类重要有机化学反应的研究现状。

1.1 过渡金属配合物催化羰基化的发展概况

羰基化反应是指以不饱和烯烃、炔烃、芳香烃、卤代烃及杂环化合物等为底物，与一氧化碳或其替代物、亲核试剂（氢气、醇、水、胺类化合物、酚类化合物及有机硼酸类化合物等）反应，合成醛、羧酸、酯、酰胺及酰氯等高附加值产品的反应（图1-2）。经过多年的发展，羰基化反应种类得到了极大的拓展，从反应条件的优化到大规模工业化生产，同时羰基化反应的产物在精细化学品和大宗化学品的合成中也获得了广泛的应用。在羰基化反应的发展过程中，催化剂活性与选择性是研究热点。元素周期表第Ⅷ族金属元素（如 Fe、Co、Ru、Rh、Pd、Ir 等）因其独特的电子结构而成为羰基化反应的高效催化剂。这些过渡金属的外层 d 电子轨道能与含有孤对电子的配体（如 CO、膦等）形成配位键，产生空的价电子轨道，从而有效活化反应底物并催化羰基化反应的进行。以烯烃为例，羰基化反应机理概括如下（图1-2）：首先形成过渡金属氢化物活性物种，其次与烯烃配位和加成，接着 CO 配位及插入，最后亲核试剂进攻导致金属氢活性物种离去形成目标产物。近年来，化学工作者对羰基化反应进行了深入研究，开发出了越来越多高效和高活性催化体系，为合成更多类型的高附加值产品提供了新方法，也为实现该反应的大规模工业化应用提供了理论基础。

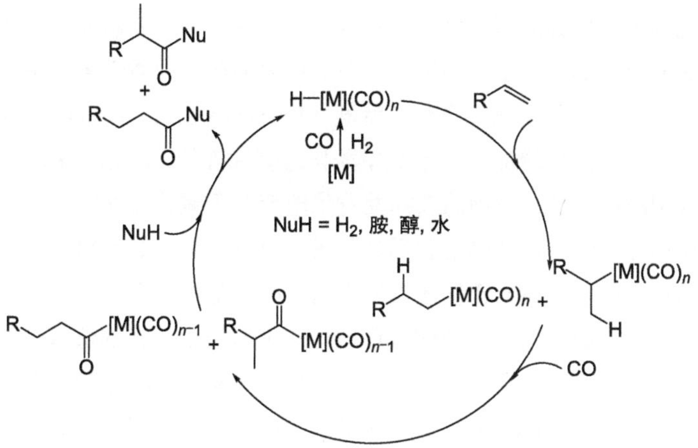

图 1-2 过渡金属催化烯烃羰基化的一般反应机理

1.1.1 氢甲酰化反应

在不饱和烃中引入醛基（CHO）和氢原子的反应称为氢甲酰化反应（hydroformylation）。第一个过渡金属催化的羰基化反应是 Otto Roelen 课题组于 1938 年在研究费-托反应时发现的氢甲酰化反应[6]。该反应已被广泛应用于烯烃制醛工业中，全球每年通过氢甲酰化过程生产将近 1000 万吨醛类物质[7]。生成的醛类化合物在香料、医药、精细化学品及大宗化学品等领域具有广泛的应用。过渡金属铑催化烯烃氢甲酰化的工艺发展较早也更为成熟，因此在工业应用过程中优先选用低压氧化铑工艺（LPO）。据统计，大约 70% 的氢甲酰化产品是使用 LPO 工艺生产的[8]。2018 年，Zhang 等人[9]在铑催化不对称氢甲酰化反应研究中取得重要突破。针对 1,2-二取代烯烃反应中区域选择性调控这一长期存在的挑战性难题，该团队创新性地引入大位阻硅基团，作为导向基团，成功实现了区域选择性的精准调控，值得注意的是，此前文献报道的杂原子导向氢甲酰化反应均倾向于生成 α-产物，而该研究首次实现了 β-硅基手性醛的高对映选择性合成（图 1-3）。然而随着铑的过量消耗，导致其价格飞速上涨，寻找铑的替代品以满足工业生产应用是需要迫切解决的问题。

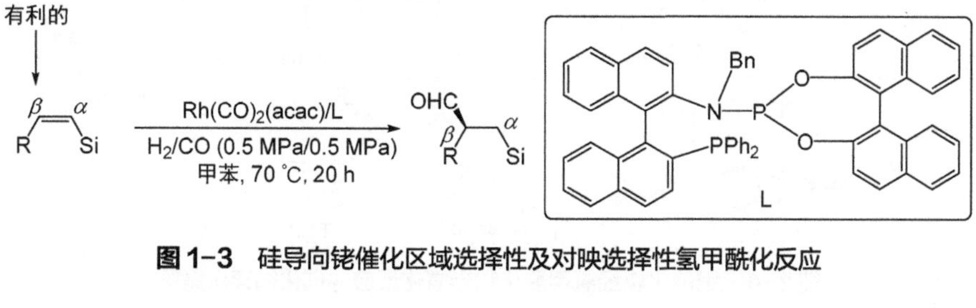

图 1-3 硅导向铑催化区域选择性及对映选择性氢甲酰化反应

钯基催化剂因其优异的催化性能，已从传统的 C–C 交叉偶联反应拓展至羰基化反应领域。2000 年，Drent 等人[10]报道了钯基催化剂在不同酸性条件下，选择性合成醛和低聚酮的反应。研究发现，布朗斯特酸（Br∅nsted acid）助剂的酸性强弱与产物选择性密切相关——酸度增加会导致氢甲酰化选择性降低，而碱性膦配体与弱酸的组合则有利于线型醛的生成。产物的选择性发生改变源于碱性配体降低了金属中心的亲电性。另外他们还推测了可能的催化循环机理：氢气活化生成钯氢活性物种，烯烃插入，形成烷基钯中间体，CO 迁移插入生成重要的酰基钯配合物，该配合物是形成醛或酮的关键中间体。通过精准调控配位环境可实现对反应路径的选择性控制；强配位阴离子和碱性配体有利于氢甲酰化；弱配位阴离子和缺电子配体的结合则会促进酮类产物的生成。2009 年，Beller 课题组[11]提出了一种高效的钯催化烯烃氢甲酰化的研究方案，以 Pd(acac)$_2$ 作为催化剂前体，碱性双膦为配体，对甲苯磺酸（PTSA）为助催化剂。实验数据表明，PTSA 的浓度是调控烯烃氢甲酰化区域选择性的关键因素。以苯乙烯为模板底物，该催化体系可获得收率 88% 和选择性 85% 的线型醛产物。这一结果与传统的铑基催化剂体系形成鲜明对比，后者通常优先生成支链醛产物，充分展现

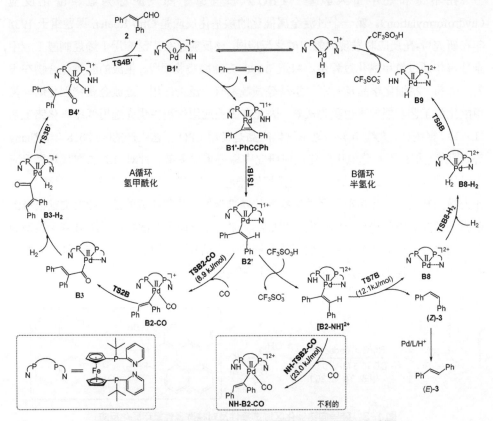

图 1-4　钯催化炔烃氢甲酰化和半氢化反应的催化循环示意图

了钯催化剂在选择性构建线型醛结构方面的独特优势。2020 年，该课题组[12]报道了一种应用于炔烃与合成气（CO/H₂）氢甲酰化的高化学选择性钯催化体系，该体系以 2-吡啶基取代基配体作为内置碱基，四氢呋喃为溶剂。研究发现：在 PTSA 酸性条件下，体系以优异的区域选择性和立体选择性实现 α,β-不饱和醛的合成；当采用强酸 CF₃SO₃H 时，反应路径则转向半氢化过程，专一性地生成反式烯烃。结合理论计算，研究揭示了化学选择性的调控机制（如图 1-4 所示）：配体中 2-吡啶基作为内置碱基参与催化过程，显著降低氢气分解的活化能，促进氢甲酰化过程；在强酸性条件下（如 CF₃SO₃H），该配体抑制了 CO 与烯基钯中间体配位，使反应转向半氢化反应路径。

工业上，氢甲酰化过程是在加压合成气（CO/H₂）条件下进行的，但是由于实验室通常不具备处理 CO 和 H₂ 的能力，使得氢甲酰化工艺的研究和应用受到阻碍。为了解决这一问题，研究者提出使用甲酸、甲醛以及甲醇等作为合成气的替代品。相比于合成气中进行的氢甲酰化反应，有关非合成气下氢甲酰化的反应机理方面研究较少。王鹏泉等人[13]以三苯基膦（PPh₃）配位的钯为催化剂，计算了非合成气体系中苯乙烯氢甲酰化过程四种可能的反应路径，计算结果表明：反应包括苯乙烯加氢还原、羰基插入、两次分子内氢转移、脱羧及还原消除五个步骤，其中苯乙烯加氢还原反应倾向于遵循反马氏加成途径，生成线型醛。与合成气条件下不同，非合成气下氢甲酰化过程需要反应物自身提供氢源及羰源，因此反应底物中甲酸的浓度会直接影响反应速率。

1.1.2　氢羧基化反应

在羰基化反应中，一般以不饱和烃为底物，CO 或其替代物为羰源，水为亲核试剂，过渡金属催化作用下，生成羧酸的反应称为氢羧基化反应（hydrocarboxylation）。有机羧酸类化合物（支链羧酸和直链羧酸）广泛应用于材料、食品工业和医药等领域。如己二酸是生产尼龙 66 的重要原料，也可作为聚氨酯生产的原料，支链的羧酸类化合物 2-芳基乙酸是合成一种非甾体类抗炎药物的重要中间产物。

2009 年，Clarke 课题组[14]对烯烃氢羧基化反应的区域选择性进行了详细的研究，结果表明单膦（monophosphine）配体有利于生成支链产物，而双膦（diphosphine）配体更有利于生成直链产物（图 1-5）。2018 年，Li 等人[15]报道了一种钯/铁协同催化的烯烃氢羧基化反应，通过简单调节铁助催化剂的阴离子类型，即可实现产物区域选择性的精准调控。当 FeCl₃ 为助催化剂时，支链产物选择性达 87%～96%，而 Fe(OTf)₃ 则使直链产物选择性提升至 45%～94%。机理研究表明，Fe^{3+} 能够促进 Pd-H 活性物种的生成，同时抑制钯黑的生成（图 1-6）。

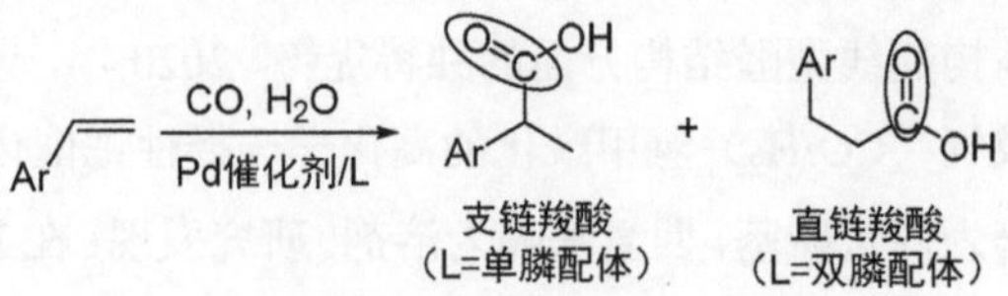

图 1-5　配体调控的烯烃选择性氢羧基化反应

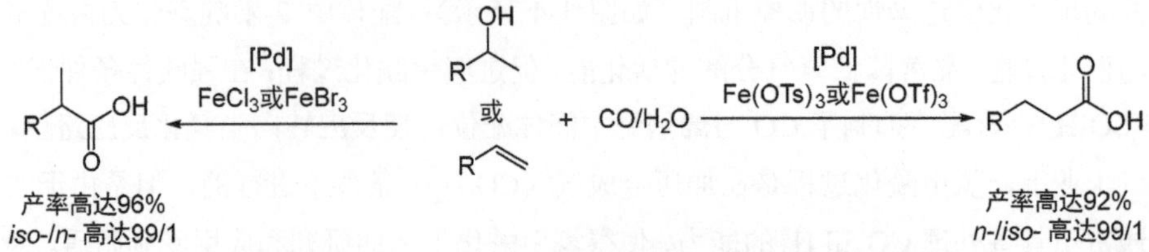

图 1-6　铁盐与钯协同催化的选择性氢羧基化反应

2022 年，董开武课题组[16]利用接力催化策略，通过非手性（achiral）和手性（chiral）钯配合物的协同作用，实现了末端炔烃的不对称双氢羧基化反应。在该体系中，非手性钯配合物（含吡啶单膦配体）首先催化炔烃支链选择性氢羧基化生成α-取代丙烯酸中间体，随后手性钯配合物（含联芳基双膦配体）完成对映选择性氢羧基化，高效合成手性α-取代琥珀酸。成功实现接力催化的关键是两种配体不会竞争同一钯中心，确保了催化过程的独立性。该方法成功应用于罗利普兰、布瑞伐西坦和普瑞巴林等手性药物中间体的合成（图 1-7）。

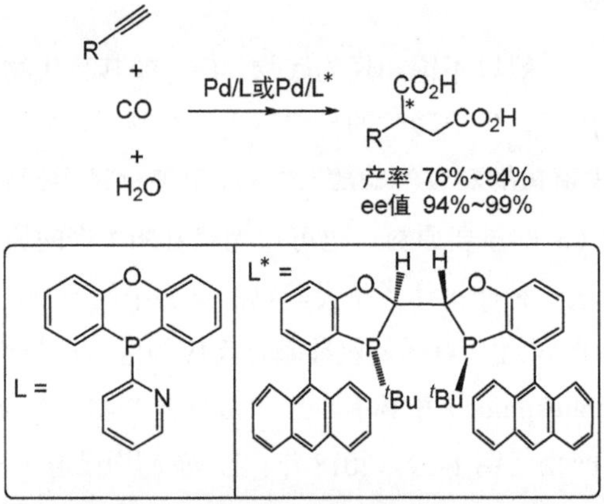

L——非手性配体；L*——手性配体

图 1-7　非手性和手性钯配合物接力催化末端炔烃的不对称双氢羧基化反应

近年来，甲酸作为绿色羰基源在氢羧基化反应中的应用备受关注。2015 年，周其林课题组[17]报道了甲酸为羰基源，Pd/4,5-双（二苯基膦）-9,9-二甲基氧杂蒽（Xantphos）为催化体系的乙炔氢羧基化反应。温和条件下，反应的转化数（TON）达到了 350。该方法底物普适性广，能够以很高的收率和选择性得到不同取代基的α,β-不饱和羧酸。这为丙烯酸的合成提供了绿色、高效的新方法。2022 年，唐波课题组[18]首次实现了镍催化炔烃的一锅法氢羧基化/不对称转移氢化反应，甲酸同时作为羧基源和氢源高效合成手性羧酸。机理研究表明（图 1-8）：产物中α-H 来自甲酸的 C–H 键，β–H 来自甲酸的 O–H 键；手性发生在 Ni–H 插入 C=C 键步骤中。该方法成功应用于布洛芬、萘普生等药物分子的高效合成，并实现氟比洛芬的克级制备，通过缩短合成步骤提升了原子经济性，兼具有重要的学术价值和应用前景。

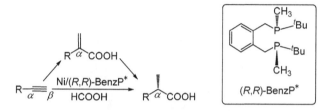

图 1-8 镍催化炔烃连续发生氢羧基化和不对称转移氢化反应

1.1.3 氢酯化反应

由于具有广泛的底物普适性、反应活性高、产物稳定且容易保存等优点，氢酯化反应备受关注。特别是 1,3-二烯烃类化合物的氢酯化反应可以为大宗化学品（如增塑剂、尼龙以及聚酰胺等）的工业化生产提供高效的方法。Bittler 等人[19]于 20 世纪率先报道了钯催化的 Reppe-型羰基化反应，Drent 等人[20]随后开发出高效钯催化剂，实现炔烃至甲基丙烯酸甲酯（聚合物关键中间体）的转化。Tooze 等人[21]进一步优化工艺，采用 Pd/Cs$_2$O-SiO$_2$ 催化体系，建立了"Lucite Alpha"工业化生产流程（年产甲基丙烯酸甲酯超过 30 万吨）。

决定氢酯化效率的一个重要因素是选择性问题，近年来通过条件优化实现烯/炔烃位点选择性氢酯化的突破性进展不断涌现。2015 年，Beller 课题组[22]实现了钯催化联烯的区域选择性氢酯化反应。该研究通过配体调控产物区域选择性，使用 Xantphos 配体/PTSA·H$_2$O 体系时，优先形成π-烯丙基-Pd 活性中间体，选择性生成β,γ-不饱和酯；采用 PPh$_2$Py 配体/三氟乙酸（TFA）时，则通过σ-烯基-Pd 活性中间体获得α,β-不饱和酯产物（图 1-9）。这一工作为多烯烃的定向羰基化转化提供了新思路。Beller 课题组[23-25]在氢酯化反应配体设计方面也取得了重要突破：①开发的 1,2-双-{[叔丁基（吡啶-2-基）膦基]-甲基}（py^{t}bpx）配体兼具位阻效应和协助质子转移功能，使乙烯在温和条件下即可实现高效氢酯化，为空间位阻大的烯烃（四取代、三取代或 1,1-二取代烯烃以及天然产物和药物）的氢酯化提供了解决方案（图 1-10）；②设计的 HeMaRaphos 配体通过叔丁基膦基团促进碳碳双键异构化、吡啶基团加速醇解，实现了 1,3-丁二烯的双羧基化反应，以 97% 选择性和 100% 原子经济性合成己二酸酯（图 1-11）。相比传统硝酸氧化法，该工艺具有高效、绿色和原子经济性优势，为己二酸及其酯的工业化生产提供了新思路；③开发的新型配体 1,1-二茂铁基-双-{叔丁基[吡啶-(2-基)膦]}（py^{t}bpf）在烯烃氢酯化反应中展现出卓越性能。80 ℃下仅需 3 h 即可实现乙烯高效转化为丙酸甲酯（产率 99%），且无需外加酸性助剂。机理研究表明配体中的吡啶氮原子通过辅助质子转移显著降低了甲醇分解步骤的活化能垒，使其反应活性远超工业标准配体 1,2-双-[（二叔丁基膦基）甲基]苯（d^{t}bpx）体系（图 1-12）。

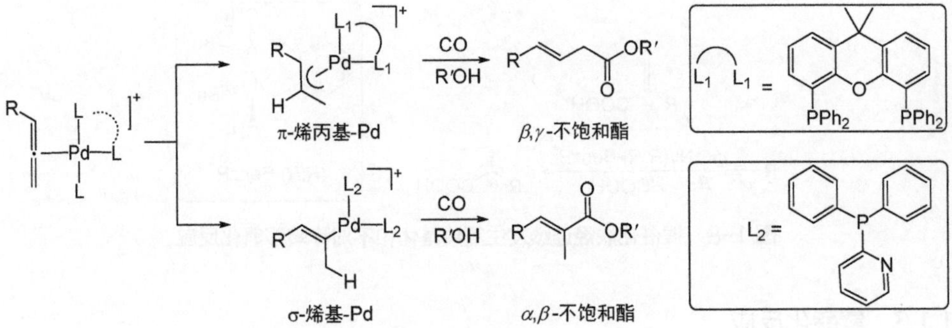

图 1-9　钯催化联烯选择性氢酯化反应

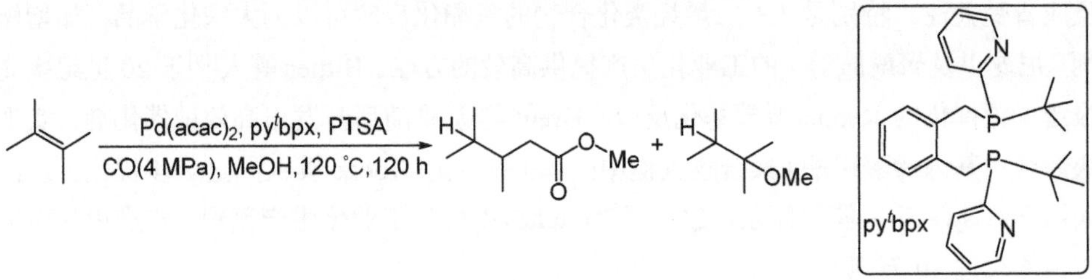

图 1-10　钯催化空间位阻大的烯烃氢酯化的反应

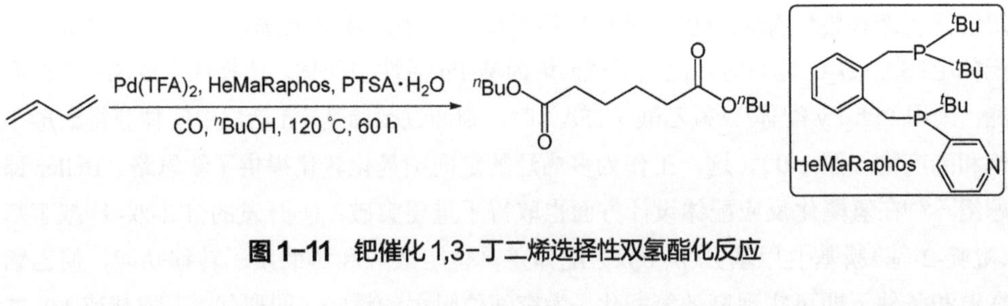

图 1-11　钯催化 1,3-丁二烯选择性双氢酯化反应

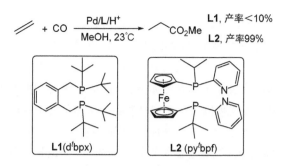

图 1-12 Pd/d'bpx 和 Pd/py'bpf 催化烯烃氢酯化反应

Alper 等人[26]首次实现钯催化甲酸酯作为 CO 替代物的烯烃氢酯化反应，但仍需额外 CO 参与。随后 Grévin 和 Kalck[27]突破性开发了无外加 CO 体系，$PdCl_2(PBu_3)_2$/$NaBH_4$ 催化下高效实现了烯烃氢酯化，产物丙酸甲酯收率高达 90%。$NaBH_4$ 和 $PdCl_2(PBu_3)_2$ 原位生成的 $PdH(Cl)(PBu_3)_2$ 是具有催化活性的物种。2013 年，Beller 课题组[28]报道了甲酸甲酯作为 CO 替代物，$Pd(acac)_2$/d'bpx 催化的烯烃氢酯化反应，仅需 0.038 mol% 的钯负载量即可使反应顺利进行。作者提出了两种可能的反应机理：一是甲酸甲酯通过热、酸或者金属催化分解为 CO 和甲醇，然后进行甲氧羰基化反应；二是经由还原消除，甲酸酯的 C–H 键在钯氢化物催化下活化，烷氧羰基官能团与金属钯成键。2015 年他们改进体系，以多聚甲醛为 CO 源，实现高收率、高直链选择性的烯烃氢酯化反应（图 1-13）[29]。同位素实验表明：醇和多聚甲醛都起到了 CO 替代物的作用，没有醇或醛都会使反应无法进行。据此推测反应机理为：甲醇或者多聚甲醛分解生成甲醛，甲醛在金属钯中心活化释放出 CO，生成的 CO 进而参与烷氧羰基化反应。

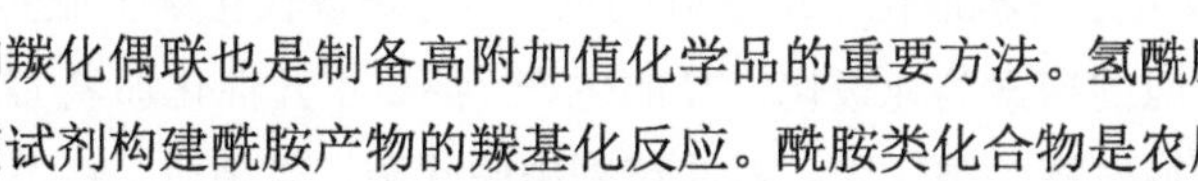

$$R\diagup\!\!\!\!= + (CH_2O)_n + MeOH \xrightarrow[100\ ^\circ C,\ 20\ h]{\substack{Pd(OAc)_2/d'bpx \\ PTSA}} R\diagdown\!\!\!\!\diagup\!\!\!\!\diagdown\!\!\!\!CO_2Me$$

图 1-13 多聚甲醛为 CO 替代物，$Pd(OAc)_2$/d'bpx 催化烯烃氢酯化的反应

1.1.4 其他类型的羰基化反应

氢酰胺化和羰化偶联也是制备高附加值化学品的重要方法。氢酰胺化反应是以胺类化合物为亲核试剂构建酰胺产物的羰基化反应。酰胺类化合物是农用化学品以及药物中重要的结构单元，目前超过 1/4 的市售药物分子中均含有酰胺键。β-内酰胺结构广泛存在于具有生物活性的药物小分子如青霉素、阿莫西林和头孢类等中[30]。黄汉民课题组[31]就β-内酰胺类化合物的合成进行了一系列的研究（图 1-14）。首先是构建了

钯/酸/碱催化体系，制备了烯酮活性中间体，进而合成了 β-内酰胺化合物。然后进一步发展了自由基-钯串联活化双 C–H 键的方法[32]，将简单烷基芳烃高效高选择性地转化为烯酮中间体，并进一步与亚胺反应合成 β-内酰胺类化合物。

在羰基偶联领域的代表性工作介绍如下。①Zhang 等人[33]报道了钯催化芳基噻蒽盐与芳基硼酸的羰基化交叉偶联反应，成功制备了大量的二芳基酮类化合物，该类化合物在抗肿瘤药物、农用化学和工业合成化学中具有广泛的应用前景（图 1-15）。可能的反应机理为：Pd(0) 与芳基噻蒽盐发生氧化加成得到 Pd(Ⅱ) 中间体，随后 CO 配位迁移插入得到酰基 Pd 中间体，苄基氯与 Zn 粉的作用下生成苄基氯化锌，并与酰基钯中间体通过转金属化、还原消除反应得到最终产物；②吴小锋课题组[34]开发了一种钯催化 1,3-二炔的多组分氟烷基羰基化反应，并制备了一系列具有高化学选择性和区域选择性以及优异的官能团耐受性的氟烷基取代烯羰衍生物和嘧啶酮类化合物。该方法为环状化合物的构建以及天然产物的后期修饰和多样化提供了新思路。

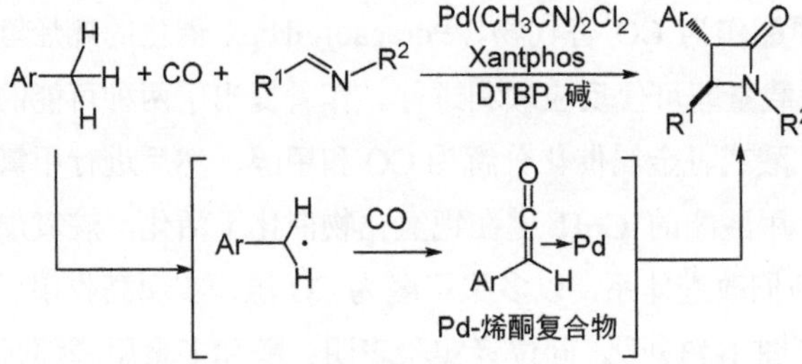

图 1-14　钯催化氢酰胺化合成 β-内酰胺类化合物的反应

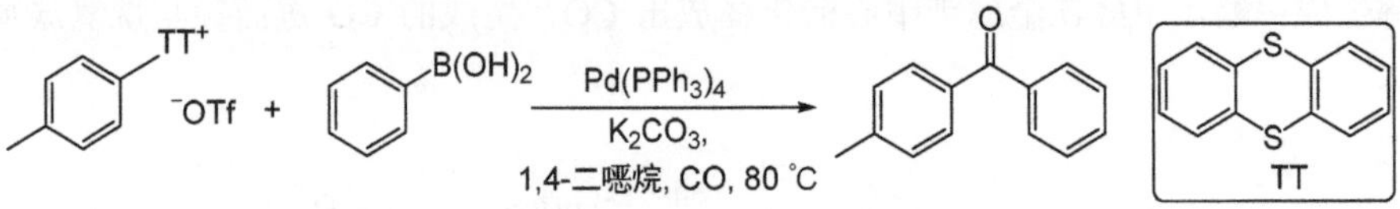

图 1-15　钯催化芳基噻蒽盐与芳基硼酸的羰基化交叉偶联反应

1.2　过渡金属配合物催化加氢/脱氢的发展概况

加氢/脱氢反应是有机催化中最基础的反应，也是现代化学工业的发展核心。从毫克级有机化学反应的探索到吨级化学品的生产，都离不开催化加氢/脱氢反应。催化加氢反应在多个领域发挥关键作用：石油精制中脱除硫、氮杂质，将不饱和烃转化为饱和烃，使芳烃转化为环烷烃，从而改善石油的品质和性能；精细化工领域制取糠醇、2-甲基四氢呋喃等医药、农药中间体；环境治理领域降解含有不饱和键的有机污染物；生物质转化领域制备高值化学品，推动能源的可持续发展。催化加氢的逆反应——脱氢反应通常需要在高温高压条件实现 C–H 键活化。近年来，催化体系研发呈现两大趋势：一方面贵金属（钌、铑、铱等）催化剂持续优化；另一方面，基于成本与环保考量，锰、铁、钴等廉价金属催化剂研究取得显著进展，推动该领域向更经济可持续的方向发展。

1.2.1　CO_2及其衍生物加氢

　　二氧化碳（CO_2）捕集、封存和利用是规模化减缓 CO_2 排放的有利手段。CO_2 加氢可转化为甲酸、甲酰胺、甲醛、甲醇和低碳醇等含氧化学品（图 1-16）。事实上，CO_2 是非极性的直线型分子，其中碳原子氧化态为+4 价，整个分子处于能量最低状态。热力学稳定性和动力学的惰性（标准摩尔吉布斯生成自由能 $\Delta_f G_m^\ominus = -394.38$ kJ/mol），使 CO_2 具有较低的反应活性。故而实现 CO_2 转化的关键是催化系统的有效激活。虽然 CO_2 整体为非极性分子，但其结构中含有 2 个 C=O 双键，缺电子的羰基碳可作为亲电中心，另外 2 个羰基氧作为亲核中心，因此 CO_2 分子具备碳和氧的双活化位点，使其活化成为可能。在 CO_2 的活化方面，过渡金属配合物有着良好的应用前景。

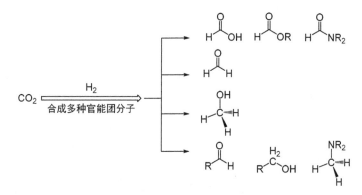

图1-16　CO_2加氢反应

　　2009 年 Nozaki 课题组[35]利用 Ir(Ⅲ)-PNP 催化剂（图 1-17 中 **A**）氢化 CO_2，在碱性水溶液中 TON 达到了 $3.5×10^6$。针对甲酰胺合成，丁奎玲课题组[36]开发了高效钌催化剂（图 1-17 中 **B**），TON 高达 $1.94×10^6$。甲醛合成仍具挑战，2014 年 Bontemps 等人[37]通过 Ru 催化 CO_2 的硼氢化-胺捕获策略获得了甲醛。1993 年 Sasaki 等人[38]报道了首例 $Ru_3(CO)_{12}$-KI 催化 CO_2 加氢生成甲醇的案例，从而引起了均相催化 CO_2 和 H_2 反应合成甲醇的研究热潮。管海荣课题组[39]开发了 PCP 型螯合镍氢化合物（图 1-17 中 **C**）应用于 CO_2 氢化为甲醇，室温常压条件下分解转化频率（TOF）可达 495 h^{-1}。机理研究表明，氢气分子异裂或氢化物转移是整个过程的决速步[40,41]。为了降低决速步势垒，研究者们对配体进行修饰，期望配体能够参与到反应中。Hazari 课题组[42]研究表明 Ir 与 PNP 通过金属-配体合作机制促进氢气分子异裂。Wang 等人[43]在配体引入羟基官能团，其作为悬空碱基，协助氢气分子裂解。Rawat[44]和 Chen[45]的理论研究揭示了具有侧链胺配体的铁配合物能够显著降低氢气裂解的势垒。这些研究证实配体的积极参与有助于 CO_2 加氢。然而 2017 年，Gonsalvi 课题组[46]对 Mn-PNP 催化 CO_2 加氢的计算研究表明，配体中的-NH 官能团也可以不参与反应，仅与底物通过 N–H···O 氢键作用稳定中间体，因为其参与与否的总能垒相近（图 1-18）。

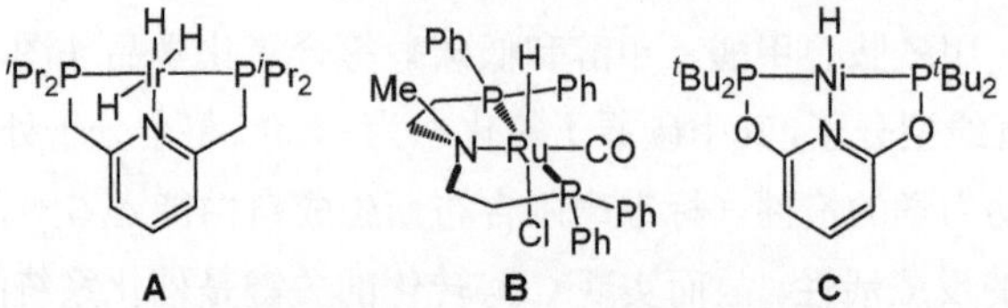

图 1-17 几种催化 CO_2 加氢的催化剂

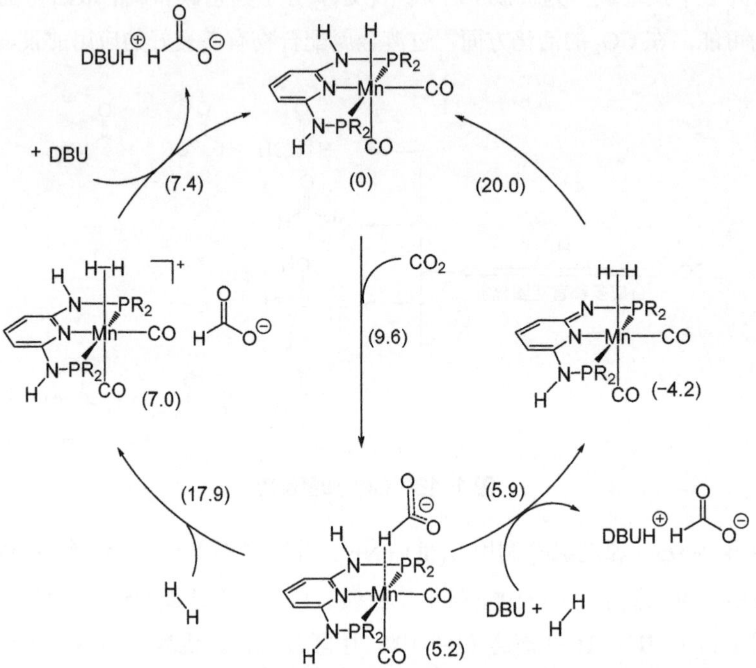

图 1-18 锰催化剂用于 CO_2 加氢制甲酸盐的催化循环及吉布斯自由能图（能量单位：kcal/mol❶）

除了直接加氢外，CO_2 先被化学固定或者活化得到其衍生物，接着以衍生物为原料进行化学转化反应，也是 CO_2 吸收与资源化利用策略的一部分。通过催化活化 CO_2，

---

❶ 1 kcal/mol = 4.184 kJ/mol，全书同。——编者注

可以构建含有 C-O、C-N 和 C-C 键的衍生物，如有机碳酸酯、氨基甲酸酯、丙烯水杨酸等。2006 年，Milsteins 课题组[47]发现 NNP 钳形配体结合钌氢化物能够在温和条件下催化一些非活化的芳香族和脂肪族酯转化为醇类产物，之后又利用该类催化剂实现了 CO$_2$ 衍生物碳酸二甲酯以及酰胺的催化加氢反应，基于该策略设计了 CO$_2$ 间接合成甲醇的路线。Milstein 课题组[48]运用密度泛函理论对 NNP-Mn(I)催化环碳酸酯加氢反应的机制进行理论研究（图 1-19），结果表明在金属-配体协助下，氢气分子异裂生成[Mn]-H$_2$ 活性催化剂，接着反应分为三个独立且类似的 C=O 键加氢过程，第 1 步碳酸亚乙酯加氢生成 2-羟乙基甲酸酯，第 2 步 2-羟乙基甲酸酯加氢产生乙二醇和甲醛，第 3 步甲醛加氢生成甲醇。整个过程的决速步是氢迁移步骤，过量甲醇有利于氢迁移快速进行。

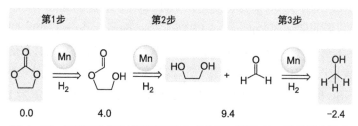

图 1-19 锰配合物催化碳酸酯三次加氢制备甲醇和乙二醇的反应机理

Wei 等人[49]开发的 NNC 型氮杂环卡宾（NHC）配体在 120 ℃、50 bar H$_2$ 条件下，实现了 90%的碳酸酯转化率。密度泛函理论计算揭示：NNC-Mn 体系形成活性 Mn-H 物种的能垒更低；NHC 配体通过 π 反馈作用提升 Mn-H 键的供氢能力；NNC 的空间位阻效应显著促进了氢迁移过程（图 1-20）。

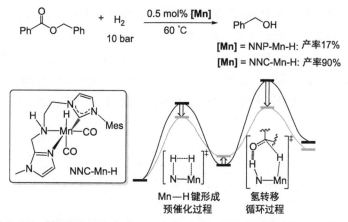

图 1-20 基于氮杂环卡宾（NHC）的 NNC 配体配位的锰催化碳酸酯加氢

1.2.2　乙酰丙酸（酯）加氢

生物质基平台分子乙酰丙酸可以由纤维素降解转化制得，其结构中含有羧基、α-氢和羰基，能够经过加氢、酯化、氧化、脱氢等反应合成高附加值化学品。其中，乙酰丙酸经加氢-环化串联反应生成的γ-戊内酯不仅可以直接作为绿色溶剂和汽油燃料添加剂，还是精细化工品和燃料的生产原料。近年来科研工作者设计开发了众多催化体系，应用于乙酰丙酸（酯）加氢制备γ-戊内酯，包括贵金属和廉价金属，根据氢源不同，又可分为直接加氢和转移加氢（供氢体）。

乙酰丙酸催化氢化制备γ-戊内酯研究经历了从非均相到均相催化的发展历程。早期研究（20世纪30年代起）主要采用PtO_2、Raney Ni等非均相催化体系，虽然易于回收但催化效率有限。20世纪90年代以来，均相催化体系取得重大突破。Braca等人[50]开发的$(Ru(CO)_4I)/NaI$催化体系，从起始原料葡萄糖算起的γ-戊内酯总收率为39.5%。随后发展的催化剂$Ru(acac)_3$/TPPTS［三(磺酸基苯基)膦］、^{n}Bu-DPPDS［正丁基-二(磺酸基苯基)膦］以及DPPB［1,4-双(二苯基膦)丁烷］（图1-21）能够在较温和的条件下获得大于99%的γ-戊内酯收率[51,52]。除钌催化剂外，铱也是氢化乙酰丙酸的活性金属，三个NHC配体修饰的铱催化下[53]，TON最高达到500000，TOF为170000 h^{-1}。

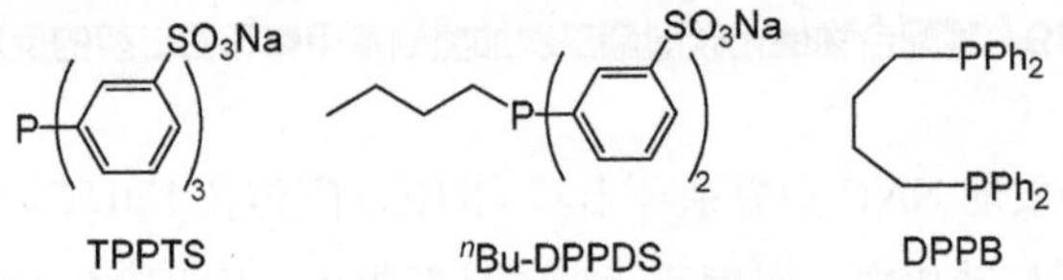

图1-21　三种钌催化剂的配体

乙酰丙酸作为纤维素酸水解的主要产物之一，分离纯化过程存在较高的能量损耗，且残留的酸性催化剂（如H_2SO_4）易导致后续氢化催化剂中毒失活。2012年Al-Shaal等人[54]通过酯化将乙酰丙酸转化为疏水性更强的乙酰丙酸酯可显著改善分离效率。在催化体系方面，铁基催化剂因廉价特性受到关注。Burtoloso课题组[55]利用$Fe_3(CO)_{12}$实现了乙酰丙酸（酯）氢化，分解转化数较低（TON<100）。宋国勇课题组[56]开发的Fe-PNP催化剂取得突破，实现了高达23000的TON和1917 h^{-1}的TOF（图1-22）。

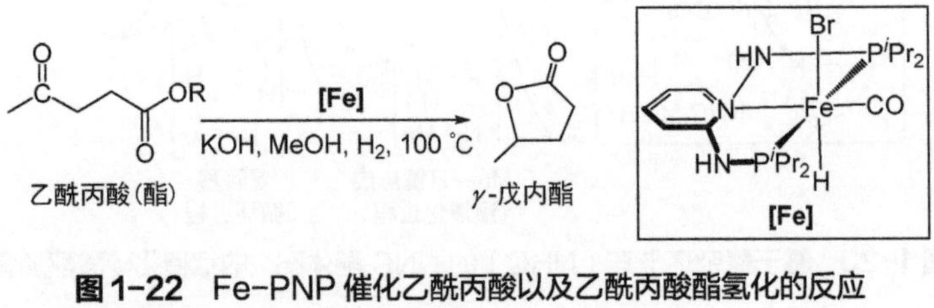

图1-22　Fe-PNP催化乙酰丙酸以及乙酰丙酸酯氢化的反应

此外，Korstanje 等人[57]开发的钴膦配合物在相对温和条件（100 ℃, 80 bar H$_2$）下也能高效还原各种酯和羧酸。

　　乙酰丙酸（酯）加氢制取γ-戊内酯存在两条可能的反应路径。路径Ⅰ：酸性体系，较高温度下，乙酰丙酸的 4-位羰基先发生烯醇化反应，再通过分子内脱水关环形成中间体α-当归内酯，接着异构化为β-当归内酯，最终在催化剂作用下还原为目标产物γ-戊内酯。路径Ⅱ：在水相体系中，较低温度下乙酰丙酸中的羰基在催化作用下先经过加氢反应得到中间体 4-羟基戊酸，再经历酯化作用脱去一分子水，最后关环生成γ-戊内酯。傅尧课题组[58]系统研究了乙酰丙酸转化为γ-戊内酯的反应机制，发现溶剂性质对反应路径具有决定性影响：在乙醇体系中乙酰丙酸先酯化为乙酰丙酸乙酯（后续可定量转化为γ-戊内酯），而在水相中则主要生成γ-戊内酯并伴随有少量α-当归内酯（该反应为可逆反应，因此主要中间产物是 4-羟基戊酸）。该课题组深入揭示了不同催化体系的氢转移机制[59]：在钌/甲酸体系中，钌催化剂与甲酸不是直接生成 Ru-H 物种对羰基进行还原，而是先分解为 H$_2$ 和 CO$_2$，接着 H$_2$ 对乙酰丙酸进行还原；在铁/异丙醇体系中，18 电子 Fe(Ⅱ)配合物通过配体质子氢与底物酮羰基氧形成氢键，同时铁负氢进攻羰基碳生成 Fe-O 中间体，接着碱促进分子内酯化释放产物。催化剂再生过程通过多步完成：首先，η^4-环戊二烯酮配位的铁中间体发生异构化，形成含氧负离子的活性物种；随后异丙醇分子通过双功能活化参与再生过程，其质子转移至环戊二烯基负离子，同时负氢配位至铁中心，构建包含氢键作用的过渡态；最后经历消除反应释放一分子丙酮，实现催化剂的完全再生，完成催化循环（图 1-23）。

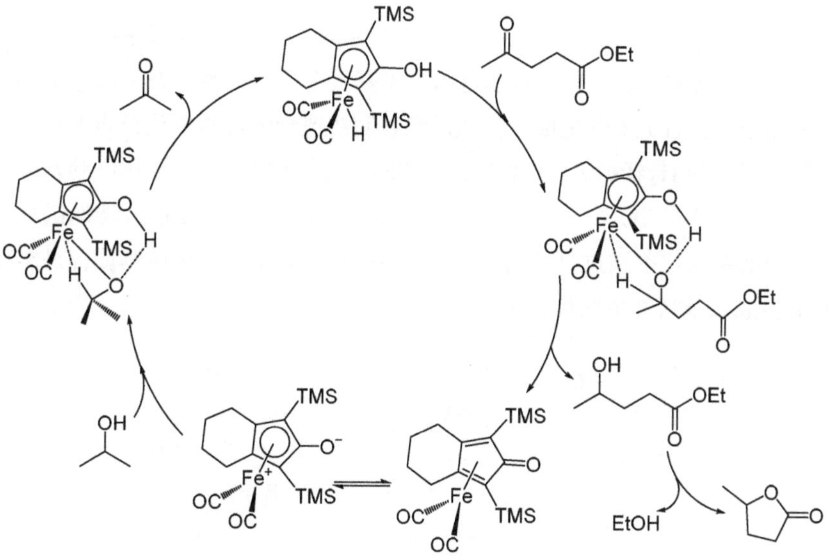

图1-23　异丙醇为供氢体，双功能铁催化剂催化乙酰丙酸乙酯加氢的反应机理

1.2.3 甲酸脱氢

氢气作为一种新型的清洁能源被列为理想的原油燃料替代品，安全地储存和运输氢气是实现其利用的先决条件。在金属有机化合物的催化下，CO_2 与 H_2 反应生成甲酸或者甲酸盐，在一定条件下逆向反应迅速释放出 H_2 和 CO_2 且没有其他副产物。这种通过 CO_2 和甲酸的相互转化实现化学储氢的策略近年来受到学术界的广泛关注。甲酸分解路径 1 脱氢产生 CO_2 和 H_2；路径 2 脱水产生 CO 和 H_2O。标准状态下两条路径在热力学上均为自发反应，但在动力学上是受阻的，特别是路径 2 产生的 CO 会使催化剂中毒。因此，需要开发高稳定性、高活性以及高选择性的催化剂。

甲酸脱氢主要包括非均相和均相催化两类。非均相催化剂虽易回收但活性低且易产生 CO 毒化，而均相催化剂凭借温和条件和高选择性成为研究重点。2008 年，Beller 课题组[60]采用市售钌前体/三苯基膦催化体系首次实现了温和条件下无 CO 副产物的高效制氢，在 HCOOH/NEt$_3$ 共沸水溶液中生成 H_2 和 CO_2，并成功与燃料电池联用。2014 年后钳形配体迅速发展：Pidkuo 等人[61]报道的 Ru-PNP 催化体系在 DMF/NEt$_3$ 溶剂中，反应温度 90 ℃下，TON 高达 706500，TOF 为 257000 h^{-1}（图 1-24 中 A）；Pan 等人[62]通过带有亚氨基团的脱芳香化吡啶基修饰 PNP 配体，在温和条件下 TON 达到 95000（图 1-24 中 B），机理研究表明，该反应是一个配体芳构化-脱芳构化的过程。首先是亚氨基氮原子质子化（芳构化），同时甲酸盐与金属中心配位，随后通过 CO_2 消除生成二氢钌配合物，最后二氢化配合物通过配体脱芳构化导致氢气消除以及钳形钌配合物再生；2021 年，Kar 等人[63]设计的 9H-吖啶钌催化剂更将 TON 提升至 $1.7×10^6$（图 1-24 中 C）。铱配合物在甲酸脱氢中也有卓越表现：Himeda 课题组[64]开发的水溶性 Cp*Ir/N,N-二齿配体通过引入羟基等给电子基显著提升活性，在无胺添加剂条件下实现甲酸完全转化且无 CO 生成，机理研究表明决速步随羟基取代位点变化（邻位为 β-H 消除，对位为 H_2 释放）（图 1-25）；Williams 课题组[65]报道的 Ir/吡啶基膦催化剂在无溶剂条件下获得 TON 为 $2.16×10^6$，产物仅有 H_2 和 CO_2；Gelman 课题组[66]开发的 Ir-PCP 双功能铱催化剂通过分子内质子化 Ir—H 键释放 H_2，配体胺基团促进 β-H 消除导致 CO_2 生成以及活性中间体再生。

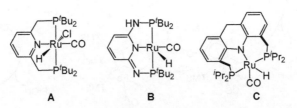

图 1-24 三种催化甲酸脱氢的钌催化剂

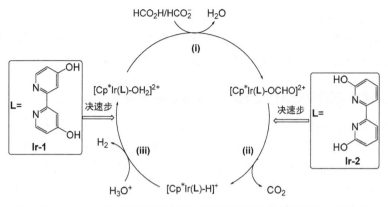

图1-25 Cp*Ir 催化甲酸脱氢的反应机理以及取代基位置不同时的决速步

考虑到非贵金属环境友好、价廉易得等优势，近年来有关非贵金属 Fe、Ni、Cu、Mn 催化剂用于甲酸脱氢反应的报道日益增多。Milstein 和 Hazari 等人[67,68]将 PNP 钳形配位的铁氢化物用于甲酸脱氢（图 1-26 中 **A** 和 **B**），取得了较好的结果。Fe-PNP 的催化活性在路易斯酸作为助催化剂下得到改善，原因在于路易斯酸协助甲酸盐-铁中间体发生脱羧反应，释放 CO_2 以生成铁氢配合物。Enthaler 等人[69]开发了一种 Ni-H 配合物应用于甲酸脱氢反应，研究发现其在 CO_2 加氢中也显示出催化活性（图 1-26 中 **C**）。Tanase 等人[70]使用新型的四齿膦配体和异氰化物配体合成了一种不对称双核铜配合物（图 1-26 中 **D**），发现其对甲酸脱氢反应具有催化活性。Tondreau 等人[71]利用 Mn-PNP（图 1-26 中 **E**）为催化剂，NEt_3 和氯苯存在下，80 ℃实现了甲酸脱氢。Beller 课题组[72]研究表明吡啶基-咪唑啉配体配位的锰（图 1-26 中 **F**）能够有效催化甲酸脱氢，原位核磁共振和动力学实验表明，β-H 消除释放 CO_2 是该反应的决速步。Jaccob 课题组[73]对此进行了理论计算研究，比较了几种氢气释放路径：①金属中心主导的氢

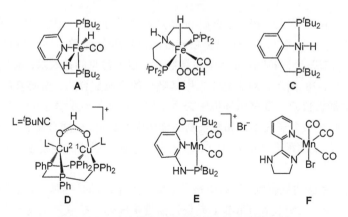

图1-26 几种催化甲酸脱氢的廉价金属催化剂

气释放；②远程γ-N 位点的氢通过质子桥直接脱氢；③远程γ-N 位点的氢先通过质子转移到近端α-N 位点上，再释放氢气。结果表明最优路径是第一种，催化剂咪唑啉配体的γ-NH 官能团只作为旁观者，没有实质性参与甲酸脱氢反应。

1.2.4 过渡金属配合物催化加氢/脱氢反应机制的类型

目前，过渡金属配合物催化加氢/脱氢反应机制主要分为单金属机制、金属-配体协同机制和金属-金属协同机制。典型代表是 Wilkinson 催化剂，即铑/三（三苯基膦）催化的不饱和烃加氢反应，反应机理如图 1-27 所示，平面四边形构型的 16 电子铑催化剂首先发生三苯基膦配体的解离，形成 14 电子配合物，接着氢气在金属中心发生氧化加成，随后引入反应底物烯烃，与钌中心形成 T 形配合物，最后经过分子内氢转移以及还原消除生成产物烷烃。

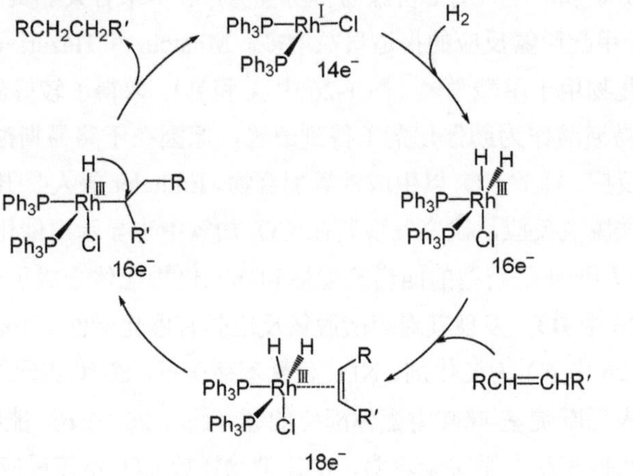

图1-27 过渡金属配合物催化加氢的单金属机制

1995 年 Noyori 等人[74]提出了金属-配体协同机制的概念。根据配体的性质，金属-配体协同机制分为两类，即金属-路易斯碱协同机制和金属-路易斯酸协同机制。

金属-路易斯碱协同机制：配体中路易斯碱位点上常见的是氨基，也有少量醇氧基的例子。如图 1-28 所示，对于基于二甲基吡啶的金属配合物，吡啶基的亚甲基侧臂Ar—CH$_2$ 提供活性位点，在强碱环境中去质子化，进而导致配体去芳构化并形成配位不饱和配合物，氢气分子在不饱和配合物的金属中心裂解，生成金属氢化物。类似地，基于氨基的钳形金属配合物则是 N—H 基团去质子化，形成的金属亚氨基配合物再与氢气作用。

金属-路易斯酸协同机制：配体中路易斯酸位点常见的是硼基。Paul 课题组[75]通过理论计算研究表明二氢化物 **Co-B-1** 是催化活性中间体，桥联氢化物比末端氢化物更具反应性，证实了金属-路易斯酸协同机制对反应性的影响（图 1-29）。

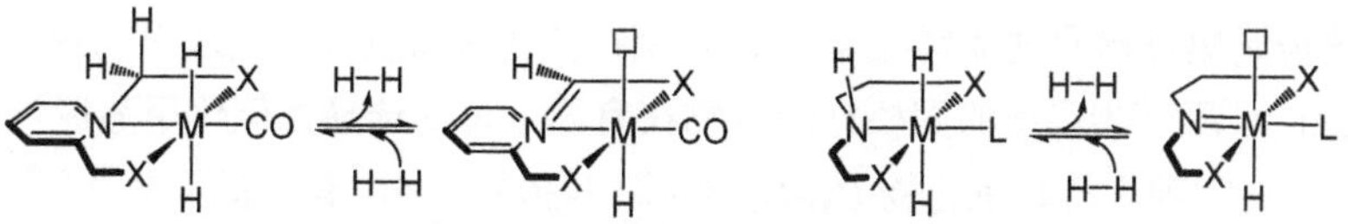

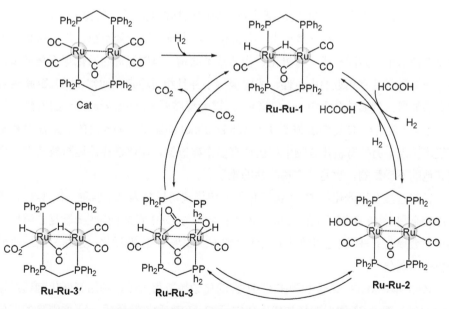

图 1-28 金属−路易斯碱协同加氢/脱氢机制

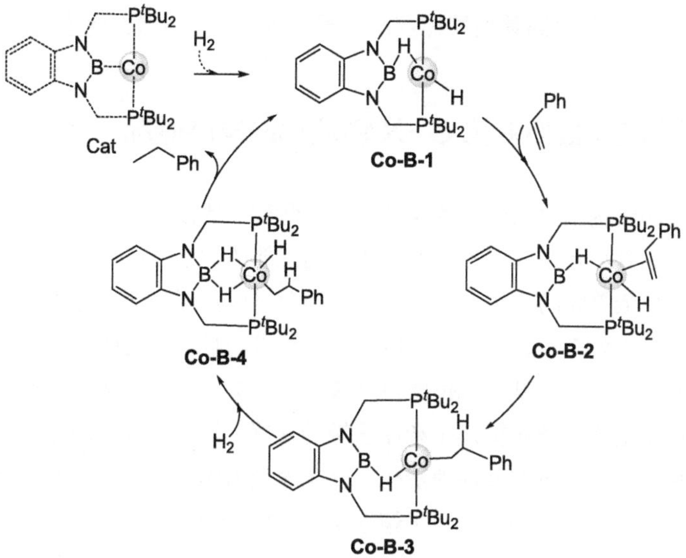

图 1-29 Co-PBP 配合物催化烯烃加氢的反应机理示意图（金属−路易斯酸协同机制）

图 1-30 双核钌配合物催化甲酸脱氢和二氧化碳加氢反应机理示意图

双核金属配合物通过金属-金属协同机制在催化脱氢反应中表现出高效性。例如，Puddephatt 课题组[76]报道的同核钌配合物在室温下可高选择性催化甲酸脱氢生成 H_2 和 CO_2，活性物种为桥联氢化物 **Ru-Ru-1**（图 1-30）。2020 年，Hong 等人[77]设计的异核双金属催化剂（铱与 3d 金属）使甲酸脱氢较单金属铱催化剂提升 350 倍。机理研究表明，甲酸盐通过配体交换与金属中心配位，接着经由 β-H 消除生成铱氢中间体，而 3d 金属活性位点作为路易斯酸捕获水分子，协助质子传递，促进 H_2 释放。

1.3 过渡金属配合物催化 C—X 键活化的发展概况

利用已有的结构构建新的碳碳及碳杂原子骨架，是合成新的有机化合物的主要手段。传统的合成方法是在适当的位置构建新的官能团，通过官能团转化来实现目标化合物的合成。复杂繁冗的合成步骤不仅造成能源过度消耗也会引起环境污染。简化合成路线、提高合成效率一直是科研工作者不懈追求的目标。实现这一目标的契机是能否有效地使有机化合物中某一部位的惰性键 C—X（X＝H、F、N、O、S 等）活化，并在活化之后成功地实现碳碳键及碳杂原子键的偶联。然而惰性键的键能非常高，因此在温和的条件下将惰性键选择性地活化，存在着热力学和动力学的双重挑战。新型过渡金属配合物的合成及应用，开辟了惰性键活化的新篇章。

1.3.1 C—H 键活化

在众多惰性键中，C—H 键的活化及官能团化具有尤其重要的意义，1995 年被列在《化学的圣杯》之一研究清单中。有机化合物中碳氢键无处不在，并且和其他碳碳键及碳杂原子键共同构成了有机化合物的基本结构，但碳氢键的活化却不是易事。碳原子和氢原子具有相近的电负性，成键极性小并且相对稳定，通常 C—H 键断裂需要很高的能量，例如苯分子中 sp^2 杂化 C—H 键断裂需要 85～95 kcal/mol 的能量，甲烷分子中 sp^3 杂化 C—H 键断裂需要 95～105 kcal/mol 的能量，如此高的能量在温和条件下很难实现。另外有机化合物中往往含有多个碳氢键，如何选择性地断裂其中一个而使其他的不受影响，也是具有挑战性的难题。

目前过渡金属催化的 C—H 键活化的反应模式可以分为以下四种（图 1-31）[78]：①过渡金属对 C—H 键的氧化加成；②过渡金属与 C—H 键之间发生σ键复分解反应；③过渡金属与 C—H 键之间通过亲电活化的方式实现 C—H 键活化；④路易斯碱协助的去质子金属化。

1993 年，Murai 课题组[79]在 C—H 键活化领域取得突破，利用钌催化剂通过羰基导向实现芳香 C—H 键对烯烃加成，建立了 C—H 键活化/烯烃插入/还原消除的催化循环。2003 年，该课题组[80]进一步开发了钌催化芳基酮与硼酸酯的偶联反应，提出了可能的反应机理（图 1-32）：Ru(0)配合物首先对苯环上羰基邻位 C–H 键进行活化，C–H 键断裂后形成的中间体钌氢物种对酮羰基加成，生成烷氧基钌中间体，该中间体与芳基硼酸酯进行金属交换生成环钌中间体，同时生成了三烷氧基硼化物，最后环钌中间体经还原消除得到偶联产物，Ru(0)催化剂复原完成催化循环。2005 年 Sanford 课题组[81]

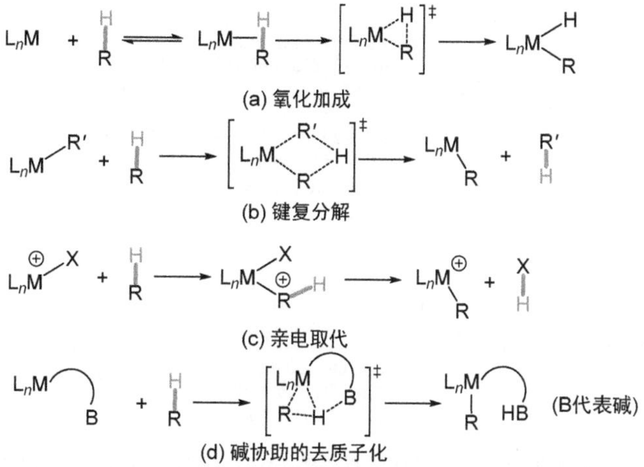

图 1-31　过渡金属催化的 C–H 键活化的四种反应模式

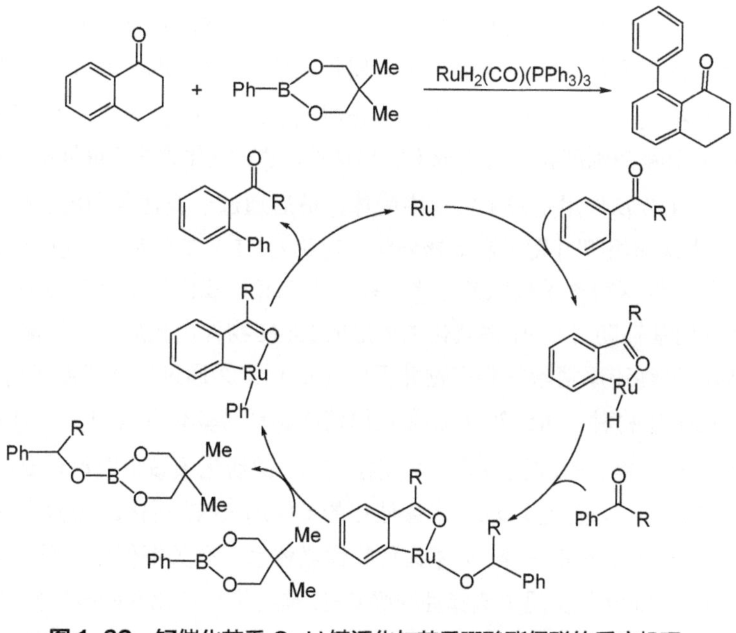

图 1-32　钌催化芳香 C–H 键活化与芳香硼酸酯偶联的反应机理

报道了 Pd(OAc)$_2$ 催化吡啶底物的 C–H 键活化以及与芳基高价碘化物偶联的案例，开创了 Pd(II)/Pd(IV)催化循环的新模式。余金权课题组[82,83]发展出导向基团策略，建立了 Pd(0)/Pd(II)的催化循环机制，先后实现了苯甲酸和氟代芳基酰胺导向的 C–H 键官能化（图 1-33）。2014 年施章杰课题组[84]利用乙酰苯胺导向基实现了 γ-C(sp^3)–H 键活化，其中叔戊酸辅助形成的七元钯环是关键中间体。Fagnou 课题组[85]的突破性工作实现了无导向基的苯 C–H 键活化，揭示了新戊酸在促进 C–H 键断裂中的重要作用。

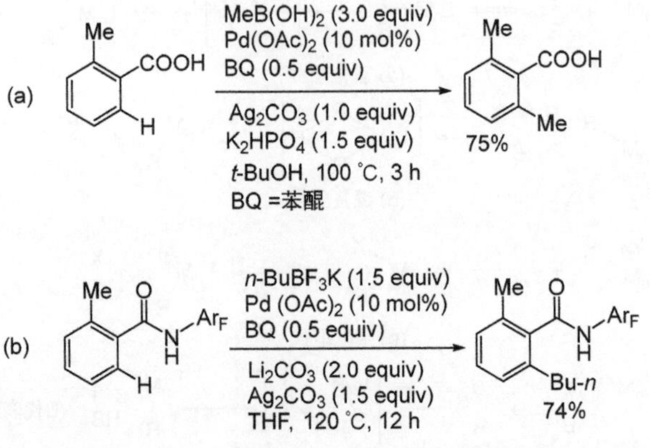

图 1-33 钯催化羧酸（a）以及氟代芳基酰胺（b）为导向基的芳香 C–H 键活化的反应

铑催化的 C–H 键活化近年来取得了一系列的突破性成果。2015 年 Glorius 课题组[86]实现了 Rh(III)催化的吡啶芳基硼酸酐对吡啶氮原子β位 C(sp^3)–H 键活化，发现α位取代基产生的空间位阻能显著促进环金属化过程。Rh(III)催化的 C–H 键活化机理主要分为两种模式：一是通过协同脱质子/金属化实现 C–H 键活化，再经不饱和化合物插入和还原消除得到产物同时生成 Rh(I)物种，最后氧化再生 Rh(III)；二是 C–H 键活化后与重氮化合物作用生成卡宾铑中间体，最后通过卡宾插入和质子化完成转化。2019 年游书力课题组[87]开发了高效铑催化不对称 C–H 芳基化反应，以 99%的产率和 97%的对映选择性获得轴手性联芳基化合物。该 Rh(I)催化体系存在两种反应机理：①Rh(I)经导向基辅助对 C–H 键氧化加成形成 Rh-H 物种，随后不饱和键迁移插入烷基铑中间体，最终还原消除得到产物并再生 Rh(I)；②通过协同脱质子/金属化活化 C–H 键生成 Rh-R 物种，再经氧化加成/还原消除实现芳基化并使得 Rh(I)再生。

除贵金属外，镍、铜和铁等廉价金属在 C–H 键活化领域也取得重要进展。1963 年 Dubeck 等人[88]首次报道环戊二烯镍催化的 C(sp^2)–H 键活化。2009 年 Itami 课题组[89]开发了镍催化芳环 C–H 键/芳基卤化物偶联体系。有关铜催化方面，Gaunt 课题组[90,91]在 2008~2009 年实现了选择性吲哚 C–H 键活化芳基化和酰胺导向的间位 C–H 键活化；2016 年 Tan 课题组[92]发展出 8-氨基喹啉导向的无需氧化剂的邻位 C–H 键活化芳基化反应，并证实了反应是通过五元环 Cu(II)中间体进行的产物（图 1-34）。无毒且价廉的铁配合物也是非常实用和理想的催化剂。2008 年 Nakamura 课题组[93]实现了铁催化的吡啶导向的芳香 C–H 键/格氏试剂偶联反应；同年余金权课题组[94]实现了无导向基的铁催化苯 C–H 键/芳基硼酸偶联。2010 年 Nakamura 课题组[95]又开发了铁催化硅乙烯基 C(sp²)–H 与有机锌/镁试剂的偶联反应，通过五元环中间体和 β-H 消除获得反式烯烃产物（图 1-35），后续工作还通过溶剂调控实现了顺反选择性的控制。

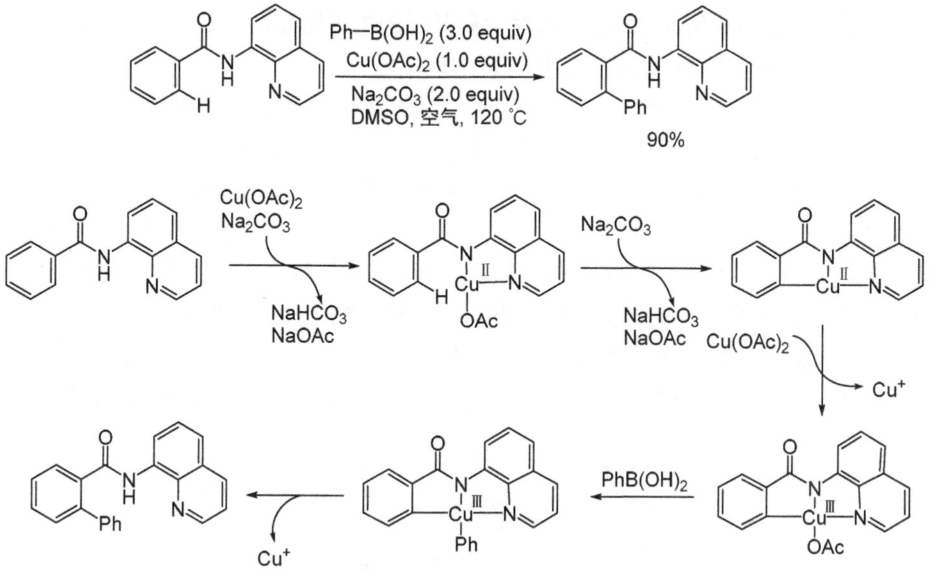

图1-34 铜催化的有机硼试剂对 C(sp³)-H 的官能团化的反应机理

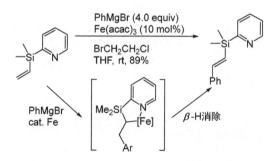

图1-35 铁催化烯烃 C-H 键的选择性官能团化

1.3.2 C–F 键活化

含氟化合物具有独特的理化性质（优异的脂溶性、化学稳定性和生物活性）在医药、农药和功能材料领域应用广泛。在药物分子中引入氟原子可显著改善其药代动力学特性；含氟化合物应用于农药领域可以合成除草剂氟乐灵、杀虫剂氟虫脲等；液晶材料中引入氟原子会提升液晶材料的综合性能（如提高响应速度和改善显示清晰度）。然而这些化合物的环境累积会引发严重环境污染问题，特别是多氟/全氟有机物在生物体内的毒性效应（干扰酶活性和钙紊乱）亟待解决。由于 C–F 键极高的键能使其降解具有挑战性，过渡金属配合物通过独特的 d 轨道相互作用为 C–F 键活化提供了可能：一是电子从 C–F 的σ键流向过渡金属的 d_σ 空轨道；另一种是电子从过渡金属的 d_π 轨道流向 C–F 键的σ* 空轨道，两者均可削弱 C–F 键[96]。具体活化模式包括：①C–F 键对低价态过渡金属的氧化加成；②通过对含氟芳环的电子转移实现 C–F 键活化；③对含氟芳环的亲核取代活化；④通过苯炔机理实现脱氟。

过渡金属催化 C–F 键活化研究经历了半个世纪的发展历程。1973 年，Tamao 和 Kumada 课题组[97]开创性地报道了镍催化芳基氟化物与格氏试剂的交叉偶联反应，虽然产率仅 31%，但开辟了 C(sp²)–F 键活化的新领域。随后，Fahey[98]和 Perutz[99]等人相继完善了镍配合物活化全氟苯的体系，其中 Perutz 首次实现了反式氟苯基-镍(Ⅱ)-氟配合物的完整表征。李晓燕课题组[100]报道了钴配合物选择性活化氟代芳基 C–F 键的突破性成果，推测反应机理为：首先通过氧化加成得到 C–Co–F 中间体，接着在三甲基膦的协助下实现脱氟，得到副产物 F₂PMe₃，该结构又会实现邻位上第二个 C–F 键活化，最终得到苯炔配位的零价钴（图 1-36）。该课题组还利用铁配合

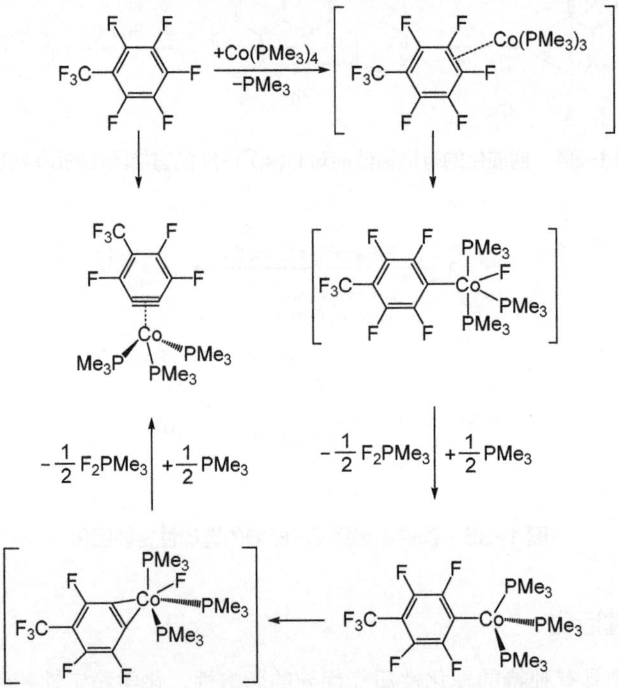

图 1-36 CoMe(PMe₃)₄催化全氟甲苯中三氟甲基对位 C–F 键活化的反应机理

物 FeMe$_2$(PMe$_3$)$_4$ 实现了含氟席夫碱体系邻位 C–F 键的活化，明确了路易斯酸在选择性活化 C–F 键过程中的重要作用。Zhang 课题组[101]开发了铜催化氢化脱氟新策略，可能的反应机理为：铜盐与三烷基硅氢配位生成活性铜氢物种，该中间体与五氟硝基苯反应实现氢化脱氟，最后铜氟化物与硅烷反应使铜氢物种再生完成催化循环。2008年 Leong 课题组[102]利用 Cp*Ir(CO)活化五氟苯甲腈 C–F 键，推测出两条可能路径：①氧化加成形成 Ir–F 配合物，水解脱除 HF 同时生成 Ir–OH 配合物，最后 CO 迁移插入生成最终产物；②亲核取代生成阳离子铱中间体，接着直接水合或经由酰氟铱中间体水合得到产物（图 1-37）。2011 年 Goldman 等人[103]通过实验和理论计算揭示了 (PCP)Ir(NBE)活化 C(sp^3)–F 键的新机制：传统三元环过渡态路径能垒过高（31.1 kcal/mol），而创新的分步反应机理通过 C–H 氧化加成/α-F 迁移/H 原子回迁三步过程，将决速步能垒显著降至 18.4 kcal/mol（图 1-38）。这些研究为理解 C–F 键活化机制提供了重要见解。

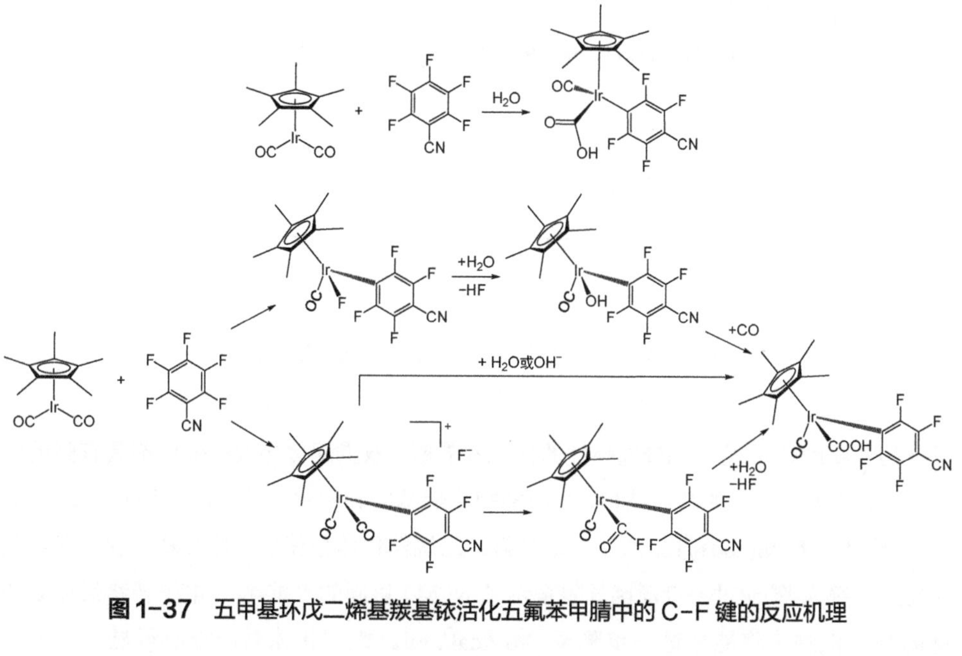

图 1-37　五甲基环戊二烯基羰基铱活化五氟苯甲腈中的 C–F 键的反应机理

C–F 键活化后再继续发生偶联反应是合成新化合物的一种方法。对于镍催化体系，研究经历了从基础发现到机理深化的过程。2001 年 Herrmann 课题组[104]开创性地使用钳形双（咪唑啉-2-亚基）镍(Ⅱ)配合物实现了芳基氟化物与格氏试剂的交叉偶联；2005 年 Nakamura 课题组[105]通过理论计算提出的 Ni/Mg 双金属协同机制（能垒仅为 6.4 kcal/mol），为配体设计提供了新思路（图 1-39）。2018 年 Cornella 课题组[106]

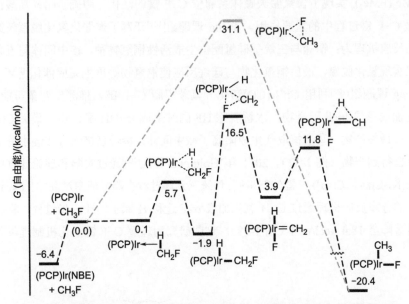

图 1-38 钳形铱配合物对一氟代甲烷中 C(sp³)–F 键氧化加成的反应势能面图

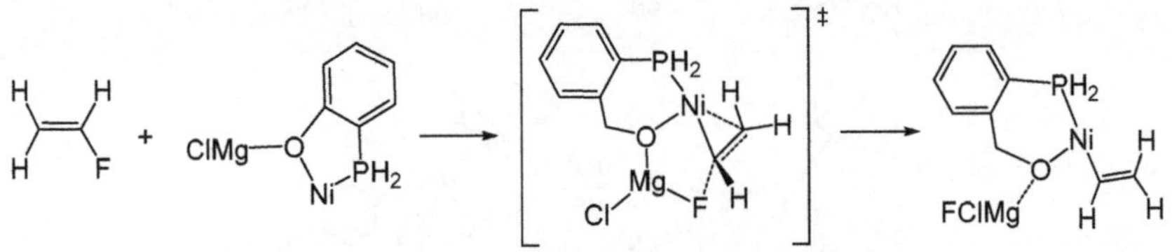

图 1-39 膦氧配体配位的镍与氟代乙烯反应的机理

设计的双膦配体实现了 91%选择性的仲烷基偶联，双膦配体导致镍催化剂具有强的螯合作用，约束了分子的几何结构，从而抑制了烷基的异构化（图 1-40）；同年，Rueping 等人[107]开发的 Ni(cod)₂/1,2-双（二苯基膦）乙烷催化体系使伯、仲烷基偶联产率达到 99%；Li 等人[108]通过密度泛函计算揭示了 Ni/Mg 协同的"推-拉"电子转移活化 C–F 键的分子机制，将能垒进一步降至 4.6 kcal/mol。钯催化体系同样取得显著进展。Widdowson 等人[109]早在 1999 年就发现邻位硝基对 Pd 催化芳基氟化物/硼酸偶联的特殊促进作用；2020 年，Walsh 和 Tomson 课题组[110]阐明的 Pd/Mg 双金属协同机制（能垒从 29.4 kcal/mol 降至 12.3 kcal/mol）为理解反应本质提供了新视角（图 1-41）。这些突破性工作通过创新的配体设计和深入的机理研究，不仅大幅提升了 C–F 键活化偶联的效率和选择性，也为含氟化合物的精准合成开辟了新途径。

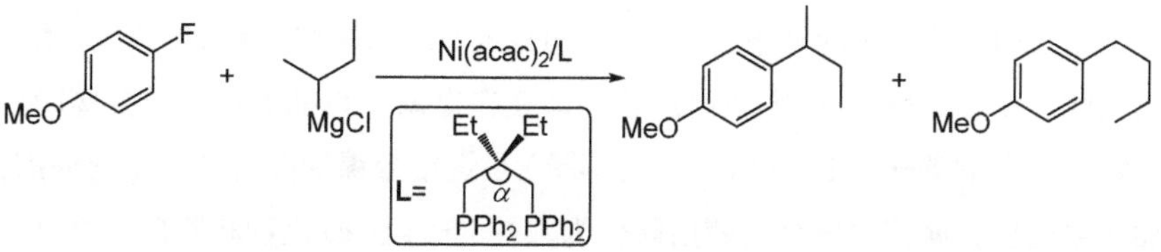

图 1-40 Ni(acac)₂ 与双膦配体结合催化二级格氏试剂与芳基氟化物的交叉偶联反应

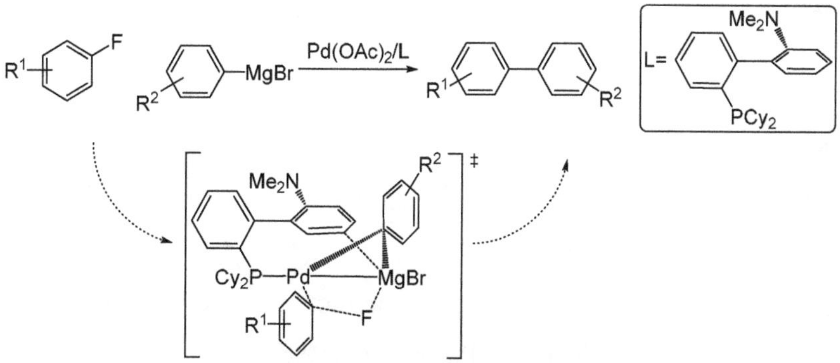

图 1-41 双金属协同催化芳香 C—F 键活化的反应

1.3.3 C—S 键活化

原油中的含硫杂质（如硫醇、噻吩等）具有诸多负面影响：一方面，会在燃料加工过程中腐蚀设备并导致催化剂中毒；另一方面，燃烧后产生的硫氧化合物会污染大气并引发酸雨。因此，开发高效的脱硫技术以实现清洁能源生产至关重要。在众多脱硫方法中，过渡金属催化的加氢脱硫技术因其高效性而备受关注。这类催化剂通过与氮、氧和磷等富电子配体形成稳定配合物，可增加金属中心的电子密度，从而促进反应过程中的配体交换，实现 C—S 键的有效断裂。

噻吩类化合物因其芳环中含硫而结构稳定，脱硫难度较大。Jones 课题组[111]在 1991 年取得了突破性进展，他们使用 Cp*Rh(Ph)(H)(PMe₃) 催化剂在 60 ℃下实现了噻吩 C—S 键断裂，生成的六元环金属铑配合物与乙炔二甲酸二甲酯在 80 ℃下发生 Diels-Alder 反应，最终以 60% 的产率得到邻苯二甲酸甲酯（图 1-42）。研究表明，空间位阻较大的四甲基噻吩以 η^1-S 方式与铑配位，而理论计算表明氧化加成前噻吩更可能以 η^2-C,S 方式配位。1993 年 Bianchini 和 Sanchez-Delgado[112]发现阳离子铱配合物 [(triphos)Ir(C₆H₆)]⁺可与噻吩发生氧化加成，以 90% 的产率生成 Ir-S 配合物，经 LiHBEt₃

处理后得到分子内氢化产物（图 1-43）。与噻吩相比，苯并噻吩的反应活性较低，且在反应中存在 C—H 键活化的竞争。值得注意的是，二苯并噻吩难以与铑或铱配合物发生氧化加成，相反，富电子镍-双膦配合物即使在室温下也能裂解二苯并噻吩的 C—S 键。例如，二苯并噻吩与 1,2-双（二异丙基膦）乙烷结合镍的配合物[Ni(dippe)H]₂ 通过氧化加成生成环金属镍中间体，随后歧化为双核 Ni(I)-μ-硫化物和脱硫产物[113]。2002 年 Parkin 课题组[114]取得突破进展，首次利用 Mo(PMe₃)₆ 实现了噻吩 C—S 键断裂。随后该课题组又研究了 W(PMe₃)₄(η^2-CH₂PMe₂) 与噻吩的反应，成功获得了完全脱硫产物 1-丁烯。

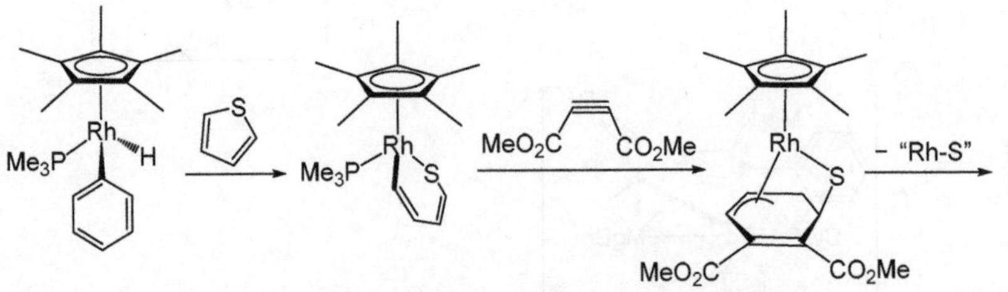

图 1-42 铑催化噻吩脱硫的反应

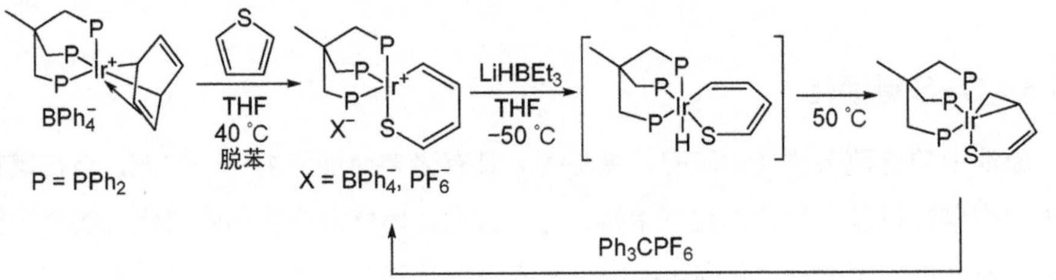

图 1-43 铱催化噻吩脱硫的反应

除了噻吩类化合物的 C—S 键活化之外，有机硫化物的 C(sp²)—S 活化作为构建新化合物的有效手段被广泛研究。2013 年施章杰课题组[115]报道了铑催化芳基甲基硫醚与芳基环硼氧烷的交叉偶联反应（产率 44%～88%），该反应具有优异的底物普适性和官能团耐受性。他们提出的可能反应机理为：首先 Rh(Ⅰ)配合物与芳基甲基硫醚衍生物中的硫原子和羰基氧配位，得到环金属铑中间体；随后该中间体中的 C(sp²)—S 键经由氧化加成断裂，得到含有 C-Rh-S 结构的中间体；接着在碱性条件下，芳基环硼氧烷中芳基离去并转移到 C-Rh-S 中间体的 Rh 中心，得到联芳基铑中间体；最后联芳基铑中间体还原消除得到目标产物联芳基化合物及 Rh(Ⅰ)催化剂，完成催化循环（图 1-44）。

2020 年吴小锋课题组[116]开发了钯催化的二乙烯基硫醚 C—S 键活化羰基化反应（最高产率为 97%），富电子 NHC 配体可有效防止催化剂中毒。2023 年冯璋等人[117]开发的铁催化体系，以硫醚为二亲电试剂，通过 C—S 键断裂实现选择性的硅烷化反应，为药物开发提供了新思路。

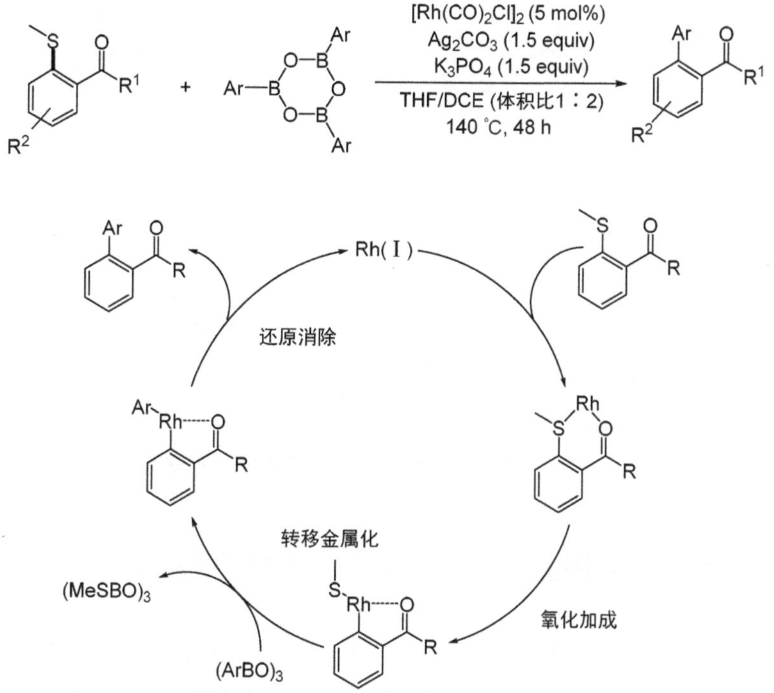

图 1-44　铑催化芳基甲基硫醚衍生物与芳基环硼氧烷的交叉偶联反应

　　在 C(sp³)—S 键活化方面，2014 年 Crudden 课题组[118]通过钯催化实现了三芳基甲烷的高效合成，该策略为三芳基甲烷类功能材料及药物分子的构建提供了新途径。

　　2015 年施章杰课题组[119]利用铑催化苄基硫醚与芳基羧酸的偶联反应，直接构建了具有重要生物活性的二苯并氧杂环庚烯酮骨架。机理研究表明：硫醚首先作为导向基团诱导 C—H 键活化形成五元环 Rh-S 中间体，随后经历羧酸配位、二次 C—H 键活化等步骤生成五元环 Rh-O 中间体，最终通过还原消除、C—S 键断裂以及环化得到目标产物（图 1-45）。关于 C(sp)—S 键活化的研究较少，2017 年 Shibata 课题组[120]报道了铑催化的炔基硫醚与末端炔烃的偶联反应，可高效制备烯炔硫醚类化合物。这些研究为惰性 C—S 键的活化提供了重要参考。

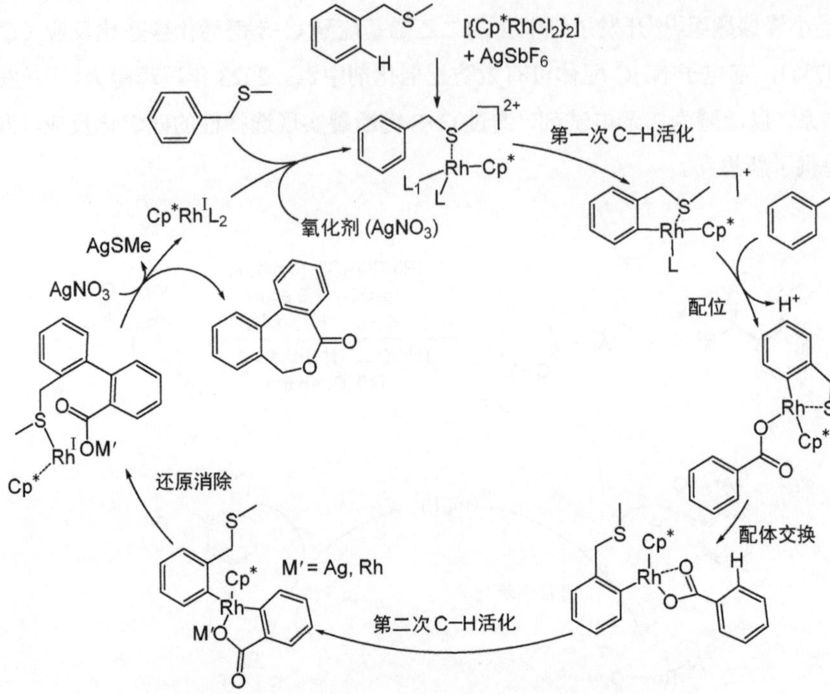

图1-45 铑催化苄基硫醚和芳基羧酸的交叉偶联反应

1.4 过渡金属配合物催化小分子反应机理的研究意义

化学反应机理的研究通过揭示反应物分子或离子间的相互作用、转化过程和生成产物的具体步骤，为深入理解化学反应本质，掌握反应规律提供理论基础，对预测反应速率、优化反应条件和设计新反应路线具有重要指导意义。在化学工业中可指导反应器设计以提高反应效率和产品质量；在药物合成中帮助设计有效药物分子；在环境保护中解析污染物的生成和降解机制以开发治理技术。化学反应机理的研究方法主要包括实验研究和理论研究。实验研究是通过控制反应条件并监测各物质的浓度、温度、压力等参数变化来推断机理，常用技术包括同位素标记法追踪化学键断裂与形成过程，光谱分析（如红外、紫外等）获取分子结构与能量变化信息，质谱分析确定分子量及反应路径，以及原位表征技术实时监测反应动态过程。理论研究是运用量子化学计算预测反应过渡态结构与能量变化，结合分子动力学模拟原子分子运动轨迹以完善机理细节。

过渡金属配合物催化小分子反应受到温度、压力、催化剂、光照和溶剂等多因素影响：温度升高通过加速分子运动和增加碰撞频率促进反应，同时改变各基元反应步骤速率；催化剂通过提供新反应路径降低活化能；压力增加会提高气相反应物浓度和碰撞几率；光照可激发电子跃迁引发光化学反应；溶剂则通过溶剂化效应和介电环境调控反应物状态。反应速率受控于机理中最慢的速率决定步骤，其活化能高低直接影响反应快慢，通过催化剂设计可有效降低能垒；反应选择性则取决于竞争路径的能量差与中间体稳定性。深入理解机理可指导优化条件（如调节温度、压力）或设计特异性催化剂（如调控配体结构）来提高目标产物比例。理论计算通过建立化学模型预测反应路径与性质，结合实验验证形成"计算-验证-优化"的研究循环，这种机理导向的研究策略不仅能深化对现有反应的认识，还能指导新反应开发和催化剂设计，最终实现从分子层面精准调控化学反应，为化工生产、药物研发和环境保护等领域提供创新解决方案。

1.5　理论计算在反应机理研究中的重要性

理论计算是基于量子化学的方法对反应过程中的若干方程进行求解，主要运用了量子力学中微观粒子的运动规律。通过量子化学模拟，首先可以计算出反应物和产物之间的键能、键长等基本参数，从而揭示化学反应的本质；其次可以计算出反应物和产物之间的活化能，从而预测化学反应的速率，这对于优化反应条件、提高反应效率具有重要的指导作用；再者能够分析反应物和过渡态的电子结构、计算不同产物之间的能量差，从而预测反应的选择性，这对于调控化学反应、提高产物纯度具有重要的指导作用。通过量子化学模拟，研究人员可以预先评估反应路径、优化实验方案，大幅降低实验的盲目性和成本。基于量子化学的理论计算也适用于研究极端条件下的反应机理、表征短寿命中间体等实验难以直接观测的化学过程，并能突破实验限制预测新的反应通道和未知化合物性质。在催化研究领域，通过量子化学模拟可以预测催化剂与反应物之间的相互作用，为新型催化剂的设计提供理论支持；在医药领域，可用于分子对接模拟和先导化合物优化，为新药的设计和筛选提供理论指导；在环境科学领域，可研究污染物降解机理，为环境污染治理提供理论支持。

基于量子化学的理论计算研究反应机理的步骤为：①构建分子模型，确定研究的反应体系中涉及的分子结构，包括反应物、产物以及可能存在的中间体等。②选择计算方法和设置参数，根据体系特点在计算精度和成本间取得平衡，包括选择适当的理论方法和基组，同时设定合理的收敛标准。③进行计算，利用选定的计算方法和参数，在计算机上对分子模型进行计算。这个过程是基于量子力学原理，考虑电子的波粒二象性等特性，通过求解相关的方程（如薛定谔方程等）来获取分子的电子结构、能量等信息。④分析结果，包括：电子结构和电荷分布分析，可确定反应活性位点；能量分析，计算活化能并与实验对比；反应路径分析，揭示化学键断裂和形成的详细过程。这些分析有助于全面理解反应机理，预测反应活性和选择性，为实验研究提供理论指导。

　　量子化学计算方法的快速发展正推动着反应机理研究进入新阶段。计算精度的持续提升得益于理论方法的创新，特别是密度泛函理论的改进和后相对论方法的引入，使计算结果更加接近实验观测值。计算硬件的发展同样功不可没，并行计算架构和云计算平台的应用，使得处理更大体系、更复杂反应的计算任务成为可能。当前的研究趋势突出表现为多尺度模拟方法的完善，以实现从分子水平到宏观现象的跨尺度研究；人工智能技术的深度融合，使机器学习算法能够从海量计算数据中挖掘规律，辅助催化剂设计和反应预测。这些技术进步使得量子化学模拟不仅能够精确描述已知反应机理，更展现出预测新反应、设计新催化剂的强大能力。展望未来，随着算法优化和算力提升的持续协同发展，量子化学计算将在反应机理研究领域实现更广泛、更深入的应用，为化学研究提供前所未有的理论支撑和实践指导。

参考文献

[1] Zeise W C. Von der wirkung zwischen platinchlorid und alkohol, und von den dabei entstehenden neuen substanzen[J]. Annalen der Physik, 1831, 97(4): 497-541.

[2] Frankland E. XXIX.—On a new series of organic bodies containing metals and phosphorus[J]. Quarterly J Chem Soc (London), 1850, 2(4): 297-299.

[3] Grignard V. Alkyl halides & aryl halides[J]. Synthesis, 1900, 130: 1322.

[4] Kealy T J, Pauson P L. A new type of organo-iron compound[J]. Nature, 1951, 168(4285): 1039-1040.

[5] Knowles W S, Sabacky M J. Catalytic asymmetric hydrogenation employing a soluble, optically active, rhodium complex[J]. Chem Commun (London), 1968, 22: 1445-1446.

[6] Roelen O. Chemische verwertungsgesellschaft mbH, oberhausen[P]. German Patent DE, 1938-849-548.

[7] Franke R, Selent D, Börner A. Applied hydroformylation[J]. Chem Rev, 2012, 112(11): 5675-5732.

[8] Breit B, Seiche W. Recent advances on chemo-, regio- and stereoselective hydroformylation[J]. Synthesis, 2001, 2001(01): 0001-0036.

[9] You C, Li X, Yang Y, et al. Silicon-oriented regio- and enantioselective rhodium-catalyzed hydroformylation[J]. Nat Commun, 2018, 9(1): 2045.

[10] Drent E, Budzelaar P H M. The oxo-synthesis catalyzed by cationic palladium complexes, selectivity control by neutral ligand and anion[J]. J Organomet Chem, 2000, 593(52): 211-225.

[11] Jennerjahn R, Piras I, Jackstell R, et al. Palladium-catalyzed isomerization and hydroformylation of olefins [J]. Chem-Eur J, 2009, 15(26): 6383-6388.

[12] Liu J, Wei Z, Yang J, et al. Tuning the selectivity of palladium catalysts for hydroformylation and semihydrogenation of alkynes: Experimental and mechanistic studies[J]. ACS Catalysis, 2020, 10(20): 12167-12181.

[13] 王鹏泉. Pd 催化苯乙烯（炔）氢甲酰化反应理论模拟[D]. 北京: 中国石油大学, 2023.

[14] Frew J J R, Damian K, Van Rensburg H, et al. Palladium (Ⅱ) complexes of new bulky bidentate phosphanes: active and highly regioselective catalysts for the hydroxycarbonylation of styrene[J].

Chem-Eur J, 2009, 15(40): 10504-10513.

[15] Huang Z J, Cheng Y Z, Chen X P, et al. Regioselectivity inversion tuned by iron (iii) salts in palladium-catalyzed carbonylations[J]. Chem Commun, 2018, 54(32): 3967-3970.

[16] Ji X, Shen C, Tian X, et al. Asymmetric double hydroxycarbonylation of alkynes to chiral succinic acids enabled by palladium relay catalysis[J]. Angew Chem Int Ed, 2022, 61(29): e202204156.

[17] Hou J, Xie J H, Zhou Q L. Palladium-catalyzed hydrocarboxylation of alkynes with formic acid[J]. Angew Chem Int Ed, 2015, 127(21): 6400-6403.

[18] Yang P, Sun Y, Fu K, et al. Enantioselective synthesis of chiral carboxylic acids from alkynes and formic acid by nickel-catalyzed cascade reactions: Facile synthesis of profens[J]. Angew Chem Int Ed, 2022, 61(1): e202111778.

[19] Bittler K, Kutepow N V, Neubauer D, et al. Carbonylation of olefins under mild temperature conditions in the presence of palladium complexes[J]. Angew Chem Int Ed Engl, 1968, 7(5): 329-335.

[20] Drent E, Arnoldy P, Budzelaar P H M. Efficient palladium catalysts for the carbonylation of alkynes[J]. J Organomet Chem, 1993, 455(1-2): 247-253.

[21] Clegg W, Elsegood M R J, Eastham G R, et al. Highly active and selective catalysts for the production of methyl propanoate via the methoxycarbonylation of ethene[J]. Chem Commun, 1999, 18: 1877-1878.

[22] Liu J, Liu Q, Franke R, et al. Ligand-controlled palladium-catalyzed alkoxycarbonylation of allenes: regioselective synthesis of α,β-and β,γ-unsaturated esters[J]. J Am Chem Soc, 2015, 137(26): 8556-8563.

[23] Dong K, Fang X, Gülak S, et al. Highly active and efficient catalysts for alkoxycarbonylation of alkenes[J]. Nat Commun, 2017, 8(1): 14117−14123.

[24] Yang J, Liu J, Neumann H, et al. Direct synthesis of adipic acid esters via palladium-catalyzed carbonylation of 1,3-dienes[J]. Science, 2019, 366(6472): 1514-1517.

[25] Dong K, Sang R, Fang X, et al. Efficient Palladium-catalyzed alkoxycarbonylation of bulk industrial olefins using ferrocenyl phosphine ligands[J]. Angew Chem Int Ed, 2017, 129(19): 5351-5355.

[26] Mlekuz M, Joo F, Alper H. Palladium chloride-catalyzed olefin-formate ester carbonylation reactions. A simple, exceptionally mild, and regioselective route to branched chain carboxylic esters[J]. Organometallics, 1987, 6(7): 1591-1593.

[27] Grévin J, Kalck P. First use of methyl formate with no extra carbon monoxide in the hydroesterification of ethene catalysed by palladium complexes[J]. J Organomet Chem, 1994, 476(2): c23-c24.

[28] Fleischer I, Jennerjahn R, Cozzula D, et al. A unique palladium catalyst for efficient and selective alkoxycarbonylation of olefins with formates[J]. ChemSusChem, 2013, 6(3):417-420.

[29] Liu Q, Yuan K, Arockiam P B, et al. Regioselective Pd-catalyzed methoxycarbonylation of alkenes using both paraformaldehyde and methanol as CO surrogates[J]. Angew Chem Int Ed, 2015, 54(15): 4493-4497.

[30] Oddy M J, Kusza D A, Epton R G, et al. Visible light-mediated-lactam synthesis from acryl amide precursors[J]. Angew Chem Int Ed, 2022, 134(48): e202213086.

[31] Ding Y, Huang H. Carbonylative cycloaddition of alkenes and imines to β-lactams enabled by resolving the acid-base paradox[J]. Chem Catalysis, 2022, 2(6): 1467-1479.

[32] Ding Y, Wu J, Huang H. Carbonylative formal cycloaddition between alkylarenes and aldimines

enabled by palladium-catalyzed double C−H bond activation[J]. J Am Chem Soc, 2023, 145(9): 4982-4988.

[33] Zhang J, Wu X F. Palladium-catalyzed carbonylative synthesis of diaryl ketones from arenes and arylboronic acids through C(sp^2)−H thianthrenation[J]. Org Lett, 2023, 25(12): 2162-2166.

[34] Kuai C S, Teng B H, Wu X F. Palladium-catalyzed carbonylative multicomponent fluoroalkylation of 1,3-Enynes: Concise construction of diverse cyclic compounds[J]. Angew Chem Int Ed, 2024, 63(8): e202318257.

[35] Tanaka R, Yamashita M, Nozaki K. Catalytic hydrogenation of carbon dioxide using Ir (Ⅲ)- pincer complexes[J]. J Am Chem Soc, 2009, 131(40): 14168-14169.

[36] Zhang L, Han Z, Zhao X, et al. Highly efficient Ruthenium-catalyzed N-formylation of amines with H$_2$ and CO$_2$[J]. Angew Chem Int Ed, 2015, 54(21): 6186-6189.

[37] Bontemps S, Vendier L, Sabo-Etienne S. Ruthenium-catalyzed reduction of carbon dioxide to formaldehyde[J]. J Am Chem Soc, 2014, 136(11): 4419-4425.

[38] Tominaga K, Sasaki Y, Kawai M, et al. Ruthenium complex catalysed hydrogenation of carbon dioxide to carbon monoxide, methanol and methane[J]. J Chem Soc, Chem Commun, 1993, 7: 629-631.

[39] Chakraborty S, Patel Y J, Krause J A, et al. Catalytic properties of nickel bis(phosphinite) pincer complexes in the reduction of CO$_2$ to methanol derivatives[J]. Polyhedron, 2012, 32(1): 30-34.

[40] Yang X. Hydrogenation of carbon dioxide catalyzed by PNP pincer iridium, iron, and cobalt complexes: a computational design of base metal catalysts[J]. ACS Catalysis, 2011, 1(8): 849-854.

[41] Jeletic M S, Mock M T, Appel A M, et al. A cobalt-based catalyst for the hydrogenation of CO$_2$ under ambient conditions[J]. J Am Chem Soc, 2013, 135(31): 11533-11536.

[42] Bernskoetter W H, Hazari N. A Computational investigation of the insertion of carbon dioxide into four-and five-coordinate iridium hydrides[J]. Eur J Inorg Chem, 2013, 2013(22-23): 4032-4041.

[43] Wang W H, Hull J F, Muckerman J T, et al. Second-coordination-sphere and electronic effects enhance iridium(Ⅲ)-catalyzed homogeneous hydrogenation of carbon dioxide in water near ambient temperature and pressure[J]. Energy Environ Sci, 2012, 5(7): 7923-7926.

[44] Rawat K S, Mahata A, Pathak B. Catalytic hydrogenation of CO$_2$ by Fe complexes containing pendant amines: role of water and base[J]. J Phys Chem C, 2016, 120(47): 26652-26662.

[45] Chen X, Yang X. Bioinspired design and computational prediction of iron complexes with pendant amines for the production of methanol from CO$_2$ and H$_2$ [J]. J Phys Chem Lett, 2016, 7(6): 1035-1041.

[46] Bertini F, Glatz M, Gorgas N, et al. Carbon dioxide hydrogenation catalysed by well-defined Mn(I) PNP pincer hydride complexes[J]. Chem Sci, 2017, 8(7): 5024-5029.

[47] Zhang J, Leitus G, Ben-David Y, et al. Efficient homogeneous catalytic hydrogenation of esters to alcohols[J]. Angew Chem Int Ed, 2006, 45(7): 1113-1115.

[48] Zubar V, Lebedev Y, Azofra L M, et al. Hydrogenation of CO$_2$-derived carbonates and polycarbonates to methanol and diols by metal-ligand cooperative manganese catalysis[J]. Angew Chem Int Ed, 2018, 57(41): 13439-13443.

[49] Wei Z, Li H, Wang Y, et al. A tailored versatile and efficient NHC-based NNC-pincer manganese catalyst for hydrogenation of polar unsaturated compounds[J]. Angew Chem Int Ed, 2023, 135(23): e202301042.

[50] Braca G, Raspolli Galletti A M, Sbrana G. Anionic ruthenium iodorcarbonyl complexes as selective

dehydroxylation catalysts in aqueous solution[J]. J Organomet Chem, 1991, 417(1): 41-49.

[51] Chalid M, Broekhuis A A, Heeres H J. Experimental and kinetic modeling studies on the biphasic hydrogenation of levulinic acid to γ-valerolactone using a homogeneous water-soluble Ru−(TPPTS) catalyst[J]. J Mol Catal A-Chem, 2011, 341(1-2): 14-21.

[52] Tukacs J M, Novák M, Dibó G, et al. An improved catalytic system for the reduction of levulinic acid to γ-valerolactone[J]. Catal Sci Technol, 2014, 4(9): 2908-2912.

[53] Sung K, Lee M, Cheong Y J, et al. Ir(triscarbene)-catalyzed sustainable transfer hydrogenation of levulinic acid to γ-valerolactone[J]. Appl Organomet Chem, 2021, 35(2): e6105.

[54] Al-Shaal M G, Wright W R H, Palkovits R. Exploring the ruthenium catalysed synthesis of γ-valerolactone in alcohols and utilisation of mild solvent-free reaction conditions[J]. Green Chem, 2012, 14(5): 1260-1263.

[55] Metzker G, Burtoloso A C B. Conversion of levulinic acid into γ-valerolactone using $Fe_3(CO)_{12}$: mimicking a biorefinery setting by exploiting crude liquors from biomass acid hydrolysis[J]. Chem Commun, 2015, 51(75): 14199-14202.

[56] Yi Y, Liu H, Xiao L P, et al. Highly efficient hydrogenation of levulinic acid into γ-valerolactone using an iron pincer complex[J]. ChemSusChem, 2018, 11(9): 1474-1478.

[57] Korstanje T J, Ivar van der Vlugt J, Elsevier C J, et al. Hydrogenation of carboxylic acids with a homogeneous cobalt catalyst[J]. Science, 2015, 350(6258): 298-302.

[58] Xu Q, Li X, Pan T, et al. Supported copper catalysts for highly efficient hydrogenation of biomass-derived levulinic acid and γ-valerolactone[J]. Green Chem, 2016, 18(5): 1287-1294.

[59] Deng L, Li J, Lai D M, et al. Catalytic conversion of biomass-derived carbohydrates into γ-valerolactone without using an external H_2 supply[J]. Angew Chem Int Ed, 2009, 121(35): 6651-6654..

[60] Loges B, Boddien A, Junge H, et al. Controlled generation of hydrogen from formic acid amine adducts at room temperature and application in H_2/O_2 fuel cells[J]. Angew Chem Int Ed, 2008, 47(21): 3962-3965.

[61] Piccirilli L, Lobo Justo Pinheiro D, Nielsen M. Recent progress with pincer transition metal catalysts for sustainability[J]. Catalysts, 2020, 10(7): 773.

[62] Pan Y, Pan C L, Zhang Y, et al. Selective hydrogen generation from formic acid with well-defined complexes of ruthenium and phosphorus−nitrogen PN_3-pincer ligand[J]. Chem−Asian J, 2016, 11(9): 1357-1360.

[63] Kar S, Rauch M, Leitus G, et al. Highly efficient additive-free dehydrogenation of neat formic acid[J]. Nat Catal, 2021, 4(3): 193-201.

[64] Himeda Y. Highly efficient hydrogen evolution by decomposition of formic acid using an iridium catalyst with 4,4′-dihydroxy-2,2′-bipyridine[J]. Green Chem, 2009, 11(12): 2018-2022.

[65] Celaje J J A, Lu Z, Kedzie E A, et al. A prolific catalyst for dehydrogenation of neat formic acid[J]. Nat Commun, 2016, 7(1): 11308.

[66] Cohen S, Borin V, Schapiro I, et al. Ir(Ⅲ)-PC(sp³)P bifunctional catalysts for production of H_2 by dehydrogenation of formic acid: experimental and theoretical study[J]. ACS Catalysis, 2017, 7(12): 8139-8146.

[67] Zell T, Butschke B, Ben-David Y, et al. Efficient hydrogen liberation from formic acid catalyzed by a well-defined iron pincer complex under mild conditions[J]. Chem-Eur J, 2013, 19(25): 8068-8072.

[68] Bielinski E A, Lagaditis P O, Zhang Y, et al. Lewis acid-assisted formic acid dehydrogenation using a pincer-supported iron catalyst[J]. J Am Chem Soc, 2014, 136(29): 10234-10237.

[69] Enthaler S, Brück A, Kammer A, et al. Exploring the reactivity of nickel pincer complexes in the decomposition of formic acid to CO_2/H_2 and the hydrogenation of $NaHCO_3$ to $HCOONa$[J]. ChemCatChem, 2015, 7(1): 65-69.

[70] Nakajima T, Kamiryo Y, Kishimoto M, et al. Synergistic Cu_2 catalysts for formic acid dehydrogenation[J]. J Am Chem Soc, 2019, 141(22): 8732-8736.

[71] Anderson N H, Boncella J, Tondreau A M. Manganese-Mediated Formic Acid Dehydrogenation[J]. Chem-Eur J, 2019, 25(45): 10557-10560.

[72] Léval A, Agapova A, Steinlechner C, et al. Hydrogen production from formic acid catalyzed by a phosphine free manganese complex: investigation and mechanistic insights[J]. Green Chem, 2020, 22(3): 913-920.

[73] Johnee Britto N, Jaccob M. Deciphering the mechanistic details of manganese-catalyzed formic acid dehydrogenation: insights from DFT calculations[J]. Inorg Chem, 2021, 60(15): 11038-11047.

[74] Ohkuma T, Ooka H, Hashiguchi S, et al. Practical enantioselective hydrogenation of aromatic ketones[J]. J Am Chem Soc, 1995, 117(9): 2675-2676.

[75] Ganguly G, Malakar T, Paul A. Theoretical studies on the mechanism of homogeneous catalytic olefin hydrogenation and amine−borane dehydrogenation by a versatile boryl-ligand-based cobalt catalyst[J]. ACS Catalysis, 2015, 5(5): 2754-2769.

[76] Gao Y, Kuncheria J K, Jenkins H A, et al. The interconversion of formic acid and hydrogen/carbon dioxide using a binuclear ruthenium complex catalyst[J]. J Chem Soc, Dalton, 2000, 18: 3212-3217.

[77] Hong D, Shimoyama Y, Ohgomori Y, et al. Cooperative effects of heterodinuclear $Ir^{III}-M^{II}$ complexes on catalytic H_2 evolution from formic acid dehydrogenation in water[J]. Inorg Chem, 2020, 59(17): 11976-11985.

[78] 郑冬松. 铑催化不对称 C–H 键官能团化反应构建轴手性 1-芳基异喹啉衍生物的研究[D]. 上海: 华东师范大学, 2023.

[79] Murai S, Kakiuchi F, Sekine S, et al. Efficient catalytic addition of aromatic carbon-hydrogen bonds to olefins[J]. Nature, 1993, 366(6455): 529-531.

[80] Kakiuchi F, Kan S, Igi K, et al. A ruthenium-catalyzed reaction of aromatic ketones with arylboronates: a new method for the arylation of aromatic compounds via C–H bond cleavage[J]. J Am Chem Soc, 2003, 125(7): 1698-1699.

[81] Kalyani D, Deprez N R, Desai L V, et al. Oxidative C–H activation/C–C bond forming reactions: synthetic scope and mechanistic insights[J]. J Am Chem Soc, 2005, 127(20): 7330-7331.

[82] Giri R, Maugel N, Li J J, et al. Palladium-catalyzed methylation and arylation of sp^2 and sp^3 C–H bonds in simple carboxylic acids[J]. J Am Chem Soc, 2007, 129(12): 3510-3511.

[83] Wasa M, Chan K S L, Yu J Q. Pd(II)-catalyzed cross-coupling of C (sp^2)–H bonds and alkyl-, aryl-, and vinyl-boron reagents via Pd(II)/Pd(0) catalysis[J]. Chem Lett, 2011, 40(9): 1004-1006.

[84] Yan J X, Li H, Liu X W, et al. Palladium-Catalyzed C(sp^3)–H Activation: A Facile Method for the Synthesis of 3, 4-Dihydroquinolinone Derivatives[J]. Angew Chem Int Ed, 2014, 53(19): 4945-4949.

[85] Lafrance M, Fagnou K. Palladium-catalyzed benzene arylation: incorporation of catalytic pivalic acid

as a proton shuttle and a key element in catalyst design[J]. J Am Chem Soc, 2006, 128(51): 16496-16497.

[86] Wang X, Yu D G, Glorius F. Cp*Rh^{III}-catalyzed arylation of C(sp^3)-H bonds[J]. Angew Chem Int Ed, 2015, 54(35): 10280-10283.

[87] Wang Q, Cai Z J, Liu C X, et al. Rhodium-catalyzed atroposelective C–H arylation: efficient synthesis of axially chiral heterobiaryls[J]. J Am Chem Soc, 2019, 141(24): 9504-9510.

[88] Kleiman J P, Dubeck M. The preparation of cyclopentadienyl [o-(phenylazo) phenyl] nickel[J]. J Am Chem Soc, 1963, 85(10): 1544-1545.

[89] Canivet J, Yamaguchi J, Ban I, et al. Nickel-catalyzed biaryl coupling of heteroarenes and aryl halides/triflates[J]. Org Lett, 2009, 11(8): 1733-1736.

[90] Phipps R J, Grimster N P, Gaunt M J. Cu (II)-catalyzed direct and site-selective arylation of indoles under mild conditions[J]. J Am Chem Soc, 2008, 130(26): 8172-8174.

[91] Phipps R J, Gaunt M J. A meta-selective copper-catalyzed C–H bond arylation[J]. Science, 2009, 323(5921): 1593-1597.

[92] Gui Q, Chen X, Hu L, et al. Copper-mediated ortho-arylation of benzamides with arylboronic acid[J]. Adv Synth Catal, 2016, 358(4): 509-514.

[93] Norinder J, Matsumoto A, Yoshikai N, et al. Iron-catalyzed direct arylation through directed C–H bond activation[J]. J Am Chem Soc, 2008, 130(18): 5858-5859.

[94] Wen J, Zhang J, Chen S Y, et al. Iron-mediated direct arylation of unactivated arenes[J]. Angew Chem Int Ed, 2008, 120(46): 9029-9032.

[95] Ilies L, Okabe J, Yoshikai N, et al. Iron-catalyzed, directed oxidative arylation of olefins with organozinc and Grignard reagents[J]. Org Lett, 2010, 12(12): 2838-2840.

[96] 李园园. 第Ⅷ族过渡金属配合物参与碳氟键活化反应的理论研究[D]. 厦门: 厦门大学, 2022.

[97] Kiso Y, Tamao K, Kumada M. Effects of the nature of halides on the alkyl group isomerization in the nickel-catalyzed cross-coupling of secondary alkyl Grignard reagents with organic halides[J]. J Organomet Chem, 1973, 50(1): C12-C14.

[98] Fahey D R, Mahan J E. Oxidative additions of aryl, vinyl, and acyl halides to triethylphosphinenickel(0) complexes[J]. J Am Chem Soc, 1977, 99(8): 2501-2508.

[99] Bosque R, Clot E, Fantacci S, et al. Inertness of the aryl–F bond toward oxidative addition to osmium and rhodium complexes: thermodynamic or kinetic origin?[J]. J Am Chem Soc, 1998, 120(48): 12634-12640.

[100] Zheng T, Sun H, Chen Y, et al. Synergistic effect of a low-valent cobalt complex and a trimethylphosphine ligand on selective C–F bond activation of perfluorinated toluene[J]. Organometallics, 2009, 28(19): 5771-5776.

[101] Lv H, Cai Y B, Zhang J L. Copper-catalyzed hydrodefluorination of fluoroarenes by copper hydride intermediates[J]. Angew Chem Int Ed, 2013, 125(11): 3285-3289.

[102] Chan P K, Leong W K. Reaction of Cp*Ir(CO)$_2$ with activated perfluoroaromatic compounds: formation of metallocarboxylic acids via aromatic nucleophilic substitution[J]. Organometallics, 2008, 27(6): 1247-1253.

[103] Choi J, Wang D Y, Kundu S, et al. Net oxidative addition of C(sp^3)–F bonds to iridium via initial C–H bond activation[J]. Science, 2011, 332(6037): 1545-1548.

[104] Böhm V P W, Gstöttmayr C W K, Weskamp T, et al. Catalytic C–C bond formation through selective activation of C–F bonds[J]. Angew Chem Int Ed, 2001, 40(18): 3387-3389.

[105] Yoshikai N, Mashima H, Nakamura E. Nickel-catalyzed cross-coupling reaction of aryl fluorides and chlorides with grignard reagents under nickel/magnesium bimetallic cooperation[J]. J Am Chem Soc, 2005, 127(51): 17978-17979.

[106] O'Neill M J, Riesebeck T, Cornella J. Thorpe–ingold effect in branch-selective alkylation of unactivated aryl fluorides[J]. Angew Chem Int Ed, 2018, 57(29): 9103-9107.

[107] Ho Y A, Leiendecker M, Liu X, et al. Nickel-catalyzed Csp^2–Csp^3 bond formation via C–F bond activation[J]. Org Lett, 2018, 20(18): 5644-5647.

[108] Li Y, Zhu J. Mechanistic insight into the Ni-catalyzed Kumada cross-coupling: alkylmagnesium halide promotes C–F bond activation and electron-deficient metal center slows down β-H elimination[J]. J Org Chem, 2022, 87(14): 8902-8909.

[109] Widdowson D A, Wilhelm R. Palladium catalysed cross-coupling of (fluoroarene) tricarbonylchromium(0) complexes[J]. Chem Commun, 1999, 21: 2211-2212.

[110] Wu C, McCollom S P, Zheng Z, et al. Aryl fluoride activation through palladium–magnesium bimetallic cooperation: A mechanistic and computational Study[J]. ACS Catal, 2020, 10(14): 7934-7944.

[111] Jones W D, Dong L. Insertion of rhodium into the carbon-sulfur bond of thiophene. Mechanism of a model for the hydrodesulfurization reaction[J]. J Am Chem Soc, 1991, 113(2): 559-564.

[112] Bianchini C, Meli A, Peruzzini M, et al. Opening, desulfurization, and hydrogenation of thiophene at iridium. An experimental study in a homogeneous phase[J]. J Am Chem Soc, 1993, 115(7): 2731-2742.

[113] Vicic D A, Jones W D. Room-temperature desulfurization of dibenzothiophene mediated by [(i-Pr$_2$PCH$_2$)$_2$NiH]$_2$[J]. J Am Chem Soc, 1997, 119(44): 10855-10856.

[114] Janak K E, Tanski J M, Churchill D G, et al. Thiophene and butadiene–thiolate complexes of molybdenum: Observations relevant to the mechanism of hydrodesulfurization[J]. J Am Chem Soc, 2002, 124(16): 4182-4183.

[115] Pan F, Wang H, Shen P X, et al. Cross coupling of thioethers with aryl boroxines to construct biaryls via Rh catalyzed C–S activation[J]. Chem Sci, 2013, 4(4): 1573-1577.

[116] Xu J X, Zhao F, Wu X F. NHC ligand-powered palladium-catalyzed carbonylative C–S bond cleavage of vinyl sulfides: efficient access to tert-butyl arylacrylates[J]. Org Biomol Chem, 2020, 18(48): 9796-9799.

[117] Chen S, Guo X, Hou H, et al. Thioethers as dichotomous electrophiles for site-selective silylation via C–S bond cleavage[J]. Angew Chem Int Ed, 2023, 62(25): e202303470.

[118] Nambo M, Crudden C M. Modular synthesis of triarylmethanes through palladium-catalyzed sequential arylation of methyl phenyl sulfone[J]. Angew Chem Int Ed, 2014, 126(3): 761-765.

[119] Zhang X S, Zhang Y F, Li Z W, et al. Synthesis of dibenzo[c, e]oxepin-5(7H)-ones from benzyl thioethers and carboxylic acids: Rhodium-catalyzed double C–H activation controlled by different directing groups[J]. Angew Chem Int Ed, 2015, 54(18): 5478-5482.

[120] Shibata T, Mitake A, Akiyama Y, et al. Sulfur-directed carbon-sulfur bond cleavage for Rh-catalyzed regioselective alkynylthiolation of alkynes[J]. Chem Commun, 2017, 53(64): 9016-9019.

第2章

理论基础和计算方法

　　量子化学是运用统计力学和量子力学的基本原理，以分子动力学模拟和量子化学计算作为基本方法来研究分子结构、化学键性质、化学反应，以及无机化合物、有机化合物、生物大分子和各种功能材料的结构与性能的关系[1]。1926～1927 年，物理学家 Heisenberg 和 Schrödinger 分别发表了著名的海森堡不确定性原理和薛定谔方程。从此，打开了一个完全不同于经典力学的新世界，为人们认知微观物质化学结构提供了理论基石。1927 年物理学家 Heitler 和 London[2]运用量子力学处理原子结构的方法成功诠释了两个氢原子结合形成一个氢气分子的过程，这标志着量子化学的诞生。美国化学家 Mulliken 因"分子轨道理论"获得 1966 年诺贝尔化学奖；日本化学家福井谦一与美国化学家 Hoffman 因"前线轨道理论"和"分子轨道对称守恒原理"共同获得 1981 年诺贝尔化学奖；英国化学家 Pople 与美国化学家 Kohn 因"从头算法"和"密度泛函理论"共同获得 1998 年诺贝尔化学奖[3]。近些年来，随着量子化学理论的逐步成熟与计算机科学的快速发展，涌现出许多基于量子化学的计算方法。运用这些方法进行量子化学计算可以从微观角度精确地解释和预测分子结构、性能、化学行为，探测反应机理。本章将对研究过程所用到的理论基础、计算方法以及本书使用的软件进行简明扼要的介绍。

2.1　理论基础

2.1.1　薛定谔方程

　　薛定谔方程（Schrödinger Equation）[4,5]是量子力学中的一个基本方程，于 1926 年被奥地利物理学家 Schrödinger 提出，其基本形式为：

$$i\hbar\frac{\partial}{\partial t}\psi = \hat{H}\psi \tag{2-1}$$

　　式中，$i = \sqrt{-1}$；$\hbar = \dfrac{h}{2\pi}$（h 为普朗克常量）；$\hat{H}$ 为哈密顿算符。

由 N 个电子和 p 个原子核构成的体系的哈密顿算符为：

$$\hat{H} = \sum_{\alpha=1}^{P} -\frac{\hbar^2}{2M_\alpha}\nabla_\alpha^2 + \sum_{i=1}^{N} -\frac{\hbar^2}{2m_e}\nabla_i^2 - \sum_{i=1}^{N}\sum_{\alpha=1}^{P}\frac{Z_\alpha e^2}{r_{i\alpha}} + \sum_{i=1}^{N}\sum_{j>i}\frac{e^2}{r_{ij}} + \sum_{\alpha}\sum_{\beta>\alpha}\frac{Z_\alpha Z_\beta e^2}{r_{\alpha\beta}} \quad (2\text{-}2)$$

其中包括等式右边第一项 p 个原子核的动能，第二项 N 个电子的动能，第三项核与电子之间的吸引能，第四项电子与电子之间的排斥能，以及第五项核与核之间的排斥能。

这个方程能够描述微观粒子的运动，揭示微观物理世界物质运动的基本规律。然而，只有氢分子能够获得薛定谔方程的精确解。对于越来越复杂的分子体系，要获得体系状态波函数与能量，需要做一些近似。首先在非相对论近似下，求解定态薛定谔方程。

$$\left[-\sum_A \frac{1}{2M_A}\nabla_A^2 - \sum_p \frac{1}{2}\nabla_p^2 + \sum_{p<q}\frac{1}{r_{pq}} - \sum_A\sum_P\frac{Z_A}{r_{pA}} + \sum_{A<B}\frac{Z_A Z_B}{R_{AB}}\right]\Psi = E_T\Psi \quad (2\text{-}3)$$

式中，Z 为核电荷；R_{AB} 为核间距；M 为核质量；r 为电子间距。式左侧从左到右分别表示核动能、电子动能、电子排斥能、核与电子吸引能以及核与核之间的排斥能。

其次 Born 和 Oppenheimer 根据电子运动速率比原子核高三个数量级，将此方程一些项忽略，同时将后三项合并为 $V(R,r)$，由此分离为电子运动与核运动两个方程，即：

$$-\frac{1}{2}\sum_p \nabla_p^2\varphi + V(R,r)\varphi = E(R)\varphi \quad (2\text{-}4)$$

$$-\sum_A \frac{1}{2M_A}\nabla_A^2\phi + E(R)\phi = E_T\phi \quad (2\text{-}5)$$

其中，φ 为电子运动波函数；ϕ 为核运动波函数；$E(R)$ 为核固定时体系的电子能量；E_T 为体系总能量。

最后采用单电子轨道近似，将 n 个电子体系的总波函数分解为 n 个单电子波函数的乘积。从头计算即基于非相对论近似、Born-Oppenheimer 近似和单电子近似的基础上求解薛定谔方程。随着研究体系形式越来越复杂，体系包含的电子数目越来越多，波函数的自变量逐渐增加，精确求解大体系的薛定谔方程几乎不可能实现。科研工作者开始思考将多电子体系的复杂性简化的方法。于是，通过电子密度函数的概念描述多电子体系的密度泛函理论应运而生。

2.1.2　密度泛函理论

密度泛函理论（density functional theory，DFT）是基于量子力学从头计算方法研究多电子体系电子结构最常用的一种方法，其基本思想是用三维电子密度取代 $3N$ 维（N 为电子数，每个电子包含三个空间变量）波函数来描述和确定体系的性质。由此不仅大大简化了计算量，而且可以进一步实现较大体系电子结构的计算。

DFT 是由 Hohenberg 和 Kohn[6]于 1964 年提出，该理论两个严格的理论依据分别是 Hohenberg-Kohn（H-K）第一、第二定理[7]和 Kohn-Sham（K-S）方程[8]。

H-K 定理指出对于非简并基态分子的能量、波函数和电子性质可以由电子自身的概率密度$\rho(x,y,z)$唯一确定。体系基态电子密度与体系所处外势场有一一对应关系，从而可以完全确定体系基态的所有性质。

N 电子体系的哈密顿量为

$$\hat{H} = -\frac{1}{2}\sum_{i=1}^{N}\nabla_i^2 + \sum_{i=1}^{N}v(\vec{r_i}) + \sum_{i}\sum_{j>1}\frac{1}{r_{ij}} \tag{2-6}$$

或

$$\hat{H} = \hat{T} + \hat{V}_{\text{Ne}} + \hat{V}_{\text{ee}} \tag{2-7}$$

其中$\hat{T} = -\frac{1}{2}\sum_{i=1}^{N}\nabla_i^2$；$\hat{V}_{\text{ee}} = \sum_{i}\sum_{j>1}\frac{1}{r_{ij}}$；$\hat{V}_{\text{Ne}} = \sum_{i=1}^{N}v(\vec{r_i})$；$v(\vec{r_i})$ 为电子 i 的外势，由电子体系的外部电荷产生，其形式为

$$v(\vec{r_i}) = -\sum_{a}\frac{Z_a}{r_{ia}} \tag{2-8}$$

当电子数目和外势确定后，电子体系的哈密顿量就确定了，之后再求解薛定谔方程（2-1），就可以进一步确定体系的电子运动波函数以及分子能量。H-K 定理证明了体系的总能量可以通过求解基态电子密度分布函数来获得，但是没有给出电子密度分布函数的具体泛函形式，导致体系的总能量无法获得。

K-S 方法填补了这一空缺。K-S 方法将多体问题假想为一个在有效势场中运动的无相互作用的单粒子体系，这一单粒子波动方程被称为 K-S 方程，其哈密顿算符表示为h_s^{KS}，总体系的哈密顿量为

$$\hat{H}_s = \sum_{i=1}^{N}[-\frac{1}{2}\nabla_i^2 + V_s(\vec{r_i})] = \sum_{i=1}^{N}h_s^{\text{KS}} \tag{2-9}$$

将其与 H-K 方程的哈密顿算符式（2-3）对应，则得到

$$\hat{H}_\lambda = \hat{T} + \hat{V}_\lambda(\vec{r_i}) + \lambda\hat{V}_{\text{ee}} \tag{2-10}$$

当$\lambda = 0$时，$\hat{H}_\lambda$代表假想体系；$\lambda = 1$ 时，$\hat{H}_\lambda$代表真实体系。

鉴于真实体系与假想体系间的差异，H-K 方程可变换为

$$E_0 = \int\rho(\vec{r})v(\vec{r})d\vec{r} + \overline{T}_s[\rho] + \Delta\overline{T}[\rho] + \frac{1}{2}\iint\frac{\rho(\vec{r_1})\rho(\vec{r_2})}{r_{12}}d\vec{r_1}d\vec{r_2} + \Delta\overline{V}_{\text{ee}}[\rho] \tag{2-11}$$

定义$\Delta\overline{T}_{\text{ee}}[\rho] + \Delta\overline{T}[\rho] = E_{\text{xc}}[\rho]$，分别表示真实体系与假想体系电子排斥能之差以及真实体系与假想体系动能平均值之差的和，$E_{\text{xc}}[\rho]$被称为交换相关泛函。据此，方程（2-11）可变换为

$$E_0 = \int \rho(\vec{r})v(\vec{r})d\vec{r} + \overline{T}_s[\rho] + \frac{1}{2}\iint \frac{\rho(\vec{r}_1)\rho(\vec{r}_2)}{r_{12}}d\vec{r}_1 d\vec{r}_2 + E_{xc}[\rho] \qquad (2\text{-}12)$$

由于 $\rho_0 = \rho_s = \sum_{i=1}^{N}\left|\theta_i^{KS}\right|^2$，其中 θ_i^{KS} 为 K-S 轨道，则式（2-12）可相应变换为

$$E_0 = -\sum_a Z_a \int \frac{\sum_i \left|\theta_i^{KS}\right|^2}{r_{ia}} - \frac{1}{2}\sum_i \left\langle \theta_i^{KS}\left|\nabla_i^2\right|\theta_i^{KS}\right\rangle + \frac{1}{2}\iint \frac{\sum_i \left|\theta_i^{KS}(1)\right|^2 \rho(\vec{r}_2)}{r_{12}}d\vec{r}_1 d\vec{r}_2 + E_{xc}[\rho] \qquad (2\text{-}13)$$

其中前三项在已知 θ_i^{KS} 后很容易求出。求解 K-S 方程（2-14）可以得到 θ_i^{KS}（注意这里必须要保证 θ_i^{KS} 是正交归一化的）。

$$h^{KS}(1)\theta_i^{KS}(1) = \varepsilon_i^{KS}\theta_i^{KS}(1) \qquad (2\text{-}14)$$

其中哈密顿算符 $h^{KS}(1) = [-\frac{1}{2}\nabla_i^2 - \sum_a \frac{Z_a}{r_{1a}} + \int \frac{\rho(\vec{r}_2)}{r_{12}}dr_{12} + V_{xc}(1)]$，而 $V_{xc} = \frac{\delta E_{xc}[\rho]}{\delta \rho}$ 是交换相关势。

通过上面的公式推导，可以发现只要确定了 θ_i^{KS}，就可以求得式（2-13）中的前三项。因此，现在的问题归结为求解式（2-13）中的第四项，即交换相关泛函 $E_{xc}[\rho]$。交换相关泛函（E_{xc}）包括两项：交换能（E_x）和相关能（E_c）两项。目前，仍然没有精确求解交换相关能的方法，只能使用近似的方法，对 E_x 和 E_c 的不同处理构成了实际计算中不同的 DFT 方法。目前经常使用的 DFT 方法有局域密度近似泛函、广义梯度近似泛函和杂化泛函（将不同泛函混合起来的泛函）三类。1993 年，Becke[7]将杂化泛函的形式表述为：

$$E_{xc} = A \times E_x^{Slater} + (1-A) \times E_x^{HF} + B \times \Delta E_x^{Becke} + E_C^{VWN} + C \times \Delta E_C^{non\text{-}local} \qquad (2\text{-}15)$$

式中，上角标 Slater 表示局域密度近似（LDA）交换泛函，HF 表示 Hartree-Fock 方法，Becke 表示广义梯度近似（GGA）交换泛函，VWN 表示局域密度近似相关泛函，non-local 表示非局域泛函；A、B、C 为参数，这些参数因杂化泛函的不同而有所变化，每一种泛函都有其各自适用的体系，所以在研究过程中，我们依据各体系的特征而选择合适的泛函形式。

2.1.3　过渡态理论

化学反应速率主要有两种，一是在气体分子运动论基础上发展起来的碰撞理论，二是在量子力学及统计力学基础上发展起来的过渡态理论。碰撞理论出现在 20 世纪初，但是与实验有一定的偏离以及对反应细节的描述不够精细。20 世纪 30 年代出现的过渡态理论弥补了碰撞理论的不足之处。过渡态理论是由 Eyring（埃林）等人[9]提出来的。该理论认为，化学反应不是只通过简单碰撞就能变成产物，当反应物分子相

互靠近时，由于电子云间的排斥，先生成能量较高的中间活化配合物，然后活化配合物经过旧键断裂，新键生成，变成能量较低的产物分子。活化配合物的特点是旧键已经松弛、新键正在生成，处于较高的势能状态，极不稳定，很容易分解成原来的反应物或者获得生成物。反应路径上势能最高点活化配合物所处的状态就是过渡态，过渡态的能量既高于反应物又高于反应产物。反应的速率由活化配合物转化成产物的速率来决定。这个理论还认为：反应物分子之间相互作用的势能是分子间相对位置的函数，在反应物转变成产物的过程中，系统的势能不断变化[10]。

过渡态理论中，相互作用的势能 E_p 是原子核间距的函数。

$$E_p = E_p(r) \tag{2-16}$$

计算势能最基本的方法是利用量子力学进行理论计算，然而这种方法对于双原子分子体系已经实属不易，对于多原子体系至今尚未有完整的表达式。对于多原子体系，用经验公式足以获得势能数据，例如 Morse（莫尔斯）公式是双原子分子最常用的计算势能 E_p 的经验公式：

$$E_p(r) = D_e \{ e^{[-2a(r-r_0)]} - 2e^{[-a(r-r_0)]} \} \tag{2-17}$$

式中，r_0 是分子中双原子分子间的平衡核间距；D_e 是势能曲线的井深；a 为与分子结构有关的常数。以三原子反应为例来说明过渡态理论中的势能面和势能曲线。

$$A + B-C \longrightarrow [A \cdots B \cdots C] \longrightarrow A-B + C$$

式中，A 代表单原子分子，B–C 代表双原子分子。当单原子分子逐渐靠近 B–C 分子时，B–C 分子间的键能逐渐减弱，同时新键 A–B 逐渐形成。在过程完成之前，系统会形成一个过渡态即活化配合物[A⋯B⋯C]，此时 B–C 键尚未完全断开，A–B 新键也未完全形成。而在这个过程中，系统的势能也在逐渐变化，并用三个参数来描述，即

$$E_p = E_p(r_{AB}, r_{BC}, r_{CA}) \quad 或 \quad E_p = E_p(r_{AB}, r_{BC}, \angle ABC) \tag{2-18}$$

描述这个势能需要用四维空间中的一个曲面来表示，这个曲面称为势能面（potential energy surface，缩写为 PES），由于无法绘制出一个四维空间图，可以令∠ABC=180°，即 A 与 B–C 发生直线碰撞，活化配合物为线型分子，则 $E_p = E_p(r_{AB}, r_{BC})$，这样势能面就可以用三维图来表示。

图 2-1 中随着 r_{AB} 和 r_{BC} 的不同，势能值也不同，这些不同的点在空间构成了高低不同的曲面，称为势能面图。R 点是反应物 BC 分子的基态，随着 A 原子的靠近，势能沿着 RT 线升高，到达 T 点形成活化配合物。随着 C 原子的离去，势能沿着 TP 线下降，到 P 点是生成物 AB 分子的稳态。D 点是完全离解为 A、B、C 原子时的势能，OE_p 一侧是原子间的排斥能。

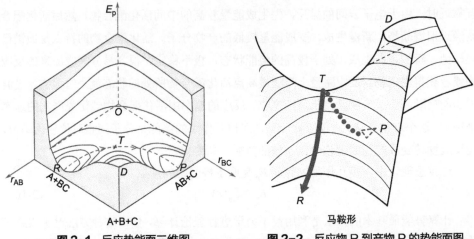

图2-1 反应势能面三维图

图2-2 反应物 R 到产物 P 的势能面图

如图 2-2 所示，在势能面上，活化配合物所处的位置 T 点称为马鞍点。该点的势能与反应物和生成物所处的稳定态能量 R 点和 P 点相比是最高点，但与坐标原点一侧和 D 点的势能相比又是最低点。如果把势能面比作马鞍的话，则马鞍点处在马鞍的中心，也是从反应物到生成物必须越过的一个能垒。

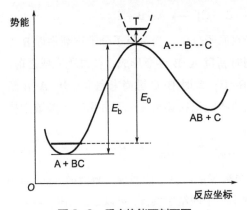

图2-3 反应势能面剖面图

沿势能面上 R-T-P 虚线切剖面图，把 R-T-P 曲线作横坐标，即为反应坐标。以势能作纵坐标，标出反应进程中每一点的势能，就得到势能面的剖面图（图 2-3）。从反应物 A+B-C 到生成物走的是能量最低通道，但必须越过势能垒 E_b。E_b 是活化配合物与反应物最低势能之差，E_0 是两者零点能之间的差值。能垒的存在从理论上表明了实验活化能 E_a 的实质。

计算势能面关键是确定过渡态和中间体，它们分别对应势能面上的鞍点和极小点。由于过渡态的能量很高，分子结构不稳定，通常在实验中很难获得过渡态的结构和参数。而通过量子化学计算可以比较容易地获得过渡态的分子结构。计算中为了确定过渡态的正确性，通常会通过内禀反应坐标（intrinsic reaction coordination，IRC）来验证[11,12]，它平滑地沿一个方向到达反应物或产物。IRC 实际上是一条曲线，描述了简化的化学反应路径，其扫描轨迹可以给出在反应中原子如何移动。过渡态能量分布符合统计热力学分布规律，假定过渡态理论在反应物和过渡态之间形成了一个准平衡（即假设反应物与过渡态达成热力学平衡），那么过渡态就是反应的决速步。其中反应的速率通常可以用静态力学和统计学的方法来计算[13,14]。反应速率常数可以通过 Eyring 方程热力学表达式进行计算：

$$k = \frac{k_B T}{h} e^{-\Delta G^{\neq}/RT}$$

（2-19）

其中，k_B 为玻尔兹曼常数；h 为普朗克常量；$\Delta G^{\neq}$ 为反应的活化自由能。过渡态理论对于研究反应的机理、速率和选择性等问题至关重要，因此是研究化学反应的有力工具。

2.1.4 形变/结合能模型

形变/结合能模型是在 Marcus[15,16]理论基础上提出的解释双分子反应活性的一种方法。研究表明，对于双分子反应，反应的活化能（activation energy）受形变能（distortion energy）和结合能（interaction energy）的共同影响[17,18]。在双分子反应中，形变/结合能模型将反应的活化能（$\Delta E^{\neq}$）分成两部分，一部分是形变能（$\Delta E^{\neq}_{dist}$），另一部分是结合能（$\Delta E^{\neq}_{int}$）。如图 2-4 所示，两个反应物分子折叠到过渡态的形状所需的能量定义为形变能，形变后的两个分子结合生成过渡态的能量定义为结合能。其中形变能主要受分子刚性、与过渡态结构的接近程度等因素控制，而结合能主要受轨道作用能、空间位阻等因素影响[19-23]。

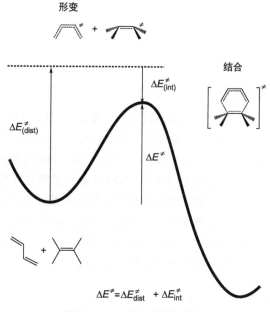

图2-4 形变/结合能示意图

通过形变/结合能分析能清晰地探究双分子反应机理。反应路径上的形变/结合能分析结果如图 2-5 所示。以二烯和亲双烯体反应为例，三条线分别表示反应路径中活化能的变化趋势、形变能的变化、结合能的变化。Houk 提出[24]，反应路径分析中，当反应的过渡态形成时，

$$\frac{dE_{dist}^{\neq}}{d_r} + \frac{dE_{int}^{\neq}}{d_r} = 0 \qquad (2\text{-}20)$$

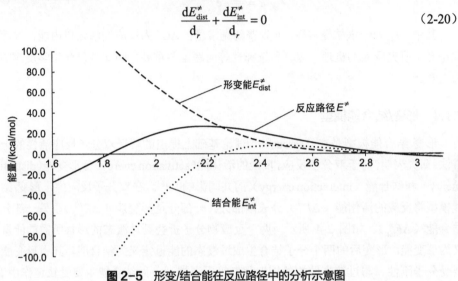

图 2-5 形变/结合能在反应路径中的分析示意图

因此，通过对反应路径中形变/结合能分析可以判断出过渡态形成的时间早晚，同时可以判断反应的活性主要是受什么影响。反应路径上形变能和结合能的分析能够更清晰、更准确地解释双分子反应的反应活性。在第 3 章中，将使用形变/结合能分析解释钯催化共轭炔烃烷氧羰基化的产物选择性。

2.1.5　自然键轨道理论

在量化计算中，自然键轨道（natural atomic orbital，NBO）分析[25,26]方法经常被用于计算原子电荷以及分子波函数的轨道布居数。1955 年 Löwdin[27]首次提出了自然轨道的概念，Reed 和 Weinhold 等人在此基础上加以扩展，系统地提出了 NBO 理论，其中包括自然键轨道（NBO）、自然原子轨道（NAO）和自然杂化轨道（NHO）等概念。与传统的 Mulliken 布居分析相比，NBO 分析对基组的依赖性小，计算结果稳定性好，并且同时适用于经典的从头算方法和 DFT 方法。通过 NBO 分析，可以获得研究体系中的原子电荷分布、键级、原子间成键情况和分子轨道间电子转移程度等方面的信息，是从微观层面研究分子构型和反应机理本质强有力的工具。

2.1.6　前线轨道理论

前线分子轨道理论（frontier molecular orbital，FMO）[28,29]将分子周围分布的电子

云根据能量细分为不同能级的分子轨道，能量最高的分子轨道（即最高占据轨道，HOMO）和没有被电子占据的、能量最低的分子轨道（即最低空轨道，LUMO）是决定体系化学反应活性的关键因素之一，其他能量的分子轨道对于化学反应虽然有影响但是影响很小，可以暂时忽略。HOMO 和 LUMO 便是所谓的前线轨道。前线轨道理论认为，HOMO 轨道上的电子在各个原子上有一定的电荷密度分布，这个分布的大小次序决定亲电试剂进攻各个原子位置的相对难易程度，即亲电反应最易发生在 HOMO 电荷密度最大的原子上；与此类似，亲核反应在各个原子上发生的相对次序由 LUMO 的电荷密度分布决定，亲核试剂最易进攻 LUMO 电荷密度最大的原子。一般说来，前线轨道理论的预测结果与实验一致[30-32]。

2.2 计算方法

本书综合考虑计算精度和效率，选择适合研究体系的密度泛函如 B3LYP、B3PW91、OLYP、B3LYP-D3、B3PW91-D3、M06 以及 M06-L 进行计算。结构优化时基组主要选择广泛使用的 6-31g(d,p)基组（过渡金属使用 LANL2DZ 赝势基组），单点计算时使用更加精确的 def2-TZVP 基组。溶剂化效应主要选用 SMD 溶剂模型来描述。

2.2.1 泛函

（1）B3LYP

B3LYP 是计算化学中一种运用广泛的广义梯度近似密度泛函[8,33-35]。该泛函是基于 Becke 提出来的梯度密度校正的交换能泛函和 Lee、Parr 与 Yang 提出的近似相关能泛函发展而来的杂化泛函。虽然近年来出现了几百种新的泛函，且对于特定体系，某些泛函的计算结果比 B3LYP 更精确，然而很少有一种泛函的综合能力优于 B3LYP。B3LYP 兼顾了精度与效率，是一种知名且流行的泛函。但美中不足的是，B3LYP 不能够准确描述电荷转移激发以及不能描述范德华作用。尽管如此，B3LYP 已经达到了计算效率和计算精度的一个极好的平衡。其依旧是使用最频繁的密度泛函之一。

（2）B3PW91

B3PW91 是一种杂化密度泛函，结合了 Beck 提出的交换泛函和 Perdew-Wang 提出的相关泛函[36,37]。在量子化学计算中，B3PW91 被广泛用于研究各种化学反应和分子性质。与 B3LYP 相比，虽然两者在计算结果上可能相近，但它们在处理特定体系时可能会有不同的表现。例如，有研究表明 B3PW91 在描述分子间相互作用能量方面比 B3LYP 更可靠。

(3) OLYP

OLYP 是一种杂化密度泛函[38]，结合了局部密度近似和广义梯度近似的优点，能够在保持计算效率的同时提高预测精度。与其他泛函如 B3LYP、B3PW91、PBE0 等进行比较，结果显示 OLYP 在预测某些体系的电子亲和势时表现出色。另外，OLYP 泛函能够处理包含弱相互作用的体系，通过统计方法如神经网络、多元线性回归、支持向量机等来训练和优化泛函的组合系数，从而提高对这类体系的预测准确性。

(4) B3LYP-D3 和 B3PW91-D3

针对 B3LYP 和 B3PW91 泛函无法描述范德华作用，在 B3LYP 和 B3PW91 泛函后加上 DFT-D3（BJ）校正以后，即可以解决此问题，并且也使得 B3LYP 和 B3PW91 计算的热力学数据在精度上有所提高。2004 年，Grimme 课题组[39]提出了 DFT-D 算法，较好地弥补了 DFT 泛函无法准确描述长程作用和弱相互作用的不足，对原本描述色散作用很差的泛函在色散作用描述上的改进立竿见影。DFT-D3 形式的校正可以很容易地单独估算出色散的相互作用能，是目前最有前途和最热门的方法之一。

(5) M06

M06 泛函是密度泛函理论中的一种交换-相关泛函，由 Truhlar 等人[40]开发，属于 meta-GGA 泛函类别，这意味着该泛函考虑了梯度修正之外的密度梯度平方项。M06 泛函能够较好地描述各种化学反应和性质，特别是在处理非共价相互作用方面。M06 泛函有多个版本，包括 M06-L、M06-2X、M06-HF 等。每个版本都有其特定的优化目标和适用范围。例如，M06-L 和 M06-2X 在参数拟合时已经考虑了非共价相互作用，因此在处理弱相互作用时表现良好。

2.2.2 基组

基组是用于描述体系波函数的，具有一定性质的函数，将其代入薛定谔方程，就可以解出体系的本征值（能量）。同泛函一样，基组的选择也会对量子化学计算的精度产生重要影响。随着构成基组的函数增多，基组会相应增大，计算的精度也就越高，但与此同时会导致计算量剧增。因此在实际计算中，为获得比较精确的计算结果，通常在高精度和耗时少两方面做折中处理，选用精度和计算量都适中的基组。

(1) 全电子基组

根据研究体系的性质和大小，本书主要选择将价层电子的原子轨道用两个或两个以上基函数来表示的劈裂价键基组。如 6-31G 就是其中常用的一种，它代表每个内层电子轨道由 6 个高斯型函数线性组合而成，每个价层电子轨道则会被劈裂成两个基函数，分别由 3 个和 1 个高斯型函数线性组合而成。6-311G 则代表价层电子轨道劈裂成

3个基函数，分别由3个、1个和1个高斯型函数线性组合而成。

然而，劈裂价键基组并不能很好地描述电子云的变形等性质，为此量子化学家引入了极化基组，即在劈裂价键基组的基础上添加了更高能级轨道所对应的基函数，新引入的基函数会对内层电子产生影响，因此能够更准确地描述体系的性质。氢原子的价轨道为1s，则其极化函数为p型高斯函数；同样对碳原子、氧原子等价层为p轨道的原子，它们的极化函数应为d型或f型轨道；类似地，对于过渡金属原子的极化函数为f型轨道。例如6-31G(d,p)[41,42]表示对非氢原子添加一个极化轨道的同时对氢原子添加一个p极化函数。当添加多个极化函数时，则在d、p前标出相应个数。极化函数的使用目的在于使原子价轨道在空间取向上变得更"柔软"，从而使之易于与其他原子的轨道成键。

对于带有较多电荷的体系，采用标准的基组来描述是不够的，此时需添加弥散函数，以增加价轨道在空间上的分布范围。弥散函数是指具有较小轨道指数的高斯函数，其表示方法是在标准基组后加上"+"或"++"。如6-31+G，6-31++G等，其中第一个"+"表示对非氢原子添加弥散函数，第二个"+"是对氢原子添加弥散函数。弥散函数主要用于带有电荷的体系（包括离子）以及弱作用体系。极化函数用于改进价轨道的角度分布，弥散函数则用于改进价轨道的径向分布。在密度泛函理论计算时，一般可以接受的基组有2-zeta的6-31G(d,p)和def2-SVP，精度比较好的基组有3-zeta的6-311G(d,p)和def-TZVP。具体基组的选择详见各章节研究体系的介绍。

(2) 赝势基组

对于含有电子数目较多的金属原子体系，若继续采用全电子从头算方法，就要求取更多的基函数，这一方面会引起Fock矩阵维数和积分数量的增多，耗费更多的内存和计算机时；另一方面，由于金属原子的核电荷大，内层电子受核的吸引，运动速度也会加快，导致相对论效应更加明显，但哈密顿算符中并没有涉及相对论效应，所以会使计算结果产生误差。考虑到这两方面的原因，计算中引入了赝势（有效核势）。所谓赝势就是把原子核和在反应中变化较小的内层电子一同当作一个原子实（core），实际计算中只考虑价电子的一种近似的处理方法。这样既保持了计算精度又减轻了计算量，此外还修正了相对论效应，鉴于这些优势，赝势已经广泛地应用于含金属原子的研究体系中。LANL2DZ[43,44]是最常用的赝势基组之一。

2.2.3 溶剂化模型

大部分有机化学反应都是在溶剂中进行的，因此溶剂化对一个反应体系有重要的影响。从微观角度上来看，溶剂化效应包括了溶剂与溶质的色散力作用、诱导作用、静电和排斥作用等。溶剂对溶质结构、构象等有重大的影响。因此在计算化学中需要选择合适的溶剂模型来考虑溶剂化效应。通常在量子化学计算中，会使用隐式溶剂去计算体系在相应的溶剂中的自由能。隐式溶剂模型不具体地描述溶质周围溶剂分子的分布以及具体的结构，而是简单地把溶剂环境看作可极化的连续介质。

最常用的方法是自洽反应场方法[45]，其基本原理是构建一个空穴，溶质被放在介电常数为ε连续介质的空穴中，空穴表面将被分为几百或是上千的碎片。然后对气态下溶质分子在空穴表面碎片的电荷通过 Possion 方程进行计算，接着将电荷对溶质分子的静电作用作为势能项加到哈密顿算符中重新求解，从而得到新的电荷分布，进行迭代计算直至自洽。其中，溶剂分子是被看作为连续介质的。与直接的溶剂化模型相比，连续介质模型能够明显减少研究反应体系的自由度，有利于研究长程静电相互作用体系。目前最受欢迎的连续介质模型是 Tomasi 课题组提出的极化连续介质模型（PCM）[46]和 2011 年提出的极化连续溶质量子力学电荷密度模型（SMD）[47]。SMD模型在模拟计算溶剂化自由能时，是在 PCM 模型基础上，把空穴分散结构对能量的贡献也考虑了进去，这部分贡献来自溶剂与溶质分子的第一溶剂层的近距离相互作用。PCM 对任意溶质都有较好的结果，因此被广泛采用。SMD 自提出以来也被大量应用在理论计算中，而且文献对比研究发现，该模型适用范围广，计算误差小。

2.3　本书使用的软件介绍

2.3.1　Gaussian 软件简介

Gaussian 程序是由美国卡耐基梅隆大学的 John A. Pople 在 1970 年主导开发的，最初版本是 Gaussian 70，目前已经升级至 Gaussian 16。本书计算用到 Gaussian 03[48]和 09[49]两个版本。Gaussian 是一个功能强大的量子化学计算程序，可用于材料性质模拟、分子结构优化、反应机理研究、热力学和动力学参数计算等场景，被广泛应用于量子化学和材料科学领域。其执行程序可在不同型号的大型计算机、超级计算机、工作站和个人计算机上运行，并相应有不同的版本。其功能包括研究过渡态能量和结构、化学键和反应能量、分子轨道、原子电荷和电势、振动频率、红外和拉曼光谱、核磁性质、极化率和超极化率、热力学性质、反应路径等。在化学领域，Gaussian 常常与GaussView 联用，研究取代基的影响、化学反应机理、势能曲面和激发能等。

2.3.2　Multiwfn 软件简介

Multiwfn 全称为 Multifunctional wavefunction analyzer[50]，是由卢天编写的一个十分强大的波函数分析程序，能够实现量子化学领域几乎所有最重要的波函数分析方法，包括显示分子结构、分子轨道及格点数据的等值面图形，输出某点的全部特性，绘制曲线图和等值线图等。它还支持多种格式的波函数输入，如 Gaussian、GAMESS、Firefly、Q-Chem 等软件产生的文件格式。此外，Multiwfn 还具有如下多种功能：输出某点的全部特性；输出某条线上的全部特性并绘制曲线图；输出某个面上的全部特性并绘图；输出某一空间范围的特性并绘制等值线图；电子密度及其拉普拉斯函数以及电子定域化函数（ELF）/定域化轨道指示函数（LOL）等函数的拓扑分析（包括 AIM 分析）；波函数检查与修改；布居分析（方法包括 Hirshfeld、VDD、Mulliken 及其三种变体、Lowdin、Becke、ADCH、CHELPG 和 Merz-Kollmann）；轨道成分分析（三种 Modified MPA 方法，Hirshfeld 方法，NAO 方法，且可以定义片段）；键级分析（Mayer 键级、Wiberg 键级、Mulliken 键级、多中心键级、模糊键级、Laplacian 键级，部分方法可分解为轨道的贡献）等。另外还包含数十种其他功能，比如 RDG 方法分析分子动力学中的弱相互作用、计算分子范德华体积、计算分子间轨道重叠积分、监控 Gaussian 的 SCF 收敛过程等、做简单能量分解、计算 HOMA 及 Bird 芳香性指数、衡量π堆积能力等。

参考文献

[1]　徐光宪，黎乐民，王德民. 量子化学[M]. 北京：科学出版社，2008.

[2]　Heitler W, London F. Wechselwirkung neutraler Atome und homöopolare Bindung nach der Quantenmechanik[J]. Zeitschrift für Physik, 1927, 44(6): 455-472.

[3]　段梦. 含磷有机物不对称催化理论研究[D]. 重庆：重庆大学，2020.

[4]　Schrödinger E. über das verhältnis der heisenberg-born-jordanschen quantenmechanik zu der meinen[J]. Annalen der Physik, 1926, 79(8): 734-756.

[5]　Schrödinger E. Quantisierung als Eigenwertproblem[J]. Annalen der Physik, 1926, 385(13), 437-490.

[6]　Hohenberg P, Kohn Walter. Inhomogeneous electron gas[J]. Phys Rev, 1964, 136(3B): B864-B871.

[7]　Kohn W, Sham L J. Self-consistent equations including exchange and correlation effects[J]. Phys Rev, 1965, 140(4A): A1133-A1138.

[8]　Becke A D. Density-functional thermochemistry. III. The role of exact exchange[J]. Chem Phys, 1993, 98: 5648-5652.

[9]　Eyring H. The activated complex and the absolute rate of chemical reactions[J]. Chem Rev, 1935, 17(1): 65-77.

[10]　Pechukas P. Transition state theory[J]. Ann Rev Phys Chem, 1981, 32(1): 159-177.

[11]　Fukui K. Formulation of the reaction coordinate[J]. J Phys Chem, 1970, 74(23): 4161-4163.

[12]　Fukui K. The path of chemical reactions-the IRC approach[J]. Acc Chem Res, 1981, 14(12): 363-368.

[13]　Salmon R, Holloway G, Hendershott M C. The equilibrium statistical mechanics of simple quasi-geostrophic models[J]. J Fluid Mech, 1976, 75(4): 691-703.

[14]　Hepp K, Lieb E H. Equilibrium statistical mechanics of matter interacting with the quantized radiation field[J]. Phys Rev A, 1973, 8(5): 2517-2525.

[15]　Marcus R A. On the theory of electron-transfer reactions. VI. Unified treatment for homogeneous and electrode reactions[J]. J Chem Phys, 1965, 43(2): 679-701.

[16] Filonenko G A, Van Putten R, Schulpen E N, et al. Highly efficient reversible hydrogenation of carbon dioxide to formates using a ruthenium PNP-pincer catalyst[J]. ChemCatChem, 2014, 6(6): 1526-1530.

[17] Ess D H, Houk K N. Theory of 1, 3-dipolar cycloadditions: distortion/interaction and frontier molecular orbital models[J]. J Am Chem Soc, 2008, 130(31): 10187-10198.

[18] 罗小玲. Rh(I)/Rh(Ⅲ)催化羧基化合物 C-H 键活化及 Ni 催化偶联反应机理研究[D]. 重庆：重庆大学, 2016.

[19] Coxon J M, Froese R D J, Ganguly B, et al. On the origins of diastereofacial selectivity in Diels-Alder cycloadditions[J]. Synlett, 1999, 1999(11): 1681-1703.

[20] Froese R D J, Coxon J M, West S C, et al. Theoretical Studies of Diels-Alder Reactions of Acetylenic Compounds[J]. J Org Chem, 1997, 62(20): 6991-6996.

[21] Kavitha K, Manoharan M, Venuvanalingam P. 1,3-dipolar reactions involving corannulene: How does its rim and spoke addition vary?[J]. J Org Chem, 2005, 70(7): 2528-2536.

[22] Nagase S, Morokuma K. An ab initio molecular orbital study of organic reactions. The energy, charge, and spin decomposition analyses at the transition state and along the reaction pathway[J]. J Am Chem Soc, 1978, 100(6): 1666-1672.

[23] Geetha K, Dinadayalane T C, Sastry G N. Effect of methyl and vinyl substitution on the geometries, relative stabilities and Diels-Alder reactivities of phospholes: a DFT study[J]. J Phys Org Chem, 2003, 16(5): 298-305.

[24] Houk K N, Gandour R W, Strozier R W, et al. Barriers to thermally allowed reactions and the elusiveness of neutral homoaromaticity[J]. J Am Chem Soc, 1979, 101(23): 6797-6802.

[25] Reed A E, Weinstock R B, Weinhold F. Natural population analysis[J]. J Chem Phys, 1985, 83(2): 735-746.

[26] Carpenter J E, Weinhold F. Analysis of the geometry of the hydroxymethyl radical by the "different hybrids for different spins" natural bond orbital procedure[J]. J Mol Struct: Theochem, 1988, 169: 41-62.

[27] Löwdin P O. Quantum theory of many-particle systems. I. Physical interpretations by means of density matrices, natural spin-orbitals, and convergence problems in the method of configurational interaction[J]. Phys Rev, 1955, 97(6): 1474.

[28] Houk K N. Frontier molecular orbital theory of cycloaddition reactions[J]. Acc Chem Res, 1975, 8(11): 361-369.

[29] Houk K N, Sims J, Duke R E, et al. Frontier molecular orbitals of 1,3-dipoles and dipolarophiles[J]. J Am Chem Soc, 1973, 95(22): 7287-7301.

[30] Sun H, Zhang D, Wang F, et al. Theoretical study of the mechanism for the Markovnikov addition of imidazole to vinyl acetate catalyzed by the ionic liquid [bmIm]OH[J]. J Phys Chem A, 2007, 111(20): 4535-4541.

[31] Liu Y, Zhang D, Bi S, et al. Theoretical insight into the mechanism of CO inserting into the N-H bond of the Iron (Ⅱ) amido complex (dmpe)$_2$Fe(H)(NH$_2$): an unusual self-promoted reaction[J]. Organometallics, 2012, 31(1): 365-371.

[32] Liu Y, Zhang D, Bi S. Theoretical investigation on the isomerization reaction of 4-phenyl-hexa-1,5-enyne catalyzed by homogeneous Au catalysts[J]. J Phys Chem A, 2010, 114(49): 12893-12899.

[33] Becke A D. Density-functional exchange-energy approximation with correct asymptotic behavior[J].

Phys Rev A, 1988, 38(6): 3098-3100.

[34] Lee C, Yang W, Parr R G. Development of the Colle-Salvetti correlation-energy formula into a functional of the electron density[J]. Phys Rev B, 1988, 37(2): 785-789.

[35] Miehlich B, Savin A, Stoll H, et al. Results obtained with the correlation energy density functionals of Becke and Lee, Yang and Parr[J]. Chem Phys Lett, 1989, 157(3): 200-206.

[36] Becke A D. Density-functional thermochemistry. IV. A new dynamical correlation functional and implications for exact-exchange mixing[J]. J Chem Phys, 1996, 104(3): 1040-1046.

[37] Perdew J P, Chevary J A, Vosko S H, et al. Atoms, molecules, solids, and surfaces: Applications of the generalized gradient approximation for exchange and correlation[J]. Phys Rev B, 1992, 46(11): 6671-6687.

[38] Harvey J N, Aschi M, Schwarz H, et al. The singlet and triplet states of phenyl cation. A hybrid approach for locating minimum energy crossing points between non-interacting potential energy surfaces[J]. Theor Chem Acc, 1998, 99(2): 95-99.

[39] Grimme S. Accurate description of van der Waals complexes by density functional theory including empirical corrections[J]. J Comput Chem, 2004, 25(12): 1463-1473.

[40] Zhao Y, Truhlar D G. The M06 suite of density functionals for main group thermochemistry, thermochemical kinetics, noncovalent interactions, excited states, and transition elements: two new functionals and systematic testing of four M06-class functionals and 12 other functionals[J]. Theor Chem Acc, 2008, 120: 215-241.

[41] Hariharan P C, Pople J A. The influence of polarization functions on molecular orbital hydrogenation energies[J]. Theor Chim Acta,1973, 28(3): 213-222.

[42] Krishnan R, Binkley J S, Seeger R, et al. Self-consistent molecular orbital methods. XX. A basis set for correlated wave functions[J]. J Chem Phys, 1980, 72(1): 650-654.

[43] Hay P J, Wadt W R. Ab initio effective core potentials for molecular calculations. Potentials for the transition metal atoms Sc to Hg[J]. J Chem Phys, 1985, 82(1): 270-283.

[44] Wadt W R, Hay P J. Ab initio effective core potentials for molecular calculations. Potentials for main group elements Na to Bi[J]. J Chem Phys, 1985, 82(1): 284-298.

[45] Cossi M, Barone V, Cammi R, et al. Ab initio study of solvated molecules: a new implementation of the polarizable continuum model[J]. Chem Phys Lett, 1996, 255(4-6): 327-335.

[46] Miertuš S, Scrocco E, Tomasi J. Electrostatic interaction of a solute with a continuum. A direct utilizaion of Ab initio molecular potentials for the prevision of solvent effects[J]. Chem Phys, 1981, 55(1): 117-129.

[47] Marenich A V, Cramer C J, Truhlar D G. Universal solvation model based on solute electron density and on a continuum model of the solvent defined by the bulk dielectric constant and atomic surface tensions[J]. J Phys Chem B, 2009, 113(18): 6378-6396.

[48] Frisch M J, Trucks G W, Schlegel H B, et al. Gaussian 03, Revision D.01, Gaussian, Inc., Wallingford CT, 2004.

[49] Frisch M J, Trucks G W, Schlegel H B, et al. Gaussian 09, Revision D.01, Gaussian, Inc., Wallingford CT, 2013.

[50] Lu T, Chen F. Multiwfn: A multifunctional wavefunction analyzer[J]. J Comput Chem, 2012, 33(5): 580-592.

第 **3** 章

过渡金属钯配合物催化烯烃羰基化反应

3.1 反应概述

通过羰基化反应生产高值大宗化学品和精细化学品受到了学术界和工业界的广泛关注[1-5]。利用来源广泛的不饱和化合物、一氧化碳（CO）和醇类生成酯类的烷氧基羰基化是最有吸引力的途径之一[6-8]。过渡金属钌（Ru）[9]、铑（Rh）[10]、钯（Pd）[11]和铱（Ir）[12]广泛应用于均相催化羰基化反应中。钯催化的羰基化反应是最具代表性的一类，这归因于其反应效率高且底物适用性广，对于各种烯烃和炔烃底物均表现出较高活性。2020 年，Chen 等人[13]开发了一种单齿亚磷酰胺配体 Xida-Phos 辅助 Pd 催化的芳基卤代试剂（N-芳基丙烯酰胺）和各种亲核试剂（芳基硼酸、苯胺和醇）与 CO 的多米诺 Heck 型羰基化反应，构建了各种具有 β-羰基取代的季碳立体中心吲哚酮衍生物。该转化具有优异的反应性和对映选择性，以及良好的官能团耐受性，为合成各种具有不对称生物活性的六氢吡咯并吲哚及其二聚生物碱提供了一种简捷的方法。2023 年，Bao 等人[14]通过钯催化溴代乙腈与亲核试剂发生羰基化反应，构建了一系列 α-氰基取代的羧酸衍生物。温和反应条件下，使用较低催化量的钯和 Xantphos 配体进行克级放大实验，以优异的产率获得了目标产物。该反应的优点是在常压 CO 气氛下即可进行，这为多种药物前体的制备提供了有效途径。

然而高毒性且易燃的 CO 储存和运输困难，限制了其在精细化工中的应用[15,16]。为了解决这一问题，在过去的几十年里，该领域的先驱者们从绿色化学的角度对"无CO"羰基化反应进行了广泛的研究，目前已开发出几种 CO 替代品，如羰基金属配合物、二氧化碳、甲醇、甲酸及其衍生物等[17-20]，Morimoto 和 Kakiuchi 首次综述了 CO替代物的羰基化反应[21]。其中生物质水解氧化或二氧化碳氢化形成的甲酸[22,23]在绿色有机合成领域表现出优良的性能而受到广泛关注[24-26]。甲酸无毒、不易燃、储存和运输安全方便；甲酸作为碳一源参与羰基化反应，既是羰源，也是氢源，体现了 100%原子经济性。2014 年，Jun 课题组[27]首次报道了利用甲酸盐为 CO 替代物，钌催化烯烃、醇和甲酸盐三组分反应合成酯类化合物的反应，芳基烯烃、普通的烷基烯烃以及脂肪醇在该催化体系中都具有较好的适用性，并通过同位素实验证明甲酸盐中的羰基确实转移到了产物中。2018 年，Peng 等人[28]报道了钯催化芳基碘化物与烷基溴化物的还原性羰基化反应，以甲酸为羰基源，利用易得的烷基和芳基卤化物以中等至良好的收率合成了一系列烷基芳基酮化合物。其中烷基溴化物在 Mg 和 $ZnCl_2$ 作用下可以生成有机锌试剂，容易发生 Negishi 偶联型羰基化反应；伯和仲烷基溴化物/碘化物均可以实现两种亲电试剂的羰基化偶联反应。该方法可用于复杂天然产物的后期修饰功能化。

除了产率之外，羰基化反应的选择性对于其大规模商业应用也是至关重要的一个因素。2018 年，Beller 课题组[29]报道了 N-苯基吡咯膦配位的钯配合物催化工业上重要的脂肪族烯烃羰基化，研究发现该催化体系能够以高产率和高支链选择性获得酯类产物。与反应活性高的末端烯烃相比，作为工业生产中构建大宗化学品的结构单元且活性较低的内烯烃更值得关注。因此，该课题组以对甲基苯磺酸（PTSA）为助催化剂，甲酸为羰源，将 py^{r}bpx 配体应用于钯催化位阻大的烯烃，如天然产物结构单元——三、四取代烯烃羰基化合成酯的反应，如图 3-1 上图所示。含有两个半稳定 P,N 配体的钯配合物表现出优异的反应活性，在催化内烯烃羰基化反应中，以高产率和高选择性获得线型酯。该催化体系特点在于：①CO 从甲酸中选择性释放；②内烯烃的有效异构化；③高区域选择性烷氧基羰基化。图 3-1 下方显示了实验提出的可能的反应机理，包括甲酸活化释放 CO 和 H_2O（A 循环）、内部烯烃异构化为末端烯烃、CO 插入以及最后甲醇亲核进攻得到目标酯（C 循环）。与此同时，甲酸分解会产生少量的 CO_2 和 H_2（B 循环），烯烃与甲酸甲酯不发生羰基化反应（D 循环）。尽管 Beller 课题组在实验基础上推测了反应机理，但仍然有诸多问题有待研究。基于此，我们在 3.2 节采用密度泛函理论进行计算，期望揭示以下三个问题：①实验中提出的机理能否合理解释钯配合物对烷氧基羰基化的高催化活性？②如果不能，可能的反应机理是什么？③配体吡啶基团和酸性助催化剂的作用是什么。计算结果有助于从分子水平上深入理解钯配合物催化的烷氧基羰基化反应机理。

1,3-烯炔被认为是有机合成中重要的单元，广泛存在于各种药物和天然产物中[30-35]。例如特比萘芬和卡利奇霉素γI 中存在 1,3-烯炔结构单元，作为抗癌和抗真菌药物用于治疗肿瘤和真菌感染[36,37]。常用合成烯炔的方法包括 Pd-Cu 催化的炔烃和卤代乙烯之间的 Sonogashira 偶联反应[38]以及 Pd 催化的末端有机金属炔烃和烯烃的偶联反应[39]。然而，定量制备立体定义的卤化物或有机金属偶联试剂仍然是一个挑战[40]。制备 1,3-烯炔的另一可行的方法为过渡金属催化的炔烃（原料易得）二聚反应[41]。尽管该方法体现了原子经济性，但难以控制区域选择性和立体选择性。作为有机合成领域广泛使用的原料之一，近年来 1,3-二炔被引入过渡金属催化反应中，充当偶联剂参与反应以合成 1,3-烯炔[42-44]。在这类反应中使用 1,3-二炔总是伴随着一些问题。最常见的问题是：①难以控制立体选择性和区域选择性；②难以控制单功能化和双功能化[45-47]。因此，迄今为止只有少数几种利用 1,3-二炔合成 1,3-烯炔的方法被报道。

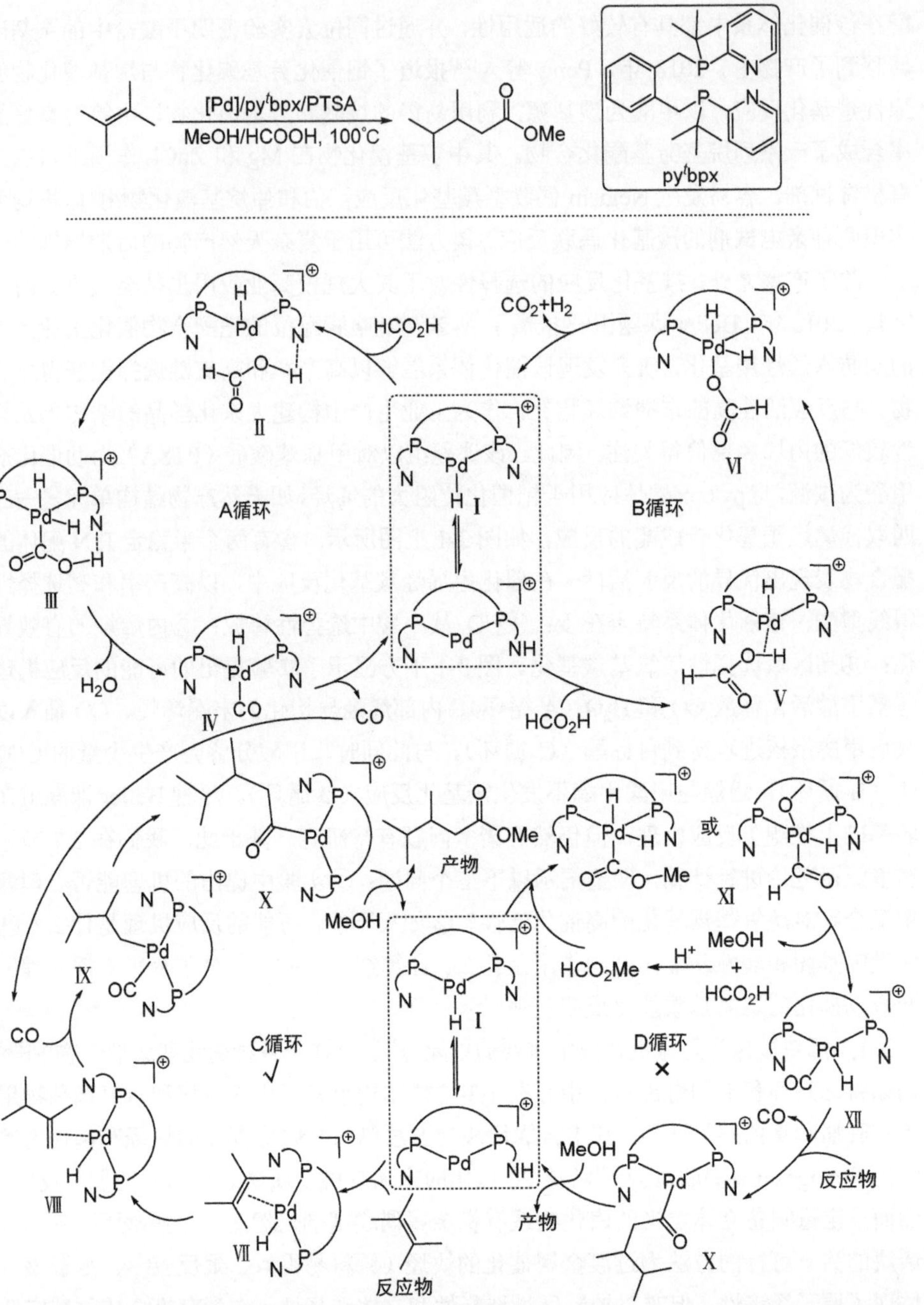

图3-1 钯催化的甲酸为羰源，2,3-二甲基-2-丁烯烷氧羰基化反应（上）及可能的反应机理（下）

Ge 课题组[48]报道了 Co(acac)$_2$ 和双膦配体原位生成的钴配合物催化 1,3-二炔与频哪醇硼烷的区域选择性和立体选择性硼氢化反应。在 Co(acac)$_2$/Xantphos 的存在下，一系列不对称和对称的 1,3-二炔与频哪醇硼烷反应，其中硼与 1,3-二炔单元的内部碳原子加成；而在 Co(acac)₂/dppf 催化下，硼与末端碳原子加成高选择性地生成硼基功能化的烯炔。氘标记实验表明，频哪醇硼烷顺式加成至 1,3-二炔空间位阻较小的三键中，Co(acac)₂/Xantphos 催化 1,3-二炔硼氢化反应通过氢化钴中间体进行，而 Co(acac)₂/dppf 催化下则经由硼酸钴中间体进行。Glorius 课题组[49]通过锰催化 1,3-炔与芳烃或杂芳烃的烯基化反应实现了 1,3-烯炔的高选择性合成。此方案可用于进一步制备吡咯和呋喃。Ravikumar 课题组[50]开发了一种新型钯催化的高立体选择性合成 1,3-烯炔的策略。该策略通过选择性地裂解环丙醇的 C–C 键，接着与 1,3-二炔反应烯基化，得到一系列 1,3-烯炔衍生物。除了高选择性和立体选择性外，环丙醇和 1,3-二炔的官能团耐受性良好，适用于大位阻的环丙醇，如金刚烷环丙醇。通过氘标记实验以及密度泛函理论计算，排除了自由基路径，同时证实了环丙醇开环是反应的速控步。

值得注意的是，受 Drent 课题组开创性研究（即 2-吡啶基膦配体结合钯催化炔烃羰基化）的启发，Beller 课题组开发了几种新的吡啶基取代的双齿膦配体，并成功应用于钯催化的炔氧羰基化反应[51-53]。这一策略成功的关键是配体的"内置碱"，其可以作为氢转移梭子加快酯化反应进程。氮膦配体结合钯催化炔烃烷氧羰基化的机理研究证实了原位碱机制[54-56]。正如上节介绍，2018 年 Beller 课题组利用双齿氮膦配位的钯催化，成功实现了非活性内烯烃的烷氧基羰基化。之后，Tian[57]和我们课题组对相关的反应机理进行了密度泛函计算，提出了 PTSA 辅助的原位碱反应机理。2019 年，该课题组[58]又报道了一例氮和双齿膦配体结合钯催化的 1,3-二炔双烷氧基羰基化反应，其中 1,1'-二茂铁二基-双［叔丁基（吡啶-2-基）膦］(dᵗbpf) 的催化活性最好，以高产率和选择性获得共轭二烯产物。Yang 等人[59]对此反应进行了密度泛函理论计算，再次验证了 2-吡啶基的重要性，通过吡啶基和钯的协同催化降低了加氢钯化和醇解步骤的反应势垒。

2020 年 Beller 课题组[60]首次报道了温和条件下 1,3-二炔与脂肪族醇的单烷氧羰基化反应。该工作利用催化剂 Pd(TFA)₂，在 2,2'-双［叔丁基（吡啶-2-基）膦］-1,1'-二萘（Neolephos）配体的调控下以高产率和优异的化学选择性合成了功能化的 1,3-烯炔产物。图 3-2 描述了实验提出的催化循环。从原位生成的阳离子 Pd(Ⅱ)-H 物种 **A** 开始，1,3-二炔 **a** 经加氢钯化插入钯氢键，得到 Pd-烯基中间体 **B**。继而 CO 迁移插入，形成 Pd-酰基配合物 **C**，最后甲醇分解同时亲核进攻酰基，获得单羰基化产物 **b**，活性 Pd(Ⅱ)-H 物种复原，完成循环Ⅰ。与催化循环Ⅰ类似，循环Ⅱ通过级联的加氢钯化、CO 迁移插入和甲醇分解三个步骤产生双羰基化产物 **c**。受该开创性工作的启发，我们进行了密度泛函理论计算，依照图 3-2 所示的催化循环，探究详细的反应机理以及选择性的起源（详见 3.3 节）。通过深入洞察钯催化的烷氧基羰基化反应机理，阐明实验观察到的化学选择性，为羰基化反应的研究提供一定的理论基础。

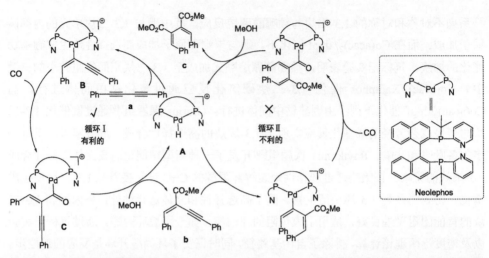

图 3-2 Beller 课题组提出的 Pd/Neolephos 催化下 1,3-二炔 **a** 烷氧基羰基化反应的催化循环

醛和羧酸是两类重要的羰基化产物，广泛应用于医药、材料领域以及精细化学品的生产。例如非甾体类抗炎药——布洛芬和吲哚美辛中都含有羧酸官能团[61]。醛类化合物是生产镇静药物和泌尿类药物的重要中间体[62]。自从 Roelen 和 Reppe 首次分别报道了氢甲酰化合成醛类产物以及氢羧基化合成羧酸产物后，许多课题组设计和制备了不同的均相催化剂以期提高反应结果。Heck 和 Nolley[63]首次报道了钯催化的羰基化反应，受此启发，钯催化的氢甲酰化、氢羧基化以及氢酯基化反应如雨后春笋般涌现出来[64-66]。以甲酸作为 CO 的取代物参与羰基化反应符合绿色化学的要求[67]。一般而言，为了避免甲酸脱氢生成 CO_2，实验通常需要添加催化量的酸酐或 N,N'-二环己基碳酰亚胺（DCC）作为甲酸原位产生 CO 的助催化剂。2003 年 Cacchi 课题组[68]报道了首例甲酸盐和酸酐混合，金属 Pd 催化条件下通过插羰反应实现芳基卤化物到芳基羧酸的转变，甲酸盐与酸酐生成不稳定的混合酸酐，接着原位生成 CO，从而避免了外加 CO 的操作。之后，通过甲酸实现羰基化引起了研究人员的关注，许多课题组对不同催化剂、配体、底物、酸酐以及溶剂等对羰基化反应的影响进行研究，取得了一些突破性的进展。Skrydstrup 课题组[69]开发了一种以甲酸钾为羰基源，且不使用任何活化剂（酸酐）的高效催化体系。酰基 Pd(Ⅱ)配合物结合 d^{t}bpf 配体作为预催化剂，芳基碘化物为底物，以良好的产率获得羧酸产物。Liu 等人[70]报道了 Rh 催化烯烃与甲酸的氢甲酰化反应，其中甲酸既是氢源又是 CO 代替物。2023 年，史一安课题组[71]利用 Pd 催化烯烃与 2,4,6-三氯苯酯以及甲酸反应，实现了高效的区域选择性氢甲酰化。直链醛的产率高达 83%，线型与支链型产物比例高于 20∶1。

钯膦配合物在催化羰基化反应中表现出高的反应性以及底物普适性。膦配体的电子和空间特性不仅可以稳定金属中心，而且是调控反应选择性和活性的关键因素。过去二十年，一系列能够选择性合成醛和羧酸的膦配体被设计及制备出来[72,73]。2017 年，Wu 课题组[74]报道了 Xantphos 配位的 Pd 催化有机卤化物羰基化反应，以 DCC 为甲酸活化剂，羧酸产物收率高达 97%。同年，该课题组[75]进一步研究发现，以三环己基膦（PCy$_3$）作为配体时，产物芳香醛的选择性较高。作者推测 PCy$_3$ 配位的 Pd 能够与甲酸盐形成离域的 η^3-COO-Pd 中间体，导致芳香醛类产物的形成，而 Xantphos 配体具有较大的张角和体积更有利于芳香羧酸产物的生成。至于反应机理方面，Zhao 等人[76]认为单齿膦配体配位的 Pd 催化甲酸与苯乙烯氢羧基化反应中，CO 的生成是经由甲乙酸酐在金属 Pd 中心发生氧化加成、脱羧实现的。而 Jiang 等人[77]基于计算结果提出，在双齿膦配体配位的镍催化体系中，CO 是由甲乙酸酐热分解原位生成的。Zhu 等人[78]研究表明宽咬角的双齿膦配体具有较大的灵活性，螯合能力降低，进而增加了加氢金属化过渡态的能量，而大位阻的叔丁基膦基团使醇解过渡态的能量提高，由此导致化学选择性的差异。Yang 等人[59]使用量子化学计算研究了 P,N-双齿配体配位的 Pd 催化 1,3-二炔羰基化的反应，提出炔基的共轭效应和 C–H···π 相互作用是调控区域选择性的关键，而 Pd 与叔烷基的空间排斥力以及 Pd 与 C–C 双键之间的相互作用影响了化学选择性。

史一安课题组[79]以脂肪族烯烃为底物，将 dppp 配体修饰的 Pd 催化剂应用于甲酸与烯烃的反应，发现烯烃主要经历氢甲酰化生成醛，而以 1,1'-双（二苯基膦）二茂铁（dppf）作为配体，反应则优先经由氢羧基化生成相应的羧酸 [3-3（a）]。如图 3-3（b）所示，该课题组提出了可能的催化循环路径。起始甲酸与酸酐反应原位生成甲乙酸酐（HCOOAc），零价钯与 HCOOAc 经氧化加成得到 Pd-H 复合物 1，重排转化为中间体 2。接着与丙烯经氢化加成、CO 迁移插入产生中间体 Pd-酰基复合物 4，再经由碘离子协助的乙酸盐-甲酸盐交换得到中间体 6。最后，中间体 6 既可以先经由 β-H 消除释放 CO$_2$，产生 Pd-H 配合物 7，后通过还原消除得到醛类产物 P1；又可以先进行还原消除得到酸酐 8，再经历脱羧反应产生羧酸类产物 P2。尽管有了初步的猜测，详细的反应机理仍然模糊不清。本章 3.4 节使用密度泛函理论阐明详细的反应机理，明确控制选择性的关键步骤，揭示选择性的成因。

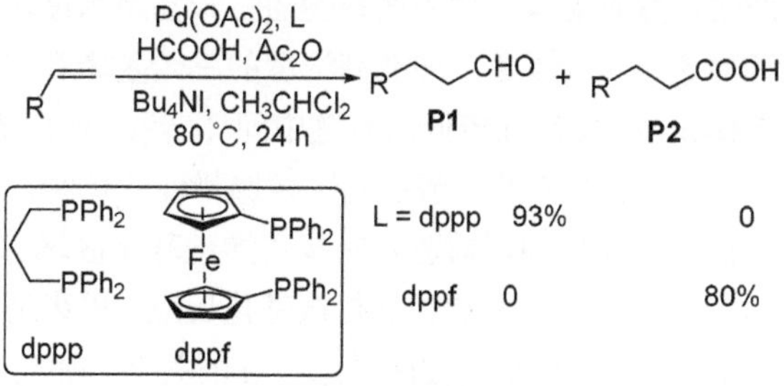

(a) 羰基化反应

图 3-3

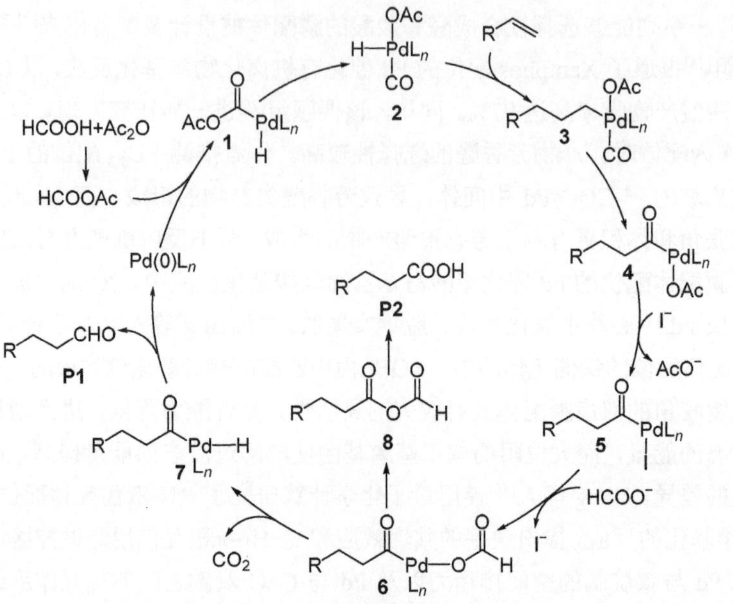

(b) 催化循环路径

图 3-3 钯催化的甲酸为羰源，烯烃选择性羰基化反应（a）及可能的催化循环（b）

钯膦配合物的催化活性在很大程度上取决于金属周围的配体环境。改变膦配体电子和空间效应，可以实现定向催化，甚至可以预测催化行为[80]。不饱和化合物羰基化反应的区域选择性调控对于定向合成直链或支链羰基化产物具有重要意义。正如绪论部分所述，对于末端烯烃、二烯烃以及末端炔烃的羰基化反应，受热力学因素的限制，产物主要为马氏加成的支链化合物[81-84]。研究发现，相比于单齿膦配体，双齿膦配体更容易生成直链羰基化产物。早期钯催化不饱和烃羰基化反应中无磷配体参与（如 $PdCl_2$/HCl、$PdCl_2$/$CuCl_2$ 催化体系）[85-87]，反应条件苛刻，同时容易产生钯黑，钯黑沉积导致催化剂失活，需要加入化学计量的氧化剂将 Pd(0) 再次氧化为 Pd(Ⅱ)。Cavinato 等人[88]在这类催化体系中引入了三苯基膦，研究发现在甲苯或 2-丁酮溶剂中，倾向于生成支链的羰基化产物，然而支链产物的选择性随三苯基膦浓度增加而下降。作者认为用空间效应可以解释这一实验现象，即在高浓度的三苯基膦存在下，几种催化活性物质之间的平衡会向体积较大、活性较低的直链中间体转移，使直链产物选择性升高，而支链产物产率降低。为了更深入地了解控制区域选择性的机制，del Río 等人[89]通过原位高压核磁实验评估了膦配体和钯前驱物对苯乙烯羰基化区域选择性的影响。结果表明膦配体的电子和空间效应共同影响钯催化羰基化反应。单齿膦配体与钯中心反式配位，而双齿膦配体采取顺式配位是调控区域选择性的关键。顺式双齿螯合配合物中，与钯中心的膦配体取代基和反应底物苯乙烯的芳基之间有很强的相互作用，容易形成直链烷基钯物种，导致直链产物的选择性增大。双齿膦钯配合物的稳定性随着螯合环增大而降低，致使其中一个 Pd–P 键断裂，形成反式单膦配位的构型，导致支链产物选择性增大，呈现出和单齿膦配体类似的结果。此外，动力学研究表明，Pd(0)配合物、钯氢物种、烷基钯物种以及酰基钯物种之间存在反应平衡，所以可逆性似乎对于区域选择性也起着重要作用。支链酰基钯中间体比直链酰基钯中间体更稳定，但是后者与亲核试剂的反应更快，因此区域选择性这个复杂的问题仍然难以精准预测。

双齿膦配体的性质及其与钯形成配合物的催化性能可以通过改变配体主链长度及膦原子上的取代基类型来调节。研究表明，钯配合物催化芳基烯烃羰基化通常能够以高产率获得线型产物，这与双齿膦配体的顺式配位方式以及 P–Pd–P 的咬角大小有关。宽咬角的配体提供了高的转化率和几乎全部的线型产物。2004 年，Bianchini 等[90]报道了 4 种 1,1′-双（二苯基膦）茂金属-Pd(Ⅱ)配合物在苯乙烯羰基化反应中的催化性能，4 种催化剂均以高收率得到线型产物。尽管直链型区域选择性的成因仍然有争议，但是作者认为配体膦原子上的苯基与反应物支链烷基苯之间的空间位阻是导致支链产物的选择性降低的主要原因[91,92]。4 个催化剂中，具有 8 个甲基的二茂铁催化剂具有最大 P–Pd–P 咬角（101.3°），在空间上 4 个苯环更靠近配位的烷基，从而表现出最好的直链选择性。除了咬角大小之外，其他参数如电子效应和空间效应也会对区域选择性产生影响。2006 年，van Leeuwen 课题组[93]就双齿膦配体电子效应对钯催化苯乙烯羰基化反应的影响进行了探究，结果表明配体的电子效应能够控制反应的区域选择性，使用缺电子的 DPEphos 类型的双齿膦配体能够提高支链产物的产率，支链和直链比为 74∶2。

值得一提的是，在羰基化区域选择性方面，史一安课题组做了大量的研究工作，他们利用一系列膦配体对甲酸参与的羰基化反应进行了试验，筛选出能定向合成支链或者直链羧酸的催化体系[94,95]。如图 3-4（a）所示，在三(4-氟苯基)膦（TFPP）配体存在下，Pd(OAc)$_2$ 可以有效催化末端烯烃与甲酸发生氢羧基化反应得到直链羧酸，而将 2-二苯基膦-2′,4′,6′-三甲氧基联苯（DPPO）修饰的 PdCl$_2$ 应用于该氢羧基化反应则主要选择性生成支链羧酸产物。图 3-4（b）显示了该课题组提出的反应机制。HCOOAc（由 HCOOH 和 Ac$_2$O 原位产生）在钯中心活化导致钯氢物种的形成，其进一步经历烯烃的加氢钯化反应，得到支链或直链烷基钯配合物。CO 迁移插入后，形成酰基钯配合物，最后还原消除生成羧酸。催化体系为 Pd(OAc)$_2$/TFPP 时，主要涉及中性钯中间体，而 PdCl$_2$/DPPO 催化体系则可能存在带正电荷的钯中间体。尽管有了初步的推测，然而反应中涉及的中间体和过渡态的相关结构以及能量、催化循环中的速率决定步骤和区域选择性的起源仍然不清楚。本章 3.5 节基于密度泛函理论计算详细研究了这两种催化体系的能量学信息，探讨配体的电子效应和立体效应对区域选择性的影响，为定向设计高选择氢羧基化催化剂提供一定的理论指导。

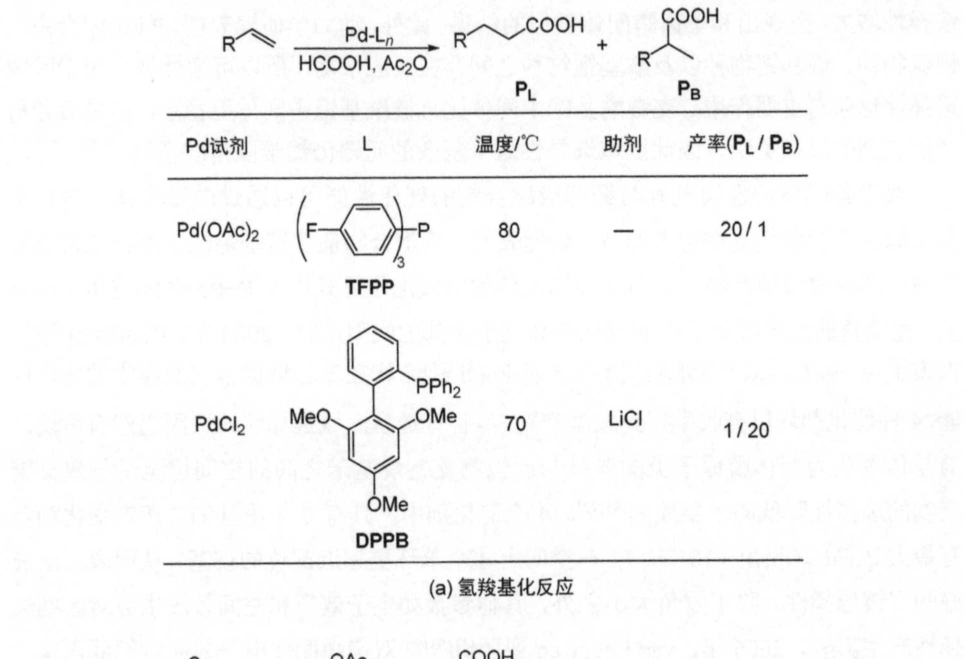

(a) 氢羧基化反应

(b) 可能的催化循环路径

图 3-4 钯催化的甲酸为羰源，烯烃区域选择性氢羧基化反应（a）及可能的催化循环（b）

3.2 钯催化的基于甲酸的内烯烃羰基化的反应机理[96]

本节基于密度泛函理论，系统研究 Pd(OAc)$_2$/py^{t}bpx 为催化剂，PTSA 为助催化剂，甲酸（HCOOH）为羰源，2,3-二甲基-2-丁烯氢酯基化反应的分子机制。探讨 HCOOH

脱水生成 CO，脱氢生成 CO_2 以及氢酯基化的"CO"和无"CO"反应路径。比较不同路径的热力学和动力学性质，揭示助催化剂 PTSA 的作用机制。通过 NBO 分析获得催化剂与反应底物二阶稳定化能，进而评价相关结构的能量信息。计算溶剂为 HCOOMe、H_2O 中关键步骤的反应势垒，结合 IGMH（基于 Hirshfeld 划分的独立梯度模型方法）获得相关结构的非共价相互作用，阐明溶剂效应对氢酯基化反应的影响规律。采用 Guassion 09 软件包在 M06 理论水平优化本节涉及的所有结构。标准 6-31G(d,p) 基组用于除 Pd 以外的所有原子，Pd 由 Hay 和 Wadt 的有效核心势（ECP）和 LANL2DZ 双价基组描述。基于溶剂模型密度（SMD）的溶剂化模型用于评估溶剂化效应。反应物、中间体、产物以及过渡态在 SMD 开启时得到充分优化。根据实验条件选择 75% 甲醇-25%甲酸作为溶剂，溶剂参数从 Truhlar 课题组开发的数据库中获取。通过频率分析确保所有优化结构处于最小值，中间体无虚频或过渡态仅有一个虚频，并在标准条件（298.15 K 和 1 atm❶）下获取吉布斯自由能，其中包括结构的振动、旋转和平移的熵贡献。此外还进行了 IRC 计算，以确认过渡态是否连接着两个对应的稳定中间体。为了获得更加精确的能量，在 M06/def2-TZVP/SMD 理论水平上进行单点计算。烷氧基羰基化反应温度为 100 ℃，为了与实验温度一致，进一步使用 Shermo 程序[97]对一些关键结构的吉布斯自由能在 373.15 K 下进行热校正。通过 NBO 3.1 程序进行了二阶微扰分析以揭示成键特征。此外，为了进一步研究非共价相互作用，运用 Multiwfn 3.7 程序进行了 IGMH 分析[98]，IGMH 等值面采用 Visual Molecular Dynamics（VMD）软件进行可视化。

3.2.1 HCOOH 分解为 CO

与图 3-1 所示 A 循环对应，HCOOH 分解生成 CO 的势能面以及附有几何参数的结构收集在图 3-5 中。活性催化剂 **A1** 和 **A1′**分别对应着图 3-1 所示的[NH-LPd⁰]⁺和 [LPdⅡ-H]⁺两种异构体，计算结果表明 **A1′**相比 **A1** 能量升高了 4.6 kcal/mol。因此，Pd-H 路径从能量较低的 **A1** 经历过渡态 **TSA-A′**异构化为 **A1′**开始。接着配体吡啶氮原子辅助甲酸 C-H 键活化，经由过渡态 **TSA1′**演化为四配位的 Pd(Ⅱ)中间体 **A2**。尽管经过多次尝试，C-H 键直接在 Pd(Ⅱ)中心活化获得五配位的 Pd(Ⅱ)中间体，即图 3-1 所示的 Pd(Ⅱ)物种Ⅲ仍然没有找到。这可能归因于中间体Ⅲ结构为 15 电子配合物，其稳定性较差。显而易见，通过 **TSA1′** 激活甲酸的 C-H 键是整个势能面的最高点，势垒高达 32.8 kcal/mol，这意味着在温和条件下，Pd-H 路径不是 CO 生成的优势路径。

❶ 1atm=101325Pa。——编者注

另一种可能为 NH-Pd 路径。如图 3-5 灰色路径所示，直接通过 **TSA1'**，C–H 键在
Pd(0) 中心激活，形成了平面四边形构型中间体 **A2**，跨越 13.3 kcal/mol 的能垒，这比
Pd-H 路径低了 19.5 kcal/mol，因此 NH-Pd 路径为优势路径。随后为了确定 CO 生成的
最优路径，考虑了三种可能性。如图 3-6 所示。通过 **TSA2**[I]，从 NH 单元到羟基氧的
直接氢转移需要克服 23.0 kcal/mol 的能垒，生成平面四边形中间体 **A3'**，其能量比
图 3-1 中对应的结构，即变形四面体构型中间体 Ⅳ 降低了 9.7 kcal/mol。值得注意的
是，HCOOH 和 H$_2$O 也可以在氢转移中扮演氢转移梭子的角色。图 3-6 中 **TSA2**[II] 和
TSA2[III] 分别代表 HCOOH 和 H$_2$O 协助脱水过程涉及的过渡态。计算的自由能垒分别
为 25.1 kcal/mol 和 26.6 kcal/mol。除了 HCOOH 和 H$_2$O 分子，催化体系中的助催化剂
PTSA 也可以起到氢转移梭子的作用。如图 3-5 所示，**TSA2** 为 PTSA 协助甲酸脱水的
过渡态。可以清楚地看到，**TSA2** 的相对能量比 **TSA2**[II] 和 **TSA2**[III]（图 3-6）分别降低
了 8.7 kcal/mol 和 10.2 kcal/mol。PTSA 协助氢转移促进分子内脱水的路径所需克服的
能垒最低，表明 PTSA 比 HCOOH 或 H$_2$O 更有效，这可能归因于 PTSA 具有更强的供
氢和接受氢的能力。活性催化剂 **A1** 通过 **TSA3**，克服 12.4 kcal/mol 的能垒获得复原，
参与到下一个催化循环中。正如 **TSA3** 结构所示，PTSA 再次作为氢转移梭子促进氢
迁移。随着 CO、H$_2$O 和 PTSA 的解离，完成催化循环。目前计算结果表明，PTSA 辅
助的 NH-Pd 路径是 HCOOH 分解为 CO 的最优路径。

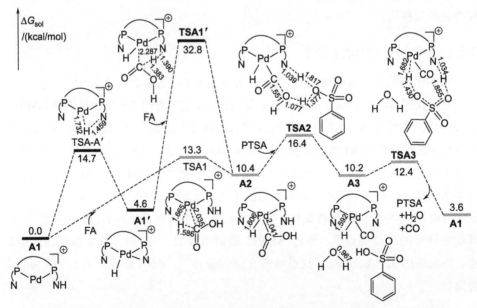

图 3-5 Pd-H（黑色）路径和 PTSA 协助的 NH-Pd（灰色）路径（附有关键结构
参数的 HCOOH 分解为 CO 的势能面图；键长单位：Å）

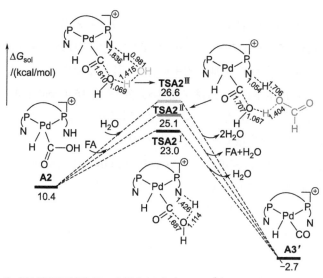

图 3-6 CO 生成的其他可能路径：直接氢迁移（**TSA2^{I}**），甲酸协助氢迁移（**TSA2^{II}**），水分子协助氢迁移（**TSA2^{III}**）（键长单位：Å）

3.2.2 HCOOH 分解为 CO$_2$

这部分讨论图 3-1 中的 B 循环，即 HCOOH 分解为 CO$_2$ 的详细反应机理。基于以上讨论的 Pd-H 和 NH-Pd 路径，图 3-7 显示了 HCOOH 分解为 CO$_2$ 的两条路径的势能面图。如图 3-7 灰色路径所示，沿着 Pd-H 路径，初始步骤是[NH-LPd^0]$^+$配合物 **A1** 到 [LPd^{II}-H]$^+$配合物 **A1′**的异构化，这与图 3-5 一致。接着 HCOOH 通过 **TSB1′**插入 Pd(II) 中心和内置氮原子中，能垒仅为 5.2 kcal/mol。然而 **TSA-A′**为 Pd-H 路径决速步对应的过渡态，相对能量为 14.7 kcal/mol。NH-Pd 路径则从 HCOOH 的 O–H 键在金属 Pd 中心断裂开始，该过程经历过渡态 **TSB1**，生成四配位的 Pd(II)配合物 **B2**，势垒为 14.1 kcal/mol。与 **B2** 对应的结构，即图 3-1 所示 B 循环中的五配位中间体 VI 由于稳定性较低，仍然不可能是优势中间体。尽管过渡态 **TSB1** 的自由能远高于 **TSB1′**，但 NH-Pd 路径的决速步是 O–H 键断裂的步骤，自由势垒为 14.1 kcal/mol，略低于 Pd-H 路径的决速步势垒，14.7 kcal/mol。接着四配位的 Pd(II)配合物 **B2**，通过 **TSB2**，克服 16.2 kcal/mol 的能垒，经由 β-H 消除，释放 CO$_2$，生成二氢物种 **B3**。最后，经历分步脱氢（形成氢气分子以及随后的远离 Pd 中心），[NH-LPd^0]$^+$配合物复原。

对比图 3-5 和图 3-7 的势能面可知 Pd-H 路径通过 **TSA1′**激活 C–H 键比通过 **TSB1′**激活 O–H 键需要跨越更高的能垒（32.8 kcal/mol 相对于 5.2 kcal/mol）。而 NH-Pd 路径前者对应的过渡态 **TSA1** 比后者 **TSB1** 的能量略低（13.3 kcal/mol 相对于 14.1 kcal/mol）。综合来看，CO 生成的决速步势垒为 16.4 kcal/mol（图 3-5 中的 **TSA2**），与生成 CO$_2$

的 16.2 kcal/mol（图 3-7 中的 **TSB2**）相当。根据 Shaik 和 Kozuch[99]提出的描述催化循环的能量跨度模型❶，图 3-7 中的 **TSB2** 和 **B4** 分别为 TDTS（决定分解转化频率的过渡态）和 TDI（决定分解转化频率的中间体），其能量跨度（δE）为 24.4 kcal/mol。相比之下，PTSA 协助的 NH-Pd 路径（图 3-5）的 δE 为 16.4 kcal/mol。后者的能量跨度明显小于前者，表明 PTSA 协助的 NH-Pd 路径是甲酸分解为 CO 的优势路径。这与实验结果即甲酸分解主要生成 CO 和 H_2O 相一致。

最近，Shen 等人[57]通过密度泛函计算了 Pd-py'bpx 催化 HCOOH 分解为 CO 的反应机理。研究发现吡啶基和 PTSA 在该反应中起关键作用。然而，在甲酸脱水步骤中 PTSA 仅为旁观者，与底物通过氢键作用，使反应势垒升高。而我们的计算结果表明，PTSA 真正起到催化作用，协助氢转移降低脱水步骤的势垒（图 3-5 的 **TSA2**）。

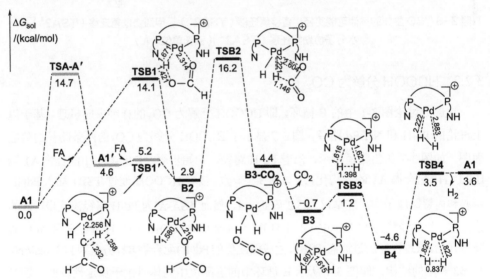

图 3-7 Pd-H（灰色）路径和 PTSA 协助的 NH-Pd（黑色）路径（附有关键结构参数的 HCOOH 分解为 CO_2 的势能面图；键长单位：Å）

3.2.3 2,3-二甲基-2-丁烯甲氧羰基化反应的 C 循环路径

原位生成 CO 后，接下来将考察 2,3-二甲基-2-丁烯羰基化的反应机理。计算结果如图 3-8 所示，其中包括烯烃异构化、末端烯烃插入、CO 迁移插入和甲醇分解四个

---

❶ 能量跨度的计算公式：$\delta E = G_{TDTS} - G_{TDI}$（TDTS 出现在 TDI 之后）；$\delta E = G_{TDTS} - G_{TDI} + \Delta G_r$（TDTS 出现在 TDI 之前）。

关键步骤。鉴于阳离子[NH-LPd⁰]⁺比其同分异构体[LPdᴵᴵ-H]⁺更稳定，这一阶段从反应底物与[NH-LPd⁰]⁺配位开始，形成钯-烯烃物种 **A1-R**，钯与烯烃之间存在反馈π键作用，致使 Pd–C 距离缩短为 2.260 Å。内烯烃到末端烯烃的异构化包括两个步骤：①氢通过 **TSC1** 从吡啶氮原子上迁移到内烯烃的 sp²-碳原子上，得到支链的 Pd-烷基物种 **C2**；②氢经由 **TSC2** 从 sp³-碳原子转移到 Pd 中心，得到反应活性更强的末端烯烃与钯-氢物种配位的加合物 **C3**，这一过程吸收 10.6 kcal/mol 的热量，**TSC1** 为内烯烃异构化决速步的过渡态。经过末端烯烃和钯氢化物之间的重新配位，**C3** 演变为结构更稳定的 **C3′**，为随后末端烯烃的插入做准备。末端烯烃插入 Pd–H 键很容易进行，转化为直链烷基钯中间体 **C4**，这一步通过 **TSC3**，消耗 7.8 kcal/mol 的能垒。随着 CO 进入反应体系，以及进一步迁移插入 Pd–C 键中，得到酰基钯中间体 **C5**。最后醇解步骤经由过渡态 **TSC5**，克服 22.9 kcal/mol 的能垒完成，醇解是整个反应的决速步。此外，我们还考虑了 PTSA 作为氢穿梭子辅助醇解的可能性，正如图 3-8 中 **TSC6** 所呈现的，甲醇的羟基氧亲核攻击酰基，PTSA 协助甲醇去质子化以及吡啶基质子化同时发生，势垒为 17.9 kcal/mol。显然，与无 PTSA 协助的路径相比，能垒降低了 5.0 kcal/mol。甲醇分解后得到目标产物直链酯，[NH-LPd⁰]⁺配合物再生，整个反应释放 17.8 kcal/mol 能量。综合图 3-5、图 3-6 和图 3-8 的结果可见烯烃异构化是瓶颈步骤，能量跨度为 19.0 kcal/mol（图 3-6 中 **A3′**和图 3-8 中 **TSC1** 的能量差值）。这与实验结果，即不活泼的内烯烃异构化为较活泼的末端烯烃是较慢的一步相吻合。理论计算结果证实 PTSA 在 CO 释放和酰基钯物种醇解中都起着实质性的作用。

3.2.4 2,3-二甲基-2-丁烯甲氧羰基化反应的 D 循环路径

接下来，我们将注意力转向 2,3-二甲基-2-丁烯的甲氧羰基化反应的 D 循环路径，D 循环中甲酸与甲醇酯化得到的甲酸甲酯作为 CO 替代物，涉及的关键结构和势能面列在图 3-9 中。甲酸甲酯分解为 CO 的反应机制与甲酸分解为 CO 基本类似，包括三个基本步骤：①甲酸甲酯的 C–H 键在 Pd 中心活化；②PTSA 辅助 CO 的形成；以及③随后的氢迁移复原[NH-LPd⁰]⁺。这三个步骤的势垒分别为 14.6、16.5 和 15.1 kcal/mol。与此相比，甲酸分解为 CO 的路径中，对应的势垒分别为 13.3、16.4 和 12.4 kcal/mol。可见甲酸甲酯与甲酸分解为 CO 两条路径的活化能相差不大。随后内烯烃羧基化过程如图 3-8 所示。除了 C–H 键活化，这部分还考虑了 C–O 键活化的可能性。然而研究发现后者活化需要克服势垒高达 29.2 kcal/mol，与前者相比，能量需求增加了 14.6 kcal/mol，因此本节没有进一步探索这条路线。

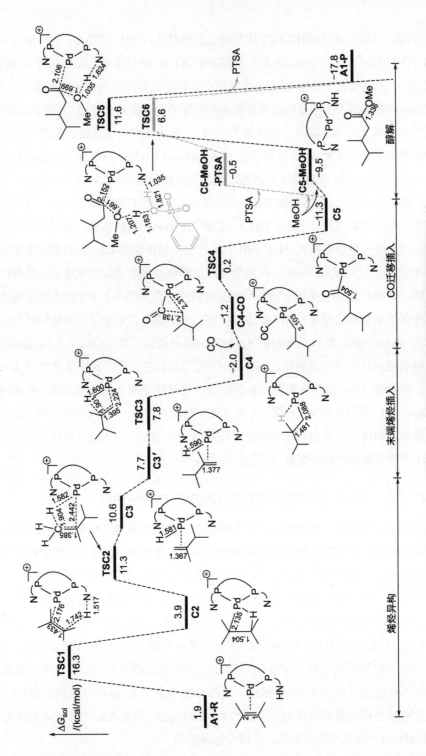

图 3-8　钯催化 2,3-二甲基-2-丁烯甲氧羰基化的势能面图以及关键结构参数

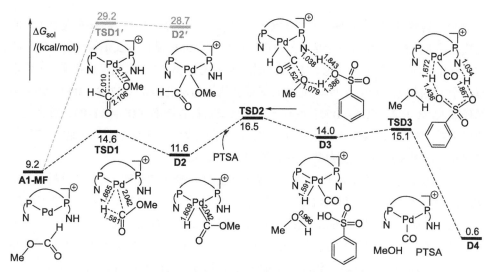

图 3-9 PTSA 协助的 NH—Pd 路径（附有关键结构参数的 HCOOMe 分解为 CO 的势能面图；键长单位：Å）

此外，Geitner 等人[100]提出的"无 CO"羰基化路径也引起了我们的关注，相关计算结果展现在图 3-10 中。根据上面的讨论，内部烯烃的质子化可以通过 Pd—H 插入或

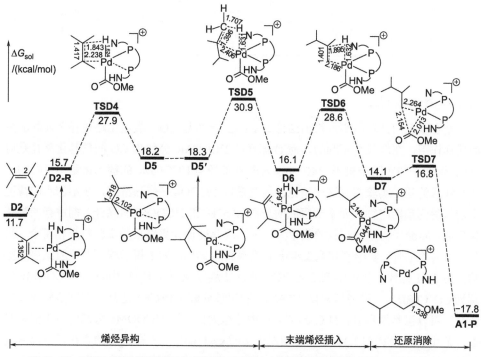

图 3-10 "无 CO"羰基化路径的势能面图以及关键构型的结构参数（键长单位：Å）

N–H 质子转移进行。类似图 3-8 中 **TSC1**，所有试图通过 N–H 质子转移实现质子化的过渡态都未能搜寻到，这可能是因为内部烯烃与–COOMe 基团以及钯氢化物之间强的空间排斥所导致。因此，"无 CO"羰基化反应只有遵循 Pd-H 机制可以实现。该路径有三个主要阶段：①经由 Pd 中心内部烯烃异构化为末端烯烃（**D2-R→D6**）；②末端烯烃插入 Pd–H 键（**D6→D7**）；③还原消除形成目标直链酯（**D7→A1-P**）。综合这三阶段来看，**TSD5** 是决速步对应的过渡态，能量跨度为 30.9 kcal/mol，这比"CO"羰基化路径（图 3-8）涉及的总势垒升高了 11.9 kcal/mol。

为了解释这一现象，我们对两条路径中涉及的关键结构的细节进行了分析。对比 **D2-R** 与图 3-8 中类似中间体 **A1-R**，可以发现 **D2-R** 的 Pd–C 键的距离拉长至 3.276 Å，相对能量增加至 15.7 kcal/mol，这是因为 **D2-R** 的 Pd 中心有较大的空间位阻，从而降低了钯与烯烃之间的反馈π键作用。表 3-1 比较了 **A1-R** 和 **D2-R** 结构中主要轨道间相互作用以及相应的二阶稳定化能。正如表 3-1 所示，**A1-R** 中 Pd d/π* C1–C2 和π C1–C2/Pd d 轨道的相互作用能大于 **D2-R**，因此 **A1-R** 稳定性的增加归因于钯与烯烃之间反馈π键作用的增强。

表 3-1　A1-R 和 D2-R 中主要的轨道间相互作用以及相应的稳定化能 $E(2)$

中间体	给体 NBO		受体 NBO		$E(2)$/(kcal/mol)
A1-R	LP	Pd	BD*	π-C1–C2	34.45
	BD	π-C1–C2	LP*	Pd	29.81
D2-R	LP	Pd	BD*	π-C1–C2	0.43
	BD	π-C1–C2	LP*	Pd	3.37

3.2.5　溶剂化效应

结合以上的计算结果，得出结论如下：由于"无 CO"羰基化路径存在显著的空间排斥作用，在能量是不利的，而 D 循环的 HCOOMe 分解为 CO 的羰基化路径是可行的。这似乎与实验结果不一致，实验观察到烯烃与 HCOOMe 的羰基化是不可行的。值得注意的是，实验得到这一结论的前提是以 HCOOMe 作为溶剂，在不加水的情况下没有得到预期产物，而本节研究的是在 MeOH 和 HCOOH 的混合溶剂进行的羰基化反应，实验表明期望产物的收率为 64%，因此理论计算结果与实验结果相符合。另外，水为溶剂时，实验观察到直链酯的收率高达 97%。为了揭示溶剂对反应结果的影响，图 3-11 比较了显性溶剂三元 HCOOMe 团簇以及三元 H_2O 团簇中，HCOOMe 分解为 CO（**TSD2**）、烯烃异构化（**TSC1**）和甲醇分解（**TSC6**）这几个关键步骤的反应势垒。可以清楚地看到，H_2O 溶剂中自由能垒大部分比 HCOOMe 溶剂的自由能垒要低，尤其是决速步（17.3 kcal/mol 相对于 24.7 kcal/mol），这与 H_2O 的存在促进反应进行的实验结论相一致。可能的原因是：**TSC2** 和 **TSC6** 结构中溶质与溶剂 H_2O 之间强的氢键作用提高了过渡态结构的稳定性（图 3-12）。

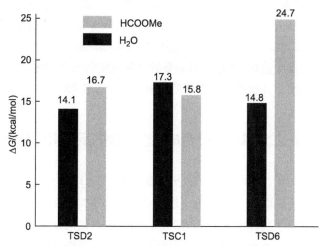

图 3-11　三元 HCOOMe 和三元 H_2O 显性溶剂中 HCOOMe 分解为 CO（**TSD2**）、烯烃异构化（**TSC1**）以及甲醇分解（**TSC6**）的吉布斯自由能

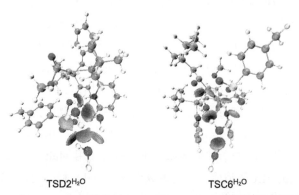

TSD2^{H_2O}　　　　　TSC6^{H_2O}

图 3-12　在三元 H_2O 显性溶剂中 **TSD2** 和 **TSC6** 结构中的氢键相互作用图

最后，考虑到实验温度为 373.15 K，所以在 373.15 K 下重新计算了速控步即烯烃异构化的能量。升高温度后，图 3-8 中 **TSC1** 的相对能量为 21.9 kcal/mol，这与 298.15 K 下的相对能量 19.0 kcal/mol 差异不大。因此本节只报道了标准条件下得到的相对吉布斯自由能。

3.2.6　小结

通过密度泛函理论计算揭示了甲酸为羰源，半稳定 P,N 配位的钯催化四取代烯烷氧羰基化的反应机制。遵循 PTSA 协助的 NH-Pd 机制，反应开始于 [NH–LPd⁰]⁺ 物种催化甲酸或甲酸甲酯的 C–H 键断裂，生成平面四边形构型的中间体，接着经由脱水或脱醇以及随后 PTSA 协助的氢迁移，释放出 CO。最终产物通过烯烃异构化、末端烯烃插入、CO 迁移插入和 PTSA 辅助的甲酸分解而生成。决速步为烯烃异构化的过程，能量跨度仅为 19.0 kcal/mol。有效的催化系统归因于钯与烯烃之间的反馈π键相互作用以及 PTSA 作为氢转移梭子导致的快速氢迁移。溶剂化效应表明溶剂与反应物之间形成氢键有利于反应进行。理论计算结果为理解 P,N 半稳定配体-钯催化体系的催化作用提供深入的见解，并有助于开发新的烷氧羰基化催化剂。

3.3　钯催化 1,3-二炔单羰基化合成共轭烯炔的反应机理与化学选择性[101]

基于密度泛函理论，本节从分子水平上探究 Pd(TFA)₂/Neolephos 催化 1,3-二炔单羰基化合成 1,3-烯炔模块的反应机理。比较 NH-Pd 和 Pd-H 两条反应路径，通过分析热力学和动力学信息明确优势路径。NBO 分析以获得催化剂以及其异构体与 1,3-二炔的二阶稳定化能，揭示内置碱钯构型稳定的本质原因。采用 IRI（相互作用区域指示函数）方法[102]将决速步过渡态结构的弱相互作用进行可视化，比较醇解过渡态结构的最高分子占据轨道（HOMO），以此解释优势路径能垒较低的内在原因。结合形变/结合能分析阐明该催化体系高化学选择性的成因。最后计算催化体系的 TOF，以评价催化剂的性能。所有计算均使用 Gaussian 09 软件包进行。采用 SMD 溶剂化模型（甲苯为溶剂）和 B3LYP-D3(BJ)泛函对所有结构进行几何优化。Pd 原子使用 LANL2DZ 双价基组，其余所有原子均使用标准 6-31G(d,p)基组来描述。在同一水平上进行频率计算。进一步通过 M06 方法和 def2-TZVP 基组进行单点计算以获得精确的能量。本节最终给出的吉布斯自由能数据是 B3LYP-D3(BJ)优化与 M06 单点以及溶剂矫正的相对吉布斯自由能。采用 NBO 进行二阶微扰理论分析。使用 Multiwfn 3.8 软件包和 VMD 软件获得相关结构的 IRI 等值面、轨道离域指数（ODI）和前线分子轨道。部分重要结构通过 CYL 程序进行可视化。

3.3.1　单烷氧基羰基化

为了验证图 3-2 所示反应机理的可行性，我们首先计算催化循环 I，即钯催化 1,4-二苯基丁-1,3-二炔（**a**）单烷氧羰基化的反应机理。计算得到的势能面和驻点几何示意图收集在图 3-13 中。上节计算结果表明，羰基化可能存在 Pd-H 和 NH-Pd 路径。为了确定反应起点，如图 3-14 所示，比较了催化剂以及催化剂与 CO 或者反应底物 **a** 形成加合物的能量。其中 **A-CO** 是最稳定的构型，被选为催化循环的起始点。[LPd^{II}–H]$^+$ 配体 **A′** 比其与 **a** 形成的加合物能量上稳定了 6.6 kcal/mol。然而异构体[NH-LPd⁰]$^+$ **A** 与加合物 **IM1** 相比能量升高了 9.4 kcal/mol，钯与炔基之间的反馈π键可能是 **IM1** 稳定性增加的主要原因。

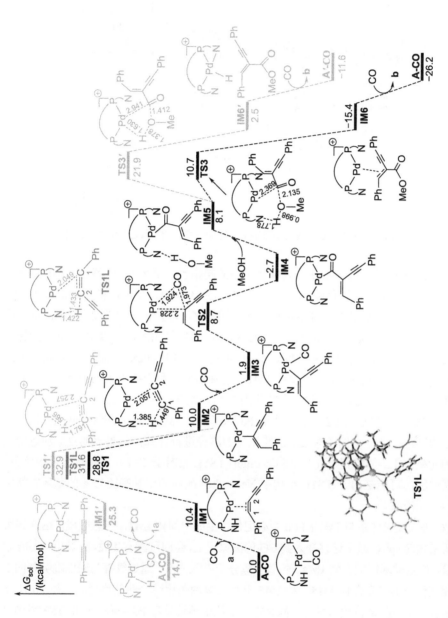

图 3-13　沿 Pd-H（浅灰色）和 NH-Pd（黑色）路径，1,3-二炔 a 单烷氧羰基化的示意性结构以及势能面图（键长单位：Å）

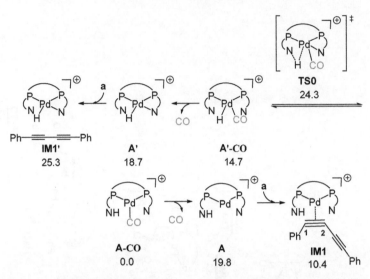

图 3-14 催化剂与反应物之间可能形成的加合物（能量单位：kcal/mol）

如图 3-13 所示，以 **A-CO** 作为催化循环的起始点，沿着 Pd-H 路径，**A-CO** 首先经历质子从吡啶氮原子转移到 Pd 中心，异构化为 **A'-CO**，**A'-CO** 的相对能量为 14.7 kcal/mol，很明显不如其异构体 **A-CO** 稳定，异构化所涉及的势垒为 24.3 kcal/mol（图 3-14）。接着 **A'-CO** 通过配体交换转化为 **IM1'**，随后经由过渡态 **TS1'**，碳碳叁键进行加氢钯化，形成钯-烯基物种 **IM2**，活化能垒为 32.9 kcal/mol。而 NH-Pd 路径则是从配体交换开始，形成 Pd-二炔物种 **IM1**，这种构型有利于接下来的加氢钯化。**IM1** 通过 **TS1** 跨越 28.8 kcal/mol 的势垒转化为 **IM2**。在 **TS1** 中，N-H 质子向 C1 原子迁移，同时 Pd 中心与 C2 原子结合，生成 Pd-烯基物种 **IM2**。为了评估区域选择性，除了 1,2-加氢钯化外，我们还对 2,1-加氢钯化的路径进行计算，结果表明 2,1-加氢钯化反应的能垒比 1,2-加氢钯化高了 2.8 kcal/mol（**TS1L** 相对于 **TS1**），不是优势反应路径。分析其原因，可能是由于 **TS1L** 结构中 Neolephos 配体的甲基基团与 **a** 的苯环之间空间排斥作用所致。

CO 进入反应体系与 **IM2** 的 Pd 中心配位，生成中间体 **IM3**。一旦生成，**IM3** 很容易经历亲核的 sp^2-C 原子迁移插入到 CO 的碳原子上，经由过渡态 **TS2**，克服 8.7 kcal/mol 的势垒，产生酰基钯配合物 **IM4**。随着甲醇分子引入体系，通过氢键与碱性吡啶基的氮原子相互作用形成配合物 **IM5**。从 **IM5** 开始，有两条甲醇分解的路径。一是 Pd-H 路径，甲醇的甲氧基亲核攻击酰基，同时氢原子从甲醇转移到 Pd 中心，经由 **TS3'** 得到单羰基化产物配位的中间体 **IM6'**，需要吸收 2.5 kcal/mol 能量，最后 CO 与产物 **b** 交换完成催化循环。二是 NH-Pd 路径，正如图中 **TS3** 的几何参数所示，氢原子从甲醇分子迁移到内置吡啶基的氮原子上而不是 Pd 中心，所需克服的势垒仅为 13.4 kcal/mol，得到产物配位的中间体 **IM6**，最终 CO 与产物 **b** 置换，复原催化活性物质 **A-CO**。

综合分析图 3-13，可以清楚地看到 **TS1** 和 **TS3** 分别比 **TS1′** 和 **TS3′** 低 4.1 kcal/mol 和 11.2 kcal/mol。**IM6** 的能量比其异构体 **IM6′** 低 17.9 kcal/mol，**IM6** 远稳定于 **IM6′**。目前计算结果表明 NH-Pd 路径无论在动力学还是热力学上都更有利。这可以通过分析两条路径中涉及关键中间体和过渡态的结构细节来解释。

3.3.2　空间和电子结构分析

如表 3-2 所示，**IM1** 中 Pd–C1 和 Pd–C2 键的距离分别为 2.131 和 2.141 Å，比 **IM1′** 中相应键的距离短，这是因为 **IM1** 中存在炔基-钯反馈π键相互作用。相比之下，**IM1′** 中没有检测到这种相互作用。**IM1′** 的另一个显著特征是 N 原子与 Pd(II) 中心配位形成平面四边形的空间结构，导致 Pd 中心空间位阻增加，进而削弱其与炔基之间的反馈π键相互作用。此外，还考虑了 **IM1′** 的其他异构体——**IM1″**，η^3-配位模式能够在 Pd(II) 中心上提供一个空位以供炔基配位，但研究发现其稳定性较 **IM1′** 差（能量相差 2.0 kcal/mol）。为了进一步评估反馈π键相互作用，采用 NBO 计算二阶稳定化能。如表 3-2 所示，**IM1** 中 Pd /π^* C1–C2 和 π C1–C2 /Pd 轨道的稳定化能 $E(2)$ 分别为 49.5 和 86.8 kcal/mol，远高于其在 **IM1″** 中的能量。因此可以得出结论：炔与 Pd(0) 通过反馈π键作用形成的平面四边形（**IM1**）构型比其他构型要稳定得多。

表 3-2　**IM1、IM1′ 和 IM1″ 的优化结构、IM1 和 IM1″ 中主要的轨道间相互作用**
以及相应的稳定化能 $E(2)$（键长单位：Å）

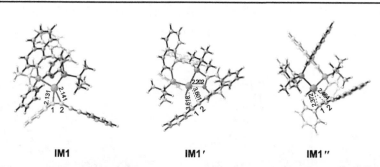

IM1　　　　　　　　　　IM1′　　　　　　　　　　IM1″

中间体	给体 NBO		受体 NBO		$E(2)$/(kcal/mol)
IM1	LP	Pd	BD*	π-C1–C2	49.5
	BD	π-C1-C2	LP*	Pd	86.8
IM1″	LP	Pd	BD*	π-C1–C2	10.3
	BD	π-C1-C2	LP*	Pd	32.3

图 3-13 可以明显看到 **TS1** 的能量比 **TS1′** 低 4.1 kcal/mol，这可以通过非共价键相

互作用来解释。**TS1** 和 **TS1′**的 IRI 分析结果列于图 3-15 中，绿色表示的是范德华相互作用。正如图 3-15 所示，二者非共价相互作用差异不显著，除 C–H···π 相互作用之外。**TS1** 中苯基和炔基之间存在明显的 C–H···π 相互作用，而 **TS1′**中没有这种相互作用，因此 **TS1** 比 **TS1′**更稳定。

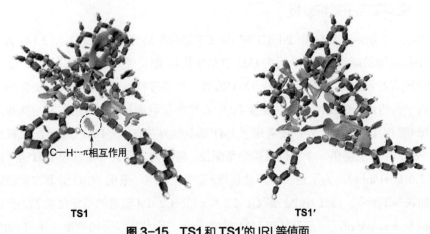

TS1   **TS1′**

图 3-15 TS1 和 TS1′的 IRI 等值面

对于甲醇分解的两个过渡态 **TS3** 和 **TS3′**之间的稳定性差异原因如下：**TS3** 的 HOMO 轨道显示出明显的 d-pπ 共轭效应，其中 Pd 原子的 d 轨道和碳碳双键的 p 轨道之间存在 π 电子离域（如图 3-16 所示）。然而，这种共轭效应在 **TS3′**中被拉长的 Pd–C2 和 Pd–C3 距离（2.310 和 2.941 Å，与 **TS3** 中的 2.262 和 2.369 Å 相比）削弱，从而降

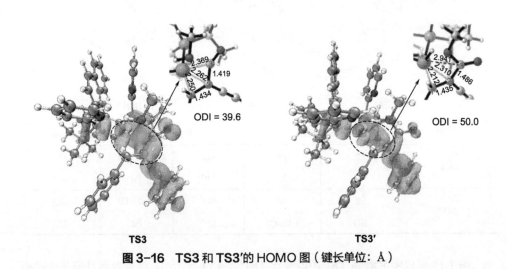

TS3   **TS3′**

图 3-16 TS3 和 TS3′的 HOMO 图（键长单位：Å）

低了 **TS3′** 的稳定性。此外，ODI 可以反映轨道空间离域的程度，ODI 值越小意味着轨道离域度越高。如图 3-16 所示，**TS3** 中 Pd–C1–C2–C3 片段的 HOMO 的 ODI 值小于 **TS3′** 中的 ODI 值（39.6 相对于 50.0），这进一步解释了二者稳定性差异的原因。

3.3.3　双烷氧基羰基化

接下来对双烷氧基羰基化的 NH-Pd 和 Pd-H 路径进行研究，图 3-17 展示了相关计算结果。正如预期，NH-Pd 路径是主要路径，由三个基元步骤组成：①单羰基化产物 **b** 取代 CO 进入反应系统，之后 C≡C 进行加氢钯化，得到烯基钯中间体 **IM8**；②CO 引入后迁移插入到 Pd–C 键中形成酰基钯中间体 **IM10**；③甲醇分解以及随后的配体交换，释放出双甲氧基羰基化产物 **c**，同时 **A-CO** 复原。这三个步骤的势垒分别为 35.5、15.2 和 15.5 kcal/mol。综合分析图 3-14 和图 3-17，很明显 **a** 和 **b** 的加氢钯化是瓶颈步骤，对应过渡态分别为图 3-14 中的 **TS1** 和图 3-17 中的 **TS4**。**TS1** 的能量比 **TS4** 低 6.7 kcal/mol，因此 1,3-二炔的羰基化反应更可能沿着单羰基化路径进行，而不是双羰基化路径。这与实验观察到单羰基化产物为优势产物的结论相一致。

3.3.4　形变/结合能分析

为明确底物 **a** 和 **b** 之间反应性差异的根源，我们对 **TS1** 和 **TS4** 进行形变/结合能分析，如图 3-18 所示，$\Delta E_{dist}(Pd)$、$\Delta E_{dist}(a)$ 和 $\Delta E_{dist}(b)$ 表示 $[NH\text{-}LPd^0]^+$ 配合物、**a** 和 **b** 与相应过渡态几何结构的能量差。$[NH\text{-}LPd^0]^+$ 配合物与 **a** 或 **b** 之间的相互作用能用 ΔE_{int} 表示。活化能（$\Delta E^{\neq}$）是 ΔE_{dist} 和 ΔE_{int} 之和。形变/结合能分析表明，这两个过渡态的相互作用能几乎相同，因此造成 **TS1** 和 **TS4** 的 $\Delta E^{\neq}$ 仅相差 1.8 kcal/mol，ΔG 相差 6.7 kcal/mol 的原因主要是总形变能的差异（$\Delta E_{dist}(Pd)$ 与 $\Delta E_{dist}(a)$ 或与 $\Delta E_{dist}(b)$ 的差异）。虽然 **TS1** 和 **TS4** 中的 $[NH\text{-}LPd^0]^+$ 配合物的形变能 $[\Delta E_{dist}(Pd)]$ 非常接近，但 **TS1** 中 **a** 的形变能（46.7 kcal/mol）低于 **TS4** 中 **b** 的形变能（48.8 kcal/mol）。**TS1** 中的 C–C–C 键角大多数大于其在 **TS4** 的键角也可以证实这一点。

最后，根据单烷氧基羰基化的能量跨度（28.8 kcal/mol）和实验温度（23 ℃）来预测 TOF。根据公式：

$$\text{TOF} = \frac{k_B T}{h} e^{-\Delta G^{\neq}/RT}$$

其中，k_B 为玻尔兹曼常数；h 为普朗克常量；R 为摩尔气体常数。计算得到单烷氧基羰基化的 TOF 为 $3.4 \times 10^{-9}\ s^{-1}$；对于双烷氧基羰基化，计算得到 TOF 值为 $3.9 \times 10^{-14}\ s^{-1}$。这与实验观察到的单羰基和双羰基化反应速率差异显著的结论相符合。

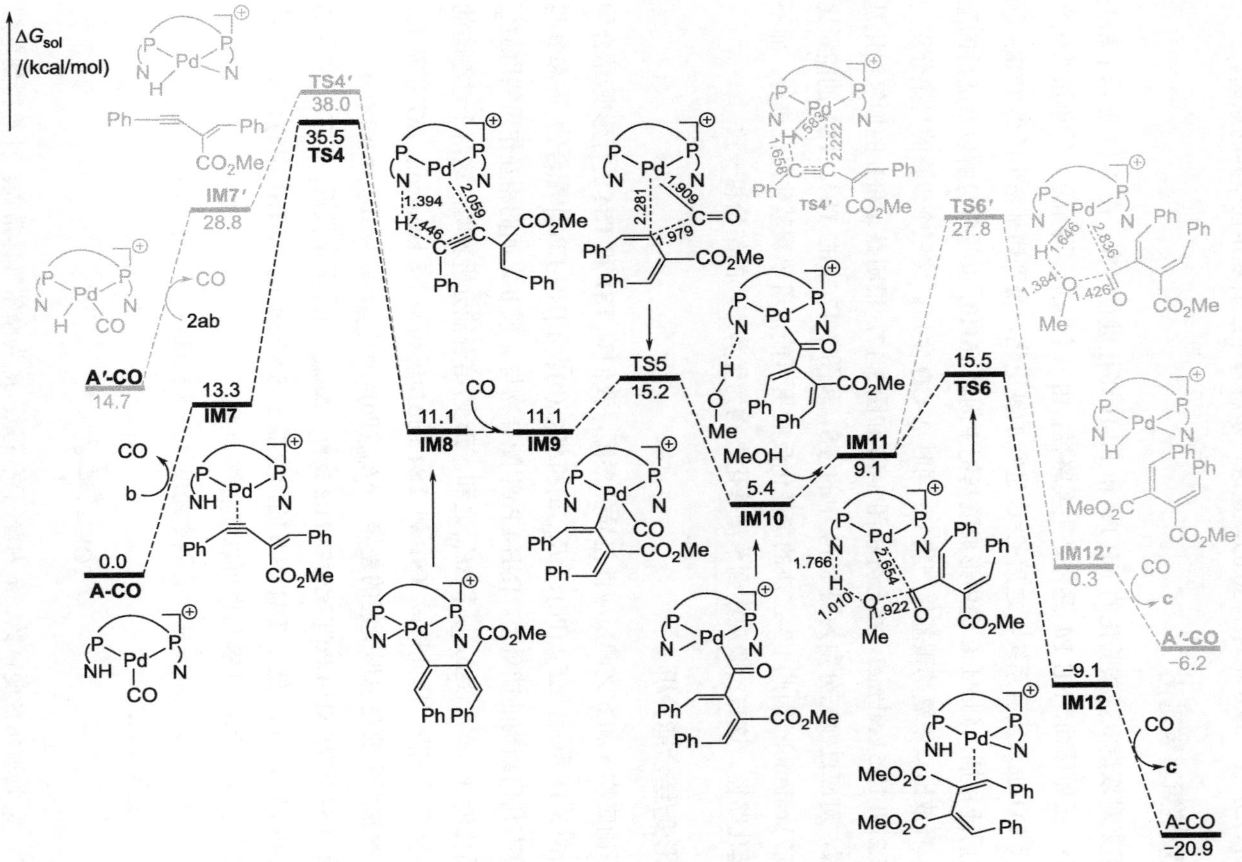

图 3-17 沿 Pd–H（灰色）和 NH–Pd（黑色）路径、单羧基化产物 b 烷氧基羰基化的示意性结构以及势能面图（键长单位：Å）

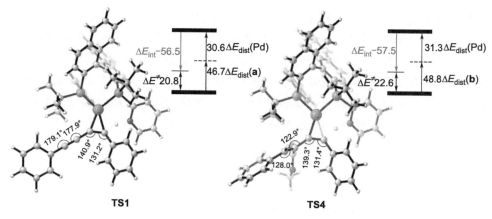

图 3-18　TS1 和 TS4 的形变/结合能分析（能量单位：kcal/mol）

3.3.5　小结

本节利用密度泛函计算研究了 Pd(TFA)₂/Neolephos 催化 1,3-二炔单羰基化反应的详细机理。通过对 NH-Pd 和 Pd-H 两种路径的比较，明确了 NH-Pd 路径是优势路径，包括碳碳三键的加氢钯化形成烯基钯配合物，CO 迁移插入 Pd–C 键形成酰基钯中间体以及 N–H 官能团协助的甲醇分解三个基元步骤。NH-Pd 催化系统的有效性主要归因于炔基钯的 π-反键相互作用、反应物之间的 C–H⋯π 相互作用以及 Pd 中心与烯基之间的 d-pπ 共轭效应。此外，计算结果表明，加氢钯化不仅是决速步还是决定化学选择性的关键步骤，第一次烷氧羰基化比第二次烷氧羰基化在能量上有利，这再现了实验观察到的化学选择性。单烷氧羰基化和双烷氧羰基化过程中加氢钯化过渡态的空间位阻是导致化学选择性差异的主要原因。理论计算对反应机理提出的深刻见解将激励未来新型钯催化剂的开发与设计。

3.4　碘离子协助的钯催化烯烃选择性羰基化的反应机理[103]

本节通过密度泛函理论计算两种催化体系 Pd-dppp 和 Pd-dppf 催化的基于甲酸的羰基化反应。阐明详细的反应机理，明确碘离子在催化羰基化中的作用，揭示两种催化体系化学选择性差异的本质原因。为了节约计算成本，我们首先以简单的丙烯为反应底物，探究整个催化循环。一些关键结构以实验使用的反应物苯乙烯为底物模型，重新进行优化。在 B3PW91/BS 理论水平上进行密度泛函理论计算。BS 代表对 Fe、Pd 和 I 使用赝势基组 LANL2DZ，其余非金属原子采用 6-31G (d,p)基组。在相同理论水平上进行频率分析，以确认势能面上的驻点是否为稳定中间体（没有虚频）或过渡态（有一个虚频）。IRC 计算验证过渡态是否对应着产物和反应物。对四个决定化学选择性的过渡态采用包含色散力校正的密度泛函方法 B3PW91-D3 重新优化。所有结构使用更加精确的 M06 泛函结合 def2-TZVP 基组进行单点计算。优化以及单点计算时，采用 SMD 溶剂模型来描述溶剂化效应，模拟时所用溶剂为实验中采用的二氯乙烷。本节所有吉布斯自由能均在 298 K 和 1 atm（101325 Pa）下计算获得。Atomic dipole moment corrected Hirshfeld population （ADCH）电荷[104]以及 IRI 分析在 Multiwfn 3.8(dev)软件中完成。IRI 界面使用 VMD 软件进行图形化，利用 CYL 或 VMD 软件使选定的化学分子结构可视化。

3.4.1 HCOOAc 活化

我们首先探究 Pd-dppp 催化 HCOOAc 活化的反应。图 3-19 展示了附有示意性结构的势能面。以 Pd-dppp 为反应起始点，催化循环从 HCOOAc 在零价钯中心氧化加成开始。这一过程经历过渡态 **TS1a**，产生钯氢配合物 **IM2a**，克服 12.0 kcal/mol 的势垒。接着经由 **TS2a**，HCOOAc 的 C—O 键活化演化为中间体 **IM3a**。正如 **TS2a** 结构参数所示，氢原子从与 P–Pd–P 同平面旋转到与之垂直的方向，与此同时，C—O 键开始断裂，新的 Pd—O 键即将形成。

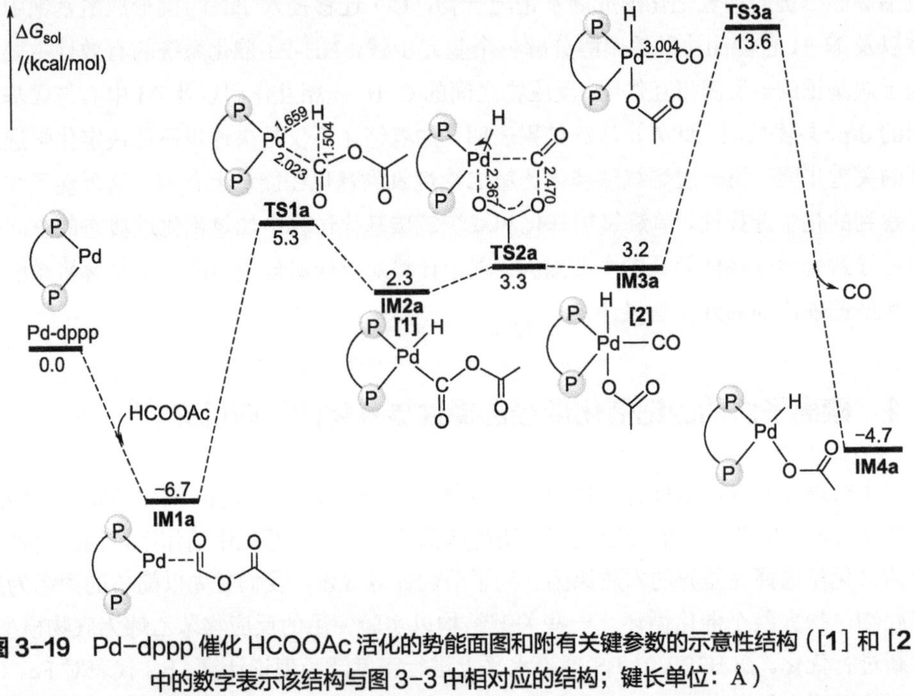

图 3-19 Pd-dppp 催化 HCOOAc 活化的势能面图和附有关键参数的示意性结构（[1] 和 [2] 中的数字表示该结构与图 3-3 中相对应的结构；键长单位：Å）

接着，如图 3-20 所示，丙烯加氢钯化经过一个相对能量高达 27.1 kcal/mol（**IM1a** 和 **TS4a-CO** 的能量差值）的过渡态 **TS4a-CO**，这与实验在温和条件下即可进行的事实不吻合。明显可以看到，**TS4a-CO** 结构中膦配体与底物丙烯之间有着大的空间位阻，导致 Pd–P 距离拉长为 3.464 Å，从而降低了 **TS4a-CO** 的稳定性。因此，我们考虑了 CO 解离的可能性。正如图 3-19 所示，CO 解离需要克服 20.3 kcal/mol（**IM1a** 和 **TS3a** 的能量差值）的势垒，生成平面四边形构型的 Pd-H 物种 **IM4a**。

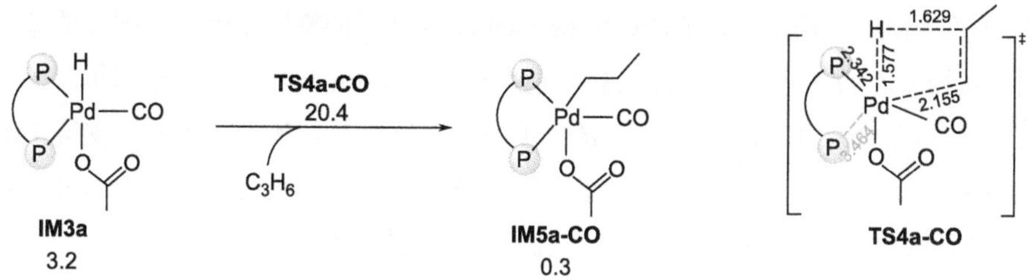

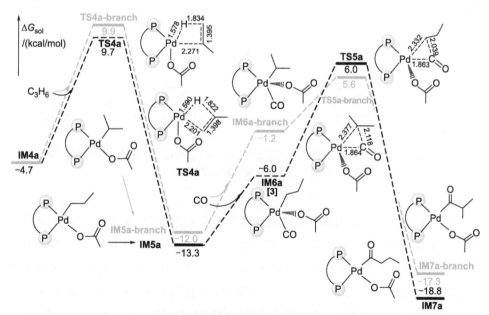

图 3-20　CO 未解离情况下丁烯的加氢钯化（键长单位：Å）

3.4.2　加氢钯化、迁移插入以及配体交换

如图 3-21 所示，丙烯加氢钯化有两种可能性，一是 2,1-加氢钯化生成直链烷基钯中间体 **IM5a**，二是 1,2-加氢钯化生成支链烷基钯中间体 **IM5a-branch**，紧接着经由三元环过渡态 **TS5a** 或 **TS5a-branch**，CO 迁移插入 Pd–C 键中得到酰基钯配合物 **IM7a** 或者 **IM7a-branch**。比较两条路径可知丁酰基钯和异丁酰基钯中间体的形成在热力学和动力学上的可行性相当。以丙烯为底物阐明了反应机理后，我们更加关注以实验所

图 3-21　Pd-dppp 催化丙烯加氢钯化以及 CO 迁移插入的势能面图和附有关键参数的示意性结构（键长单位：Å）

用的苯乙烯为反应底物的区域选择性，图 3-22 简要描述了相关势能面。显而易见，加氢钯化是控制区域选择性的关键步骤。2,1-加氢钯化经由 **TS4a-Ph**，克服 18.8 kcal/mol（**IM1a** 与 **TS4a-Ph** 的能量差值）的势垒。而 1,2-加氢钯化所需要的能量增加到了 20.8 kcal/mol（**IM1a** 与 **TS4a-Ph-branch** 的能量差值）。计算的区域选择性与实验观察到的一致。如图 3-22 的 VMD 结构所示，**TS4a-Ph-branch** 稳定性差的原因归因于膦配体的苯基官能团与底物苯乙烯之间不利的 H···H 空间排斥，**TS4a-Ph** 结构中这种空间排斥作用因拉长的 H–H 距离而减弱。从热力学的角度看，直链酰基钯物种 **IM7a** 比支链 **IM7a-branch** 稳定了 3.0 kcal/mol。总的来说，无论是从动力学角度还是热力学角度来看，直链产物形成的路径都是优势路径，并且是不可逆的过程。

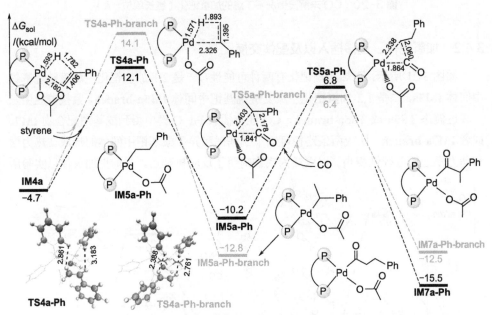

图 3-22 Pd-dppp 催化苯乙烯加氢钯化以及 CO 迁移插入的势能面图和附有关键参数的示意性结构（键长单位：Å）

接下来，**IM7a** 到 **IM11a** 的转化对应着乙酸根和甲酸根交换过程，相关势能面列在图 3-23 中。在碘离子的协助下，乙酸根和甲酸根交换以分步的方式进行，包含两个过渡态：**TS6a** 对应着乙酸根离去，碘离子配位；**TS7a** 则代表碘离子离去，甲酸根配位。决定反应速率的过渡态是 **TS7a**，需要克服的势垒为 18.6 kcal/mol（**IM7a** 与 **TS7a** 的能量差值），生成羧基化以及甲酰化重要的中间体 **IM11a**。另外我们也考察了碘离子不参与的，乙酸根和甲酸根直接置换的可能性，尽管经过多次尝试，仍然没搜寻到相关过渡态。众所周知，碘离子不仅是一个强的亲核试剂，也是一个好的离去基团，因此从这一点来看，没有碘离子的参与，配体交换很难进行。

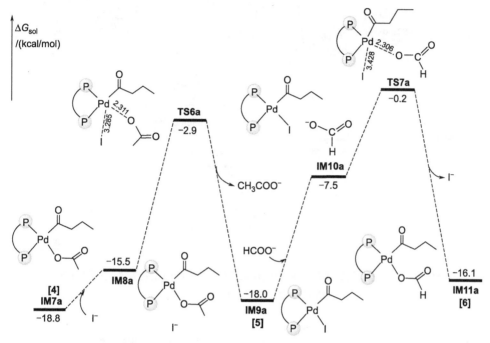

图 3-23 Pd-dppp 催化乙酸盐和甲酸盐交换的势能面图和附有关键参数的示意性结构（[4]、[5]、[6] 中的数字表示该结构与图 3-3 中相对应的结构；键长单位：Å）

3.4.3 Outer-Sphere 路径

受到镍催化甲酸与炔烃氢羧基化反应机理的启发，这部分检测了外层（outer-sphere）反应机理，计算结果汇总在图 3-24 中。这区别于上面讨论的丙烯加氢历经的加氢钯化，即金属氢化（hydrometalation）机制。这里 **IM4a** 发生氢-乙酸盐消除，产生乙酸以及复原催化剂。随着乙酸的离去以及甲酸的引入，遵循外层机制，甲酸的氢迁移到丙烯中间碳原子上，经历 **TS4a-outer**，生成中间体 **IM5a-outer**。CO 重新配位到钯中心形成中间体 **IM6a-outer**（此步骤的活化能垒为 9.8 kcal/mol）。接着通过 **TS5a-outer**，CO 迁移插入生成关键中间体 **IM11a**。

TS4a-outer 在能量上高于 **IM4a** 19.6 kcal/mol，是外层路径需要克服的最高能垒。结合图 3-21 和图 3-23 的结果，可以发现由 **IM4a** 转化为 **IM11a**，金属氢化路径总的反应势垒为 19.3 kcal/mol（**IM5a** 和 **TS5a** 的能量差值），略低于外层路径 0.3 kcal/mol。然而值得注意的是，不同于可比较的反应势垒，金属氢化路径涉及的过渡态和中间体的稳定性都远高于外层路径中的。为了方便比较，图 3-25 集合了两条路径的势能面，从

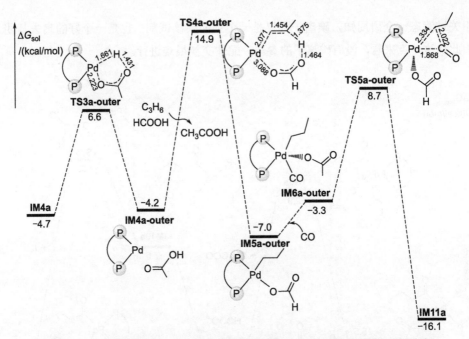

图 3-24 沿着外层路径，由中间体 **IM4a** 转化为 **IM11a** 的势能面图和附有关键参数的示意性结构（键长单位：Å）

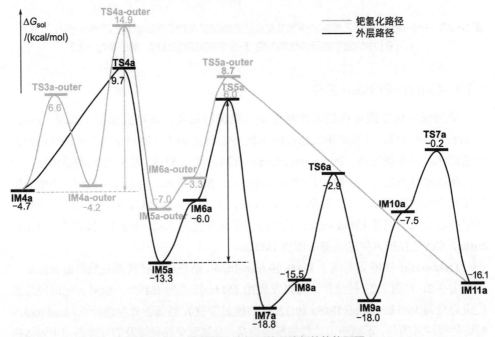

图 3-25 金属氢化路径和外层路径的势能面图

动力学角度来看，金属氢化和外层路径有着相似的活化能，然而在热力学层面，前者比后者的能量低得多。以上结果证实了 **IM4a** 转化为 **IM11a**，金属氢化路径即级联的加氢钯化、CO 迁移插入以及乙酸盐-甲酸盐交换是最具优势的反应路径。同时佐证了碘离子的重要性，这与实验观察到的，少量添加剂 Bu₄NI 可以提高羰基化反应活性的事实相符合。

3.4.4 羧基化与甲酰化

我们将注意力转向羧基化和甲酰化可能的反应路径。为了筛选能量最低的羧基化路径，比较了四条可能的反应通路，最有利的列在图 3-26 中（灰色）。羧基化以甲酸根-丁酰基消除（能垒为 22.0 kcal/mol，图 3-23 中的 **IM7a** 与 **TS8a′** 的能量差值）开始，释放甲丁酸酐。之后，**IM12a′** 转化为 **IM14a′** 与图 3-19 中 **IM1a** 到 **IM3a** 的转化非常相似，由两个基元步组成，即酸酐的 C–H、C–O 键相继断裂。最后中间体 **IM14a′** 经由氢-丁酸根还原消除以及 CO 离去，生成产物丁酸，催化剂复原。另外三条丁酸生成的通路为：①中间体 **IM7a** 还原消除，接着甲酸协助乙丁酸酐分解；②甲丁酸酐水解；③甲丁酸酐直接分解。这三条路径都涉及较高的反应势垒，分别为 45.5、39.3 和 36.6 kcal/mol，是动力学不支持的过程，后续不再讨论。

沿着甲酰化路径（图 3-26 黑色），**IM11a** 经 β-H 消除生成产物前驱物 **IM11a**，这个步骤通过 **TS8a**，需要的活化能垒为 15.8 kcal/mol（**IM7a** 和 **TS8a** 的能量差值）。随后的氢-丁酰基还原消除很容易进行，活化能垒仅为 0.8 kcal/mol，得到产物丁醛，同时 Pd-dppp 催化剂得以复原。很明显地，与羧基化相比，甲酰化需要的活化能更低，是有利的过程。考察以苯乙烯为底物的两个化学选择性决速过渡态。在能量上，**TS8a-Ph** 仍低于 **TS8a′-Ph**，二者的能量差值为 6.0 kcal/mol，与实验结果显示的醛类产物的选择性达到了 93% 一致。

接着我们分析了两个化学选择性决速过渡态的具体结构。如图 3-27 所示，**TS8a-Ph** 比 **TS8a′-Ph** 呈现出更明显的钯的 d 轨道与甲酸盐的 π* 轨道的反馈 π 键。ADCH 分析表明 **TS8a-Ph** 结构中钯的电荷为 +0.269 e，而 **TS8a′-Ph** 中钯的电荷为 +0.250 e，证明前者钯中心的电子密度较低。进一步支持了前者结构具有明显反馈 π 键的结论。另一方面，与 **TS8a′-Ph** 相比，**TS8a-Ph** 有着强的 C–H⋯π、羧基-苯基和苯基-苯基的 π-π 堆积作用。综合来看，正是由于反馈 π 键作用和弱相互作用导致 **TS8a-Ph** 和 **TS8a′-Ph** 之间有 5.7 kcal/mol（色散校正之后）的能量差值。

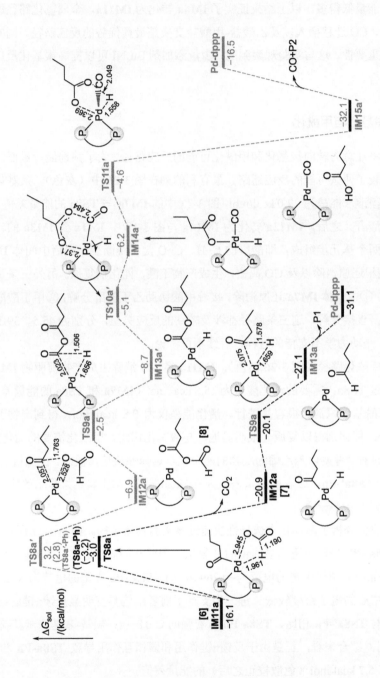

图 3-26 Pd-dppp 催化的羰基化（灰色）和甲酰化（黑色）路径的势能面图和附有关键参数的示意性结构（方括号里的数字
6、7、8 对应图 3-3 中的化合物；键长单位：Å）

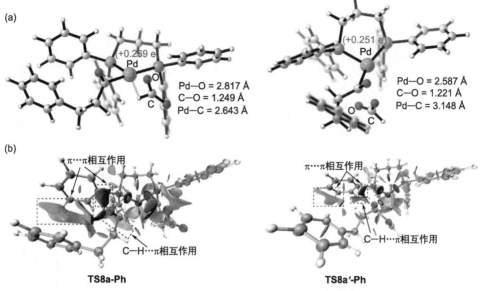

(a)

Pd-O = 2.817 Å
C-O = 1.249 Å
Pd-C = 2.643 Å

(+0.269 e)

Pd-O = 2.587 Å
C-O = 1.221 Å
Pd-C = 3.148 Å

(+0.251 e)

(b)

π···π相互作用

C-H···相互作用

TS8a-Ph

π···π相互作用

C-H···相互作用

TS8a′-Ph

图 3-27 （a）**TS8a-Ph** 和 **TS8a′-Ph** 关键的结构参数和 ADCH 电荷；
（b）**TS8a-Ph** 和 **TS8a′-Ph** 结构的非共价相互作用

3.4.5 配体为 dppf 的催化循环

与 Pd-dppp 催化羰基化的情况类似，Pd-dppf 催化羰基化由三个关键步骤组成：①
HCOOAc 的 C-H 和 C-O 键依次断裂，随后释放 CO，接着丙烯加氢钯化；②CO 迁
移插入以及之后碘离子协助乙酸盐-甲酸盐交换；③羧基化或甲酰化导致目标产物生
成，同时 Pd-dppf 催化剂复原（图 3-28）。我们也检查了 Pd-dppf 催化的外层路径。计
算可知总的活化能垒为 27.2 kcal/mol，与金属氢化路径（活化能垒为 22.2 kcal/mol）
相比，需要的能量升高了 5.0 kcal/mol。以上结果再次证实了金属氢化机制比外层机制
更有利。接着这部分重点关注 Pd-dppf 催化的羧基化与甲酰化。从图 3-28 所示的势能
面图中可以清楚地看到，与 Pd-dppp 催化体系基本类似，其中甲酸根-丁酰基还原消除
和 β-H 消除分别是羧基化和甲酰化路径的决速步。同时，决速过渡态 **TS8b′** 能量略高
于 **TS8b** 1.2 kcal/mol。阐明了反应机理后，下面简要讨论基于苯乙烯的化学选择性。
如图 3-29 所示，**TS8b′-Ph** 的能量跨度为 19.9 kcal/mol，较 **TS8b-Ph** 低 2.1 kcal/mol，
说明通过羧基化产生酸类产物的可能性较大，这与实验结果一致。通过比较图 3-28
和图 3-29 类似的过渡态可见化学选择性在一定程度上取决于底物。

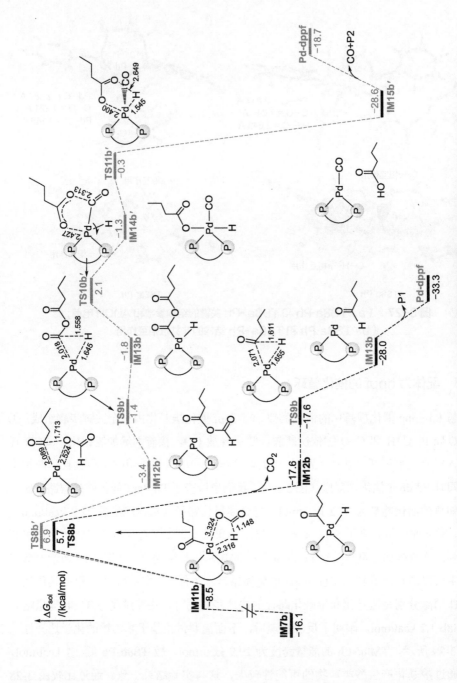

图 3-28 Pd-dppf 催化的羧基化（灰色）和甲酰化（黑色）路径的势能面能面图和附有关键参数的示意性结构（键长单位：Å）

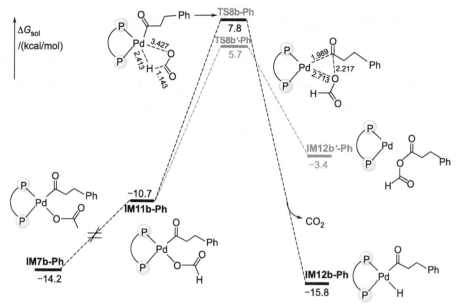

图3-29 苯乙烯为反应底物，决定化学选择性的关键步骤（键长单位：Å）

化学选择性由 Pd-dppp 催化系统的醛类产物转变为 Pd-dppf 催化体系的酸类产物可能的原因如下：**TS8b'-Ph** 结构中有更显著的底物与苯基膦之间的 C—H⋯π 相互作用，以及甲酸盐和苯基的 π-π 堆积作用，由此稳定了过渡态，导致醛类产物生成路径所涉及过渡态的能量降低。

3.4.6 小结

本节采用密度泛函理论方法研究了钯催化烯烃与甲酸的氢羧基化和氢甲酰化反应。两个反应都包括四个子步骤：甲乙酸酐分解释放 CO；烯烃加氢钯化；CO 迁移插入；以及碘离子协助乙酸盐-甲酸盐交换得到羧基化和甲酰化反应的潜在前驱物。甲酰化经由典型的 β-H 消除以及氢-酰基还原消除产生醛类产物。羧基化则先通过甲酸根-酰基还原消除，后经历酸酐分解以及随后的还原消除，而不是直接酸酐水解，释放酸类产物。由于减弱的 H⋯H 空间排斥，直链选择性优于支链选择性。对于 Pd-dppp 催化体系，甲酰化选择性比羧基化更有利，主要原因是 β-H 消除过渡态结构中增强的 π 反馈作用以及配体和反应底物的弱相互作用。至于 Pd-dppf 催化体系，羧基化优于甲酰化归因于甲酸根-酰基还原消除过渡态结构中明显的底物与苯基膦之间的 C—H⋯π 相互作用，以及甲酸根和苯基的 π-π 堆积作用。理论计算结果再现了实验观察到的反应活性与选择性，强调了配体与反应底物之间的弱相互作用对反应选择性的重要性。研究成果可以为掌握配体调控选择性羧基化的规律提供深入的理论依据，为发展更高效的钯催化羧基化反应提供启示。

3.5 钯催化丙烯氢羧基化的反应机理与区域选择性

本节对 TFPP 和 DPPO 配体配位的钯催化丙烯氢羧基化的反应机理和区域选择性进行了密度泛函理论计算，比较单膦配体和双膦配体下的反应路径，筛选优势路径，同时揭示两种催化体系区域选择性差异的成因。使用 Gaussian 09 软件包进行所有计算。采用 B3PW91 泛函和混合基组 LANL2DZ（钯）/6-31G(d,p)（所有剩余原子）进行几何优化。为了获得更精确的能量，使用包括色散矫正的 B3PW91-D3 泛函和混合基组 LANL2TZ（钯）/6-31+G(d,p)（所有剩余原子）进行单点计算。溶剂化效应用 SMD 模型来模拟。根据实验条件，选择甲苯作为 Pd-TFPP 体系的溶剂，1,4-二氧六环（二噁烷）作为 Pd-DPPO 体系的溶剂。在相同理论水平上进行振动频率计算，以确保局域最小点没有虚频，每个过渡态只有一个虚频。IRC 计算以进一步证实每个过渡态确实与初始态和最终态相关联。本节中显示的吉布斯自由能是在 298.15 K 和 1 atm（101325 Pa）下计算的，考虑了结构的振动、转动和平动的熵贡献的能量。

3.5.1 TFPP 调控钯催化丙烯氢羧基化的分子机制

以 Pd-TFPP 为零起点，首先对 Pd-TFPP 催化丙烯的氢羧化反应进行研究，计算的势能面和结构示意图汇总在图 3-30 中。甲酸与乙酸酐反应原位生成 HCOOAc，HCOOAc 在双配位的 Pd-TFPP 催化下，通过氧化加成实现碳氢键活化，生成 Pd 氢化物 **IM1a**。接着酸酐的羰基碳与氧原子的距离拉长，通过五元环过渡态 **TS2a**，克服 8.6 kcal/mol 的自由能垒演化为五配位的中间体 **IM2a**。正如图 3-30 中 **TS2a** 结构所示，为了使 C–O 键断裂有足够的空间，Pd–H 键从平面旋转到垂直于平面上方的位置，为 Pd–O 键的形成提供空位。通过以上两步反应，HCOOAc 分解产生的 CO 用于之后的插羰反应。接着 CO 离去以及丙烯引入为加氢钯化做准备。加氢钯化分为两条路径，一是马氏选择性加氢钯化产生支链烷基钯配合物 **IM4a′**，二是经过反马氏选择性得到直链烷基钯物种 **IM4a**。二者均涉及四元过渡态，前者通过 **TS3a′**，其中钯与丙烯内部的 sp^2 杂化碳原子配位，同时氢从 Pd 中心转移到丙烯的末端碳原子上；后者经由 **TS3a**，钯与丙烯末端的 sp^2 杂化碳原子配位，氢原子从 Pd 中心转移到丙烯中间碳原子上。比较这两种过渡态，可以发现 **TS3a** 的能量仅比 **TS3a′** 低 0.3 kcal/mol。从 **IM4a/IM4a′** 开始，CO 重新进入反应体系与 Pd 中心配位，再通过三元环过渡态 **TS4a/TS4a′** 迁移插入 Pd–C 键中，最终形成酰基钯配合物 **IM6a/IM6a′**。值得注意的是，**TS4a** 的自由能比 **TS4a′** 低 1.8 kcal/mol，表明 CO 迁移插入是该催化循环中影响区域选择性的关键步骤。这一计算结果支持反应倾向于通过"反马氏规则"生成直链酰基钯中间体，与实验观察到的直链羧酸为主要产物的结果一致。因此后续将不再对"马氏规则"的反应路径进行计算。

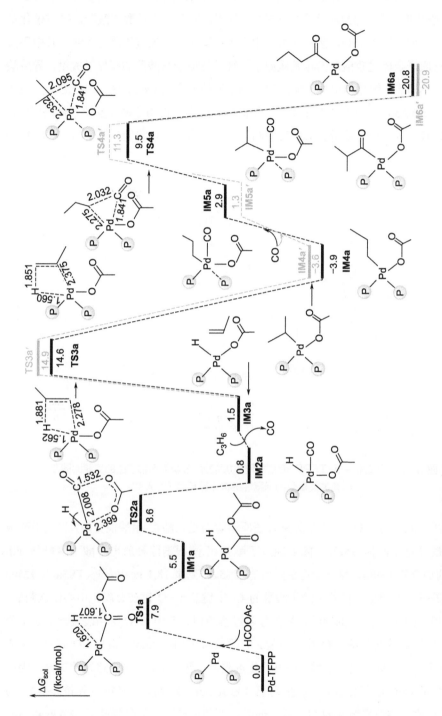

图 3-30　双配位 Pd-TFPP 催化 HCOOAc 活化、丙烯加氢羰化以及 CO 插入的势能面图和附有关键参数的示意结构（键长单位：Å）

产物丁酸的生成可能存在多种反应路径，甲酸协助酸酐分解的势能面汇总在图 3-31 中。酰基钯配合物 **IM6a** 经过丁酰基-乙酸根消除释放出乙酸丁酸酐，同时催化剂复原，演化为中间体 **IM6**。接着在体系中引入甲酸分子，通过过渡态 **TS6**，其中甲酸的羟基氧原子亲核进攻酸酐的羰基碳原子，羟基氢原子与酸酐的氧原子成键，导致酸酐的碳氧键断裂，转化为甲酸乙酸酐和产物丁酸的加合物 **IM8**。这一路径总的反应势垒为 41.7 kcal/mol（**TS6** 与 **IM6a** 的能量差值）。如此高的自由能垒在实验条件（80 ℃）下很难进行。为了搜寻能量更低的反应路径，与上节类似，我们计算了另一条可行的路径。

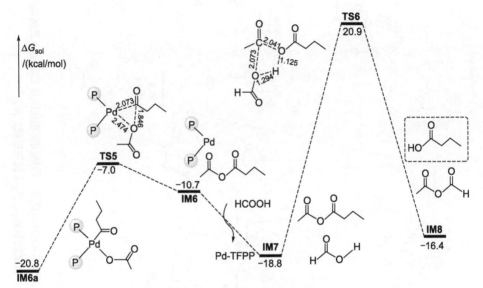

图 3-31 双配位 Pd-TFPP 催化的甲酸协助酸酐分解为产物丁酸的势能面图和附有关键参数的示意性结构（键长单位：Å）

如图 3-32 所示，**IM6a** 不是先进行还原消除而是乙酸根-甲酸根交换，生成甲酸根配位的酰基钯中间体 **IM7a**，随后通过丁酰基-甲酸根消除释放出甲酸丁酸酐与 Pd-TFPP 的加合物 **IM8a**，这一步经由过渡态 **TS5a**，克服 18.1 kcal/mol（**TS5a** 与 **IM6a** 的能量差值）的势垒。接着甲酸丁酸酐的 C—H 键和 C—O 键在金属钯中心依次断裂，这一过程与图 3-30 所示的甲酸乙酸酐分解过程类似，其中 C—O 键断裂包含的能量跨度比 C—H 键断裂高一些，**TS7a** 比 **TS6a** 的能量高 2.2 kcal/mol。最后 CO 离去，丁酸根-氢消除产生目标产物正丁酸，同时催化剂复原。整体来看，这一路径的决速步为甲酸丁酸酐的 C—O 键断裂步骤，能垒为 19.1 kcal/mol（**TS7a** 和 **IM6a** 的能量差值）。与图 3-31 相比（决速步势垒为 41.7 kcal/mol），新的反应路径势垒降低了 22.6 kcal/mol，在反应温度下很容易克服，因此图 3-32 所示的反应路径为丁酸生成的优势路径。

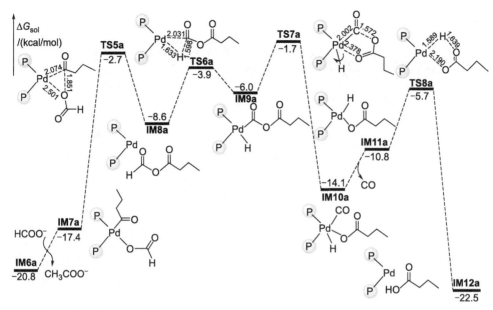

图 3-32 双配位 Pd-TFPP 催化产物丁酸生成的优势路径的势能面图和附有关键
参数的示意性结构（键长单位：Å）

除了双膦配位之外，我们还考虑了单膦配位的钯催化氢羧基化的可能性。如图 3-33
所示，与双膦配位催化体系相反，单膦配位催化 HCOOAc 的活化，首先是甲酸乙酸
酐 C—O 键断裂，然后是 C—H 键断裂。从能量上看，单膦钯催化 HCOOAc 活化所需
要的能量（图 3-30 中 **TS2a** 的 8.6 kcal/mol）比双膦钯催化的能量（图 3-33 中 **TS1** 的
16.8 kcal/mol）高 8.2 kcal/mol。在随后的加氢钯化依然是马氏和反马氏路径（**TS3′**）
在动力学上比反马氏路径（**TS3**）更有利，能垒低 1.2 kcal/mol。相比之下，CO 迁移
插入步骤在两种路径中的能垒差异较小（$\Delta\Delta G^{\neq}$=0.4 kcal/mol）。由于加氢钯化步骤的
能垒高于 CO 插入步骤，使得马氏路径在能量上更具优势。随后的 CO 迁移插入与双
膦钯催化体系类似，生成酰基钯中间体 **6a**。

图 3-34 所示为单配位 Pd-TFPP 催化产物丁酸生成的势能面图，经历配体交换、
丁酰基-甲酸根消除、甲丁酸酐的 C—O 和 C—H 键依次断裂、丁酸根-氢消除以及最后
膦配体重新配位到钯中心几个步骤后，得到目标产物，催化剂复原完成整个催化循环。
综合图 3-33 和图 3-34 分析发现，整个催化循环的决速步是丁酸根-氢消除，总的反应
势垒为 37.9 kcal/mol。与双膦钯催化体系的决速步势垒 19.1 kcal/mol 相比，很明显单
膦钯催化需要更高的能量。因此，在 Pd-TFPP 催化的氢羧基化反应中，双配位模式

相较于单配位模式更具优势，且该反应展现出显著的反马氏规则区域选择性。

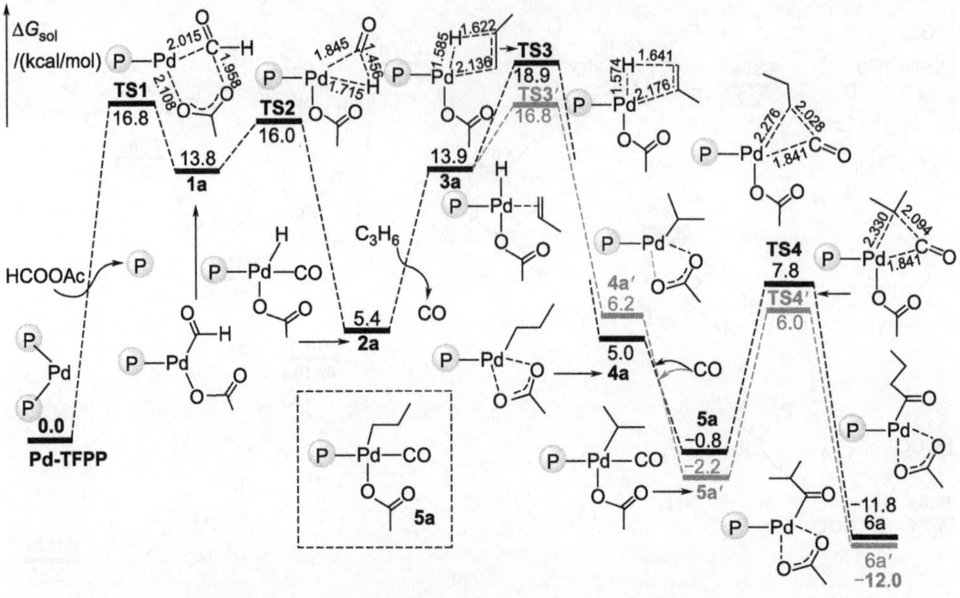

图 3-33　单配位 Pd-TFPP 催化 HCOOAc 活化、丙烯加氢钯化以及 CO 插入的
势能面图和附有关键参数的示意性结构（键长单位：Å）

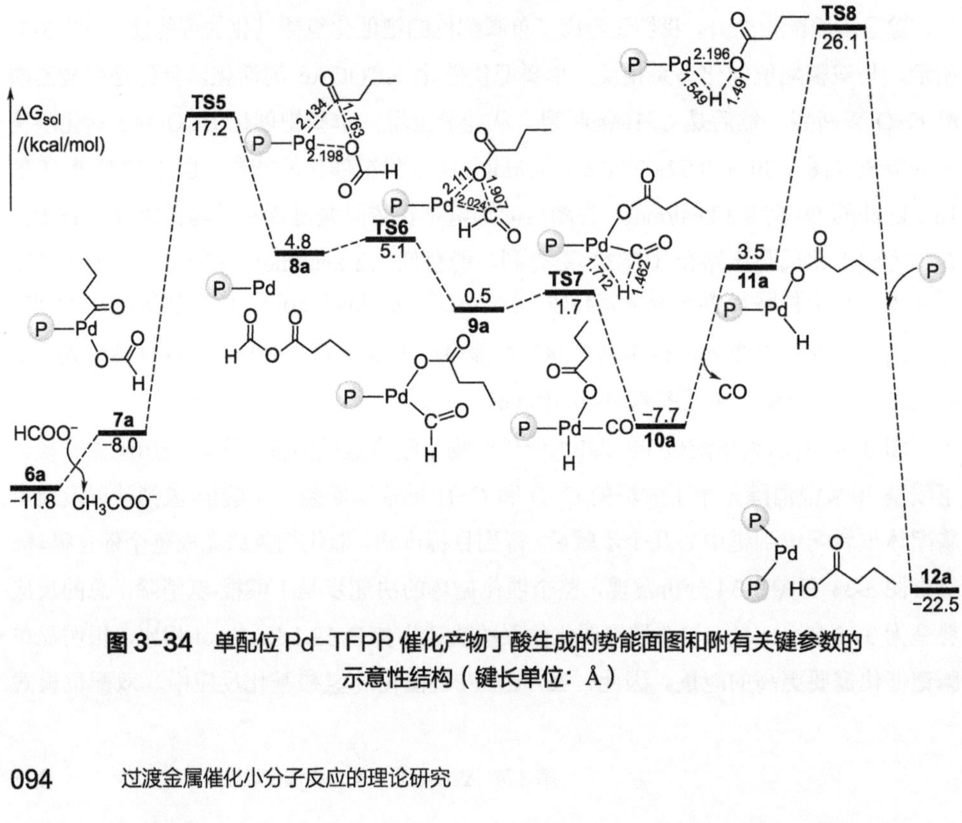

图 3-34　单配位 Pd-TFPP 催化产物丁酸生成的势能面图和附有关键参数的
示意性结构（键长单位：Å）

3.5.2 DPPO 调控钯催化丙烯氢羧基化的分子机制

在这部分，我们把注意力转向 DPPO 调控钯催化丙烯氢羧基化的反应。图 3-35 和图 3-36 列出了相应的势能面图。与 TPPP 配体类似，反应初始步骤是 HCOOAc 活化，综合考虑了单膦配位和双膦配位两种情况后，图 3-35 列出了能量最有利的路径。甲乙酸酐的 C—O 键首先在双膦钯催化下断裂，其对应的产物结构中一个膦配体远离钯中心，为甲酰基和乙酸根与钯配位提供足够的空间，因此接下来的反应，一个膦配体从钯中心解离，在单膦钯催化下进行。随着甲酸乙酸酐的 C—H 键活化，释放出 CO，生成单膦钯氢中间体 **IM2b**。考虑到该催化体系还存在 LiCl，并且实验提到添加剂 LiCl 是影响反应活性的重要因素以及一个膦配体解离有可能导致催化剂的稳定性降低等因素，所以后续的加氢钯化引入氯离子与钯中心配位，正如 **IM3b** 结构所示，形成四配位的钯氢配合物。与 Pd-TFPP 催化丙烯加氢钯化类似，**IM3b** 进一步转化也有两种选择。我们重点研究了氯离子辅助的钯催化反应机理，着重分析了加氢钯化和 CO 插入这两个关键基元步骤。计算结果表明，马氏规则加氢钯化的过渡态能垒（**TS3b**）比反马氏路径（**TS3b′**）显著降低 2.6 kcal/mol。随后的 CO 迁移插入步骤在两种路径中表现出近乎等同的活化能垒（过渡态 **TS4b** 和 **TS4b′** 仅相差 0.2 kcal/mol），这说明加氢钯化步骤是决定区域选择性的步骤。特别值得注意的是理论计算得到的 2.6 kcal/mol 自由能差值符合阿伦尼乌斯方程预测，与实验观察到的 20∶1（支链∶支链）产物分布比具有定量对应关系。

异丁酸生成路径的计算结果如图 3-36 所示，包括三个关键步骤：①氯离子-甲酸根离子交换（**IM6b→IM7b**），随后异丁酰基-甲酸根消除（**IM7b→IM8b**）；②通过 C—O 和 C—H 键级联裂解导致酸酐活化（**IM8b→IM10b**）；③CO 远离 Pd 中心和最终氢-异丁酸根还原消除（**IM10b→IM12b**），产生目标产物。综合比较这三个步骤，发现该路径的总反应势垒为 19.7 kcal/mol（**TS5b** 与 **IM7b** 的能量差值）。综合图 3-35 和图 3-36 所示的计算结果可知，加氢钯化步骤是该反应的决速步，其计算能垒为 24.4 kcal/mol，整个过程放热 19.7 kcal/mol。这一适中的能垒数值与实验报道的 70 ℃反应温度相吻合。

3.5.3 区域选择性的起源

通过对比 Pd-TFPP 和 Pd-DPPO 催化的丙烯氢羧基化反应发现，在 Pd-TFPP 催化体系中，反应倾向于生成直链产物，这是由于 CO 插入步骤作为区域选择性的决定步骤，其生成直链酰基钯中间体的过渡态能垒比支链路径低，使得反马氏规则路径更具优势；而在 PDPPO 催化体系中，反应倾向于生成支链产物，这归因于加氢钯催化步骤同时作为决速步和区域选择性的决定步骤，其中马氏规则路径的过渡态比反马氏规则路径（TS3）低。

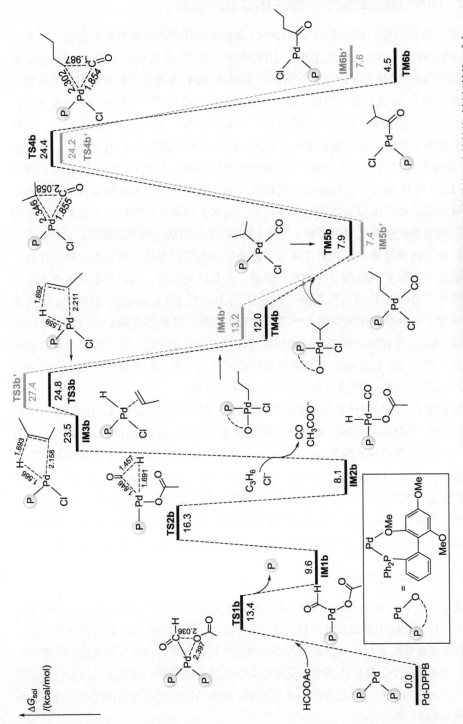

图 3-35　Pd-DPPO 催化 HCOOAc 活化、丙烯加氢羰化以及 CO 插入的势能剖面图和附有关键参数的示意性结构（键长单位：Å）

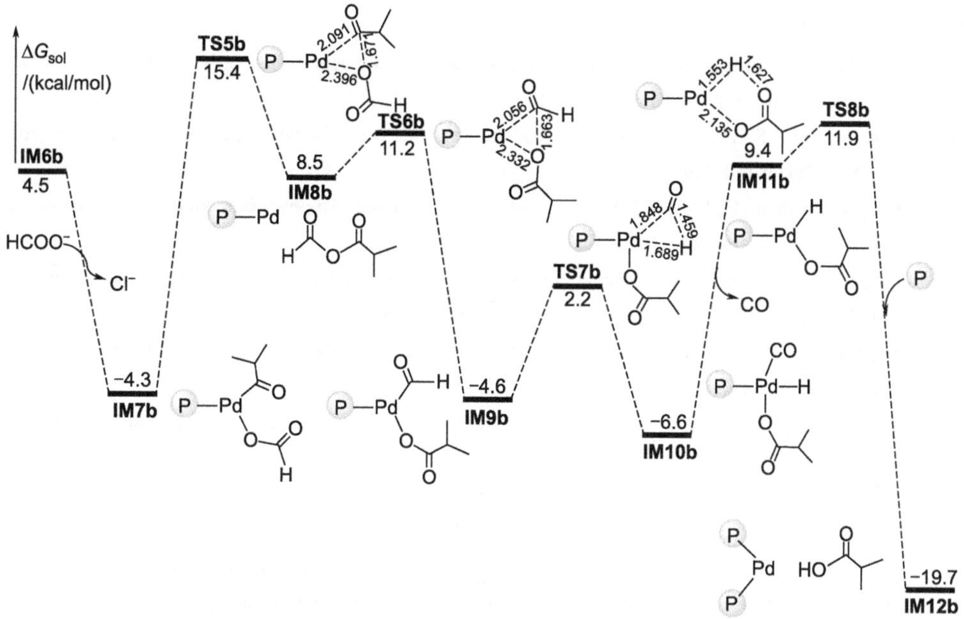

图 3-36　Pd-DPPO 催化丁酸生成的势能面图和附有关键参数的示意性结构（键长单位：Å）

3.5.4　小结

运用密度泛函理论对 TFPP 和 DPPO 配体调控钯催化丙烯选择性氢羧基化反应的催化分子机制进行了计算。计算结果表明，氢羧基化反应以 HCOOAc 活化生成 Pd-H 物种开始，接着进行丙烯的区域选择性加氢钯化反应以及 CO 迁移插入，随后通过配体交换和还原消除生成甲酸丁酸酐或甲酸异丁酸酐。一旦形成，甲酸丁酸酐或甲酸异丁酸酐分解生成目标产物羧酸的前驱物，最后通过还原消除生成丁酸或异丁酸。当使用 Pd-TFPP 作为催化剂时，两个膦配体参与的催化循环更有利，丁酸形成是动力学优势路径。对于 Pd-DPPO 催化体系，除了起始的酸酐 C–O 键活化外，其余基元步骤都采用单膦配位的方式进行，同时氯离子也参与到反应中，异丁酸形成路径具有热力学和动力学优势。前者决速步的能量跨度为 19.1 kcal/mol，后者为 24.8 kcal/mol。理论计算结果再现了实验观察到的反应性和区域选择性。对反应机理的深入洞察有望为新的钯催化氢羧化反应催化剂的设计和开发奠定一定的理论基础，提供一定的理论指导。

参考文献

[1]　Wu X F, Neumann H, Beller M. Synthesis of heterocycles via palladium-catalyzed carbonylations[J]. Chem Rev, 2013, 113(1): 1-35.

[2]　Li Y, Hu Y, Wu X F. Non-noble metal-catalysed carbonylative transformations[J]. Chem Soc Rev, 2018,

47(1): 172-194.

[3] Peng J B, Wu X F. Ligand-and solvent-controlled regio-and chemodivergent carbonylative reactions[J]. Angew Chem Int Ed, 2018, 57(5): 1152-1160.

[4] Ma K, Martin B S, Yin X, et al. Natural product syntheses via carbonylative cyclizations[J]. Nat Prod Rep, 2019, 36(1): 174-219.

[5] Zhang S, Neumann H, Beller M. Synthesis of α,β-unsaturated carbonyl compounds by carbonylation reactions[J]. Chem Soc Rev, 2020, 49(10): 3187-3210.

[6] Li W, Jiang D, Wang C, et al. Recent advances in base-metal-catalyzed carbonylation of unactivated alkyl electrophiles[J]. Chin J Chem, 2023, 41(23): 3419-3432.

[7] Peng J B, Wu F P, Wu X F. First-row transition-metal-catalyzed carbonylative transformations of carbon electrophiles[J]. Chem Rev, 2018, 119(4): 2090-2127.

[8] Xu J X, Wang L C, Wu X F. Non-noble metal-catalyzed carbonylative multi-component reactions[J]. Chem-Asian J, 2022, 17(22): e202200928.

[9] Fleischer I, Wu L, Profir I, et al. Towards the development of a selective ruthenium-catalyzed hydroformylation of olefins[J]. Chem-Eur J, 2013, 19(32): 10589-10594.

[10] Ai H J, Rabeah J, Brückner A, et al. Rhodium-catalyzed carbonylative coupling of alkyl halides with thiols: a radical process faster than easier nucleophilic substitution[J]. Chem Commun, 2021, 57(12): 1466-1469.

[11] Liu J, Dong K, Franke R, et al. Development of efficient palladium catalysts for alkoxycarbonylation of alkenes[J]. Chem Commun, 2018, 54(86): 12238-12241.

[12] Musa S, Filippov O A, Belkova N V, et al. Ligand-Metal Cooperating PC(sp^3)P Pincer Complexes as Catalysts in Olefin Hydroformylation[J]. Chem-Eur J, 2013, 19(50): 16906-16909.

[13] Chen M, Wang X, Yang P, et al. Palladium-Catalyzed Enantioselective Heck Carbonylation with a Monodentate Phosphoramidite Ligand: Asymmetric Synthesis of (+)-Physostigmine,-(+)-Physovenine, and (+)-Folicanthine[J]. Angew Chem Int Ed, 2020, 59(29): 12199-12205.

[14] Bao Z P, Wu X F. Palladium-catalyzed direct carbonylation of bromoacetonitrile to synthesize 2-cyano-N-acetamide and 2-cyanoacetate compounds[J]. Angew Chem Int Ed, 2023, 62(19): e202301671.

[15] Fu M C, Shang R, Cheng W M, et al. Nickel-catalyzed regio-and stereoselective hydrocarboxylation of alkynes with formic acid through catalytic CO recycling[J]. ACS Catal, 2016, 6(4): 2501-2505.

[16] Hussain N, Chhalodia A K, Ahmed A, Mukherjee D. Recent advances in metal-catalyzed carbonylation reactions by using formic acid as CO surrogate[J]. Chem Select, 2020, 5(36): 11272−11290.

[17] Motwani H V, Larhed M. Diarylated ethanones from Mo(CO)$_6$-mediated and microwave-assisted palladium-catalysed carbonylative Negishi cross-couplings[J]. Eur J Org Chem, 2013, 2013(22): 4729-4733.

[18] Friis S D, Taaning R H, Lindhardt A T, et al. Silacarboxylic acids as efficient carbon monoxide releasing molecules: synthesis and application in palladium-catalyzed carbonylation reactions[J]. J Am Chem Soc, 2011, 133(45): 18114-18117.

[19] Jo E A, Lee J H, Jun C H. Rhodium(Ⅰ)-catalyzed one-pot synthesis of dialkyl ketones from methanol and alkenes through directed sp^3 C−H bond activation of N-methylamine[J]. Chem Commun, 2008, 44: 5779-5781.

[20] Li R, Qi X, Wu X F. A general and convenient palladium-catalyzed synthesis of benzylideneindolin-3-

ones with formic acid as the CO source[J]. Org Biomol Chem, 2017, 15(33): 6905-6908.

[21] Morimoto T, Kakiuchi K. Evolution of carbonylation catalysis: no need for carbon monoxide[J]. Angew Chem Int Ed, 2004, 43(42): 5580-5588.

[22] Sordakis K, Tang C, Vogt L K, et al. Homogeneous catalysis for sustainable hydrogen storage in formic acid and alcohols[J]. Chem Rev, 2018, 118(2): 372-433.

[23] Jin F, Yun J, Li G, et al. Hydrothermal conversion of carbohydrate biomass into formic acid at mild temperatures[J]. Green Chem, 2008, 10(6): 612-615.

[24] Grasemann M, Laurenczy G. Formic acid as a hydrogen source—recent developments and future trends[J]. Energy Environ Sci, 2012, 5(8): 8171-8181.

[25] Valentini F, Kozell V, Petrucci C, et al. Formic acid, a biomass-derived source of energy and hydrogen for biomass upgrading[J]. Energy Environ Sci, 2019, 12(9): 2646-2664.

[26] Bulushev D A, Ross J R H. Towards sustainable production of formic acid[J]. ChemSusChem, 2018, 11(5): 821-836.

[27] Kim D S, Park W J, Lee C H, et al. Hydroesterification of alkenes with sodium formate and alcohols promoted by cooperative catalysis of $Ru_3(CO)_{12}$ and 2-pyridinemethanol[J]. J Org Chem, 2014, 79(24): 12191-12196.

[28] Peng J B, Chen B, Qi X, et al. Palladium-catalyzed carbonylative coupling of aryl iodides with alkyl bromides: efficient synthesis of alkyl aryl ketones[J]. Adv Synth Catal, 2018, 360(21): 4153-4160.

[29] Sang R, Kucmierczyk P, Dong K, et al. Palladium-catalyzed selective generation of CO from formic acid for carbonylation of alkenes[J]. J Am Chem Soc, 2018, 140(15): 5217-5223.

[30] Zhu X, Deng W, Chiou M F, et al. Copper-catalyzed radical 1,4-difunctionalization of 1,3-enynes with alkyl diacyl peroxides and N-fluorobenzenesulfonimide[J]. J Am Chem Soc, 2018, 141(1): 548-559.

[31] Rudi A, Schleyer M, Kashman Y. Clathculins A and B, two novel nitrogen-containing metabolites from the sponge Clathrina aff. reticulum[J]. J Nat Prod, 2000, 63(10): 1434-1436.

[32] Fürstner A, Turet L. Concise and practical synthesis of latrunculin A by ring-closing enyne-yne metathesis[J]. Angew Chem Int Ed, 2005, 44(22): 3462-3466.

[33] Rodríguez A M, Sciortino G, Muñoz-Gutierrez L, et al. Introducing 1,3-enyne functionalization by nitrene transfer reaction[J]. Chem Catalysis, 2024, 4(1): 100865.

[34] Kant K, Patel C K, Reetu R, et al. Comprehensive Strategies for the Synthesis of 1,3-Enyne Derivatives[J]. Synthesis, 2025; 57(01): 39-70.

[35] Li X, Peng F, Zhou M, et al. Catalytic asymmetric synthesis of 1,3-enyne scaffolds: design and synthesis of conjugated nitro dienynes as novel Michael acceptors and development of a new synthetic methodology[J]. Chem Commun, 2014, 50(14): 1745-1747.

[36] Zein N, Sinha A M, McGahren W J, et al. Calicheamicin γ1I: an antitumor antibiotic that cleaves double-stranded DNA site specifically[J]. Science, 1988, 240(4856): 1198-1201.

[37] Iverson S L, Uetrecht J P. Identification of a reactive metabolite of terbinafine: insights into terbinafine-induced hepatotoxicity[J]. Chem Res toxicol, 2001, 14(2): 175-181.

[38] Negishi E, Anastasia L. Palladium-catalyzed alkynylation[J]. Chem Rev, 2003, 103(5): 1979-2018.

[39] Negishi E, Qian M, Zeng F, et al. Highly satisfactory alkynylation of alkenyl halides via Pd-catalyzed cross-coupling with alkynylzincs and its critical comparison with the Sonogashira alkynylation[J]. Org Lett, 2003, 5(10): 1597-1600.

[40] Grenier-Petel J C, Collins S K. Photochemical cobalt-catalyzed hydroalkynylation to form 1,3-enynes[J]. ACS Catalysis, 2019, 9(4): 3213-3218.

[41] Rivada-Wheelaghan O, Chakraborty S, Shimon L J W, et al. Z-Selective (Cross-) Dimerization of Terminal Alkynes Catalyzed by an Iron Complex[J]. Angew Chem Int Ed, 2016, 55(24): 6942-6945.

[42] Ghosh S, Kumar S, Chakrabortty R, et al. Regioselective C(sp^3) Carboboration of 1,3-Diynes: A Direct Route to Fully Substituted Enyne Boronates[J]. Org Lett, 2024, 26(31): 6574-6579.

[43] Sang H L, Hu Y, Ge S. Cobalt-catalyzed regio-and stereoselective hydrosilylation of 1,3-diynes to access silyl-functionalized 1,3-enynes[J]. Org Lett, 2019, 21(13): 5234-5237.

[44] Pati B V, Puthalath N N, Banjare S K, et al. Transition metal-catalyzed C−H/C−C activation and coupling with 1,3-diyne[J]. Org Biomol Chem, 2023, 21(14): 2842-2869.

[45] Yu D G, de Azambuja F, Gensch T, et al. The C-H Activation/1,3-Diyne strategy: highly selective direct synthesis of diverse bisheterocycles by Rh^{III} catalysis[J]. Angew Chem Int Ed, 2014, 53(36): 9650-9654.

[46] Liu J, Schneider C, Yang J, et al. A General and Highly Selective Palladium-Catalyzed Hydroamidation of 1,3-Diynes[J]. Angew Chem, 2021, 133(1): 375-383.

[47] Sun F, Yang C, Ni J, et al. Ligand-controlled regiodivergent nickel-catalyzed hydrocyanation of silyl-substituted 1,3-diynes[J]. Org Lett, 2021, 23(10): 4045-4050.

[48] Sang H L, Wu C, Phua G G D, et al. Cobalt-catalyzed regiodivergent stereoselective hydroboration of 1,3-diynes to access boryl-functionalized enynes[J]. ACS Catal, 2019, 9(11): 10109-10114.

[49] Cembellín S, Dalton T, Pinkert T, et al. Highly selective synthesis of 1,3-enynes, pyrroles, and furans by manganese (Ⅰ)-catalyzed C−H activation[J]. ACS Catalysis, 2019, 10(1): 197-202.

[50] Pati B V, Ghosh A, Yadav K, et al. Palladium-catalyzed selective C−C bond cleavage and stereoselective alkenylation between cyclopropanol and 1,3-diyne: one-step synthesis of diverse conjugated enynes[J]. Chem Sci, 2022, 13(9): 2692-2700.

[51] Vondran J, Furst M R L, Eastham G R, et al. Magic of alpha: the chemistry of a remarkable bidentate phosphine, 1,2-bis (di-tert-butylphosphinomethyl) benzene[J]. Chem Rev, 2021, 121(11): 6610-6653.

[52] Huang W, Jackstell R, Franke R, et al. Towards "homeopathic" palladium-catalysed alkoxycarbonylation of aliphatic and aromatic olefins[J]. Chem Commun, 2023, 59(62): 9505-9508.

[53] Liu J, Dong K, Franke R, et al. Selective palladium-catalyzed carbonylation of alkynes: an atom-economic synthesis of 1,4-dicarboxylic acid diesters[J]. J Am Chem Soc, 2018, 140(32): 10282-10288.

[54] Ahmad S, Bühl M. Computational modelling of Pd-catalysed alkoxycarbonylation of alkenes and alkynes[J]. Phys Chem Chem Phys, 2021, 23(30): 15869-15880.

[55] Crawford L E, Cole-Hamilton D J, Bühl M. Uncovering the mechanism of homogeneous methyl methacrylate formation with P,N-chelating ligands and palladium: favored reaction channels and selectivities[J]. Organometallics, 2015, 34(2): 438-449.

[56] Crawford L E, Cole-Hamilton D J, Drent E, et al. Mechanism of alkyne alkoxycarbonylation at a Pd catalyst with P,N-hemilabile ligands: a density functional study[J]. Chem-Eur J, 2014, 20(43): 13923-13926.

[57] Shen C, Dong K, Wei Z, et al. In silico investigation of ligand-regulated palladium-catalyzed formic acid dehydrative decomposition under acidic conditions[J]. Organometallics, 2022, 41(3): 246-258.

[58] Liu J, Yang J, Baumann W, et al. Stereoselective synthesis of highly substituted conjugated dienes via

Pd-catalyzed carbonylation of 1,3-diynes[J]. Angew Chem Int Ed, 2019, 58(31): 10683-10687.

[59] Yang J, Kong D, Wu H, et al. Palladium-catalyzed regio-and chemoselective double-alkoxycarbonylation of 1,3-diynes: a computational study[J]. Org Chem Front, 2022, 9(10): 2697-2707.

[60] Liu J, Yang J, Schneider C, et al. Tailored palladium catalysts for selective synthesis of conjugated enynes by monocarbonylation of 1,3-diynes[J]. Angew Chem Int Ed, 2020, 59(23): 9032-9040.

[61] Bua S, Di Cesare Mannelli L, Vullo D, et al. Design and synthesis of novel nonsteroidal anti-inflammatory drugs and carbonic anhydrase inhibitors hybrids (NSAIDs−CAIs) for the treatment of rheumatoid arthritis[J]. J Med Chem, 2017, 60(3): 1159-1170.

[62] Sanoh S, Tayama Y, Sugihara K, et al. Significance of aldehyde oxidase during drug development: effects on drug metabolism, pharmacokinetics, toxicity, and efficacy[J]. Drug metab pharmacok, 2015, 30(1): 52-63.

[63] Heck R F, Nolley Jr J P. Palladium-catalyzed vinylic hydrogen substitution reactions with aryl, benzyl, and styryl halides[J]. J Org Chem, 1972, 37(14): 2320-2322.

[64] Kumar R, Chikkali S H. Hydroformylation of olefins by metals other than rhodium[J]. J Organomet Chem, 2022, 960: 122231.

[65] Yan S S, Fu Q, Liao L L, et al. Transition metal-catalyzed carboxylation of unsaturated substrates with CO_2[J]. Coord Chem Rev, 2018, 374: 439-463.

[66] Yuan Z, Zeng Y, Feng Z, et al. Constructing chiral bicyclo[3.2.1]octanes via palladium-catalyzed asymmetric tandem Heck/carbonylation desymmetrization of cyclopentenes[J]. Nat Commun, 2020, 11(1): 2544.

[67] Khedkar M V, Khan S R, Lambat T L, et al. CO Surrogates: a green alternative in palladium-catalyzed co gas free carbonylation reactions[J]. Curr Org Chem, 2020, 24(22): 2588-2600.

[68] Cacchi S, Fabrizi G, Goggiamani A. Palladium-catalyzed hydroxycarbonylation of aryl and vinyl halides or triflates by acetic anhydride and formate anions[J]. Org Lett, 2003, 5(23): 4269-4272.

[69] Korsager S, Taaning R H, Skrydstrup T. Effective palladium-catalyzed hydroxycarbonylation of aryl halides with substoichiometric carbon monoxide[J]. J Am Chem Soc, 2013, 135(8): 2891-2894.

[70] Liu L, Chen X C, Yang S Q, et al. Insight into decomposition of formic acid to syngas required for Rh-catalyzed hydroformylation of olefins[J]. J Catal, 2021, 394: 406-415.

[71] Ren W, Huang J, Shi Y. Pd-catalyzed regioselective hydroformylation of olefins with HCO_2H and its derivatives[J]. Org Lett, 2023, 25(39): 7176-7180.

[72] Zhang Y, Torker S, Sigrist M, et al. Binuclear Pd(Ⅰ)−Pd(Ⅰ) catalysis assisted by iodide ligands for selective hydroformylation of alkenes and alkynes[J]. J Am Chem Soc, 2020, 142(42): 18251-18265.

[73] Liu D, Ru T, Deng Z, et al. Sulfonate-modified picolinamide diphosphine: a ligand for room-temperature palladium-catalyzed hydrocarboxylation in water with high branched selectivity[J]. ACS Catal, 2023, 13(19): 12868-12876.

[74] Wu F P, Peng J B, Qi X, et al. Palladium-catalyzed carbonylative transformation of organic halides with formic acid as the coupling partner and CO source: synthesis of carboxylic acids[J]. J Org Chem, 2017, 82(18): 9710-9714.

[75] Wu F P, Peng J B, Meng L S, et al. Palladium-catalyzed ligand-controlled selective synthesis of aldehydes and acids from aryl halides and formic acid[J]. ChemCatChem, 2017, 9(16): 3121-3124.

[76] Zhao F, Han L, Liu T. Mechanistic insight into the ligand-controlled regioselective hydrocarboxylation

of aryl olefins with palladium catalyst: A computational study[J]. J Organomet Chem, 2023, 989: 122645.

[77] Jiang J, Fu M, Li C, et al. Theoretical investigation on nickel-catalyzed hydrocarboxylation of alkynes employing formic acid[J]. Organometallics, 2017, 36(15): 2818-2825.

[78] Zhu L, Liu L J, Jiang Y Y, et al. Mechanism and origin of ligand-controlled chemo-and regioselectivities in palladium-catalyzed methoxycarbonylation of alkynes[J]. J Org Chem, 2020, 85(11): 7136-7151.

[79] Ren W, Chang W, Dai J, et al. An effective Pd-catalyzed regioselective hydroformylation of olefins with formic acid[J]. J Am Chem Soc, 2016, 138(45): 14864-14867.

[80] 刘梦力, 曾波, 胡波, 等. 膦配体电子和空间效应对钯催化羰化酯化反应的影响[J]. 分子催化, 2022, 36(3): 253-273.

[81] Yang D, Liu H, Liu L, et al. Co-catalysis over a tri-functional ligand modified Pd-catalyst for hydroxycarbonylation of terminal alkynes towards α,β-unsaturated carboxylic acids[J]. Green Chem, 2019, 21(19): 5336-5344.

[82] Yang D, Liu L, Wang D L, et al. Novel multi-dentate phosphines for Pd-catalyzed alkoxycarbonylation of alkynes promoted by H_2O additive[J]. J Catal, 2019, 371: 236-244.

[83] Wang D L, Guo W D, Zhou Q, et al. Hydroaminocarbonylation of alkynes to produce primary α,β-unsaturated amides using NH_4HCO_3 dually as ammonia surrogate and brønsted acid additive[J]. ChemCatChem, 2018, 10(19): 4264-4268.

[84] Yang D, Liu H, Wang D L, et al. Co-catalysis over a bi-functional ligand-based Pd-catalyst for tandem bis-alkoxycarbonylation of terminal alkynes[J]. Green Chem, 2018, 20(11): 2588-2595.

[85] Tsuji J, Morikawa M, Kiji J. Organic syntheses by means of noble metal compounds. II. Syntheses of saturated carboxylic esters from olefins[J]. Tetrahedron Lett, 1963, 4(22): 1437-1440.

[86] James D E, Hines L F, Stille J K. The palladium (II) catalyzed olefin carbonylation reaction. The stereochemistry of methoxypalladation[J]. J Am Chem Soc, 1976, 98(7): 1806-1809.

[87] James D E, Stille J K. The palladium (II) catalyzed olefin carbonylation reaction. Mechanisms and synthetic utility[J]. J Am Chem Soc, 1976, 98(7): 1810-1823.

[88] Cavinato G, Toniolo L, Botteghi C. Metals in organic syntheses: Part XII. hydrocarboalkoxylation of ethyl 3-butenoate catalyzed by palladium complexes[J]. J Mol Catal, 1985, 32(2): 211-218.

[89] del Río I, Claver C, van Leeuwen P W N M. On the mechanism of the hydroxycarbonylation of styrene with palladium systems[J]. Eur J Inorg Chem, 2001, 2001(11): 2719-2738.

[90] Bianchini C, Meli A, Oberhauser W, et al. Methoxycarbonylation of styrene to methyl arylpropanoates catalyzed by palladium (II) precursors with 1,1′-bis (diphenylphosphino) metallocenes[J]. J Mol Catal A-Chem, 2004, 224(1-2): 35-49.

[91] del Rio I, Ruiz N, Claver C, et al. Hydroxycarbonylation of styrene with palladium catalysts the influence of the mono-and bidentate phosphorus ligand[J]. J Mol Catal A-Chem, 2000, 161(1-2): 39-48.

[92] Dekker G P C M, Elsevier C J, Vrieze K, et al. Influence of ligands and anions on the insertion of alkenes into palladium-acyl and palladium-carbomethoxy bonds in the neutral complex (dppp) Pd(C(O)CH₃)Cl and the ionic complexes [(P-P)PdR(L)]⁺SO₃CF₃⁻ (P-P = dppe, dppp, dppb; R = C(O)CH₃, L = CH₃CN, PPh₃; R=C(O)OCH₃, L=PPh₃)[J]. J Organomet Chem, 1992, 430(3): 357-372.

[93] Guiu E, Caporali M, Munoz B, et al. Electronic effect of diphosphines on the regioselectivity of the

palladium-catalyzed hydroesterification of styrene[J]. Organometallics, 2006, 25(13): 3102-3104.

[94] Ren W, Chu J, Sun F, et al. Pd-catalyzed highly chemo-and regioselective hydrocarboxylation of terminal alkyl olefins with formic acid[J]. Org Lett, 2019, 21(15): 5967-5970.

[95] Ren W, Wang M, Guo J, et al. Pd-catalyzed regioselective branched hydrocarboxylation of terminal olefins with formic acid[J]. Org Lett, 2022, 24(3): 886-891.

[96] Li J J, Wang J Z. Palladium-catalyzed generation of CO from formic acid for alkoxycarbonylation of internal alkenes involves a PTSA-assisted NH−Pd mechanism: a DFT mechanistic study[J]. Phys Chem Chem Phys, 2023, 25(3): 2294-2303.

[97] Lu T, Chen Q. Shermo: A general code for calculating molecular thermochemistry properties[J]. Comput Theor Chem, 2021, 1200: 113249.

[98] Lu T, Chen Q. Independent gradient model based on Hirshfeld partition: A new method for visual study of interactions in chemical systems[J]. J Comput Chem, 2022, 43(8): 539-555.

[99] Kozuch S, Shaik S. How to conceptualize catalytic cycles? The energetic span model[J]. Acc Chem Res, 2011, 44(2): 101-110.

[100] Geitner R, Gurinov A, Huang T, et al. Reaction mechanism of Pd-catalyzed "CO-free" carbonylation reaction uncovered by in situ spectroscopy: the formyl mechanism[J]. Angew Chem, 2021, 133(7): 3464-3469.

[101] Ning X, Jing Y, Cheng Z, et al. In silico investigation of palladium-catalyzed chemoselective monoalkoxycarbonylation of 1,3-diynes for conjugated enynes synthesis[J]. ChemPhysChem, 2024, 25(6): e202300620.

[102] Lu T, Chen Q. Interaction region indicator: a simple real space function clearly revealing both chemical bonds and weak interactions[J]. Chemistry-Methods, 2021, 1(5): 231-239.

[103] Li J J, Ning X Y. DFT studies on the mechanism of ligand-regulated palladium-catalyzed iodide-assisted hydrocarbonylation of olefins with formic acid: favored reaction routes and selectivities[J]. J Org Chem, 2024, 89(24): 18179-18187.

[104] Lu T, Chen F. Atomic dipole moment corrected Hirshfeld population method[J]. J Theor Comput Chem, 2012, 11(01): 163-183.

第4章

过渡金属锰、铁和铱配合物催化加氢/脱氢反应

4.1 反应概述

　　二氧化碳（CO_2）产生的温室效应是导致全球变暖、冰川融化和气候异常的主要因素之一，与此同时 CO_2 作为一种经济、安全、可再生的碳资源，也是制备高附加值化学品的一种重要的碳基材料。著名化学家、诺贝尔奖得主 Olah[1] 提出了"甲醇经济"，即利用工业废气或大气中俘获的 CO_2 制备甲醇，以此来减轻人类社会对化石燃料的依赖，这一方法不仅可以有效缓解 CO_2 过度排放引起的温室效应，同时也为 CO_2 的转化利用提供了新的思路。化学性质稳定的 CO_2 转化是极具挑战性的一个课题，其催化转化已成为学术研究和工业生产领域的重要任务之一[2]。

　　传统的 CO_2 加氢制甲醇大多是 CO_2 和 H_2 在非均相催化作用下经过还原反应制备甲醇，这种方法也叫直接加氢法[3,4]。然而 CO_2 直接氢化所需反应条件极其严苛，更为有效的方法是催化氢化 CO_2 的衍生物制备甲醇[5-7]。另外，与传统的非均相催化相比，均相催化具有反应条件温和、副反应少和易于控制等优点[8]。2011 年 Milstein 课题组[9] 首次利用贵金属钌钳形配合物 PNN-Ru(Ⅱ) 催化实现了 CO_2 链状衍生物（碳酸二甲酯、甲酸盐以及氨基甲酸盐）加氢的反应，分解转化数达到 4400。碳酸二甲酯可以通过 CO_2 与甲醇反应来制备，这一研究成果为 CO_2 转化为甲醇提供了一个相对温和、低压的两步法路线。2012 年丁奎岭课题组[10] 报道了 Ru-Macho 催化各种类型的环状碳酸酯加氢制备甲醇的反应，这一方法导致了壳牌 Omega 生产工艺的革新。Omega 方法的第一步是由环氧乙烷和 CO_2 反应产生碳酸亚乙酯[11]，之后碳酸亚乙酯水解产生乙二醇。而丁奎岭课题组提出通过氢化来替代水解。Ru-Macho 催化剂使得生成甲醇的反应分解转化数高达 87000，分解转化频率高达 1200 h^{-1}。这一方法不仅实现了 CO_2 的间接还原，与此同时还获得了另一种重要的化工原料——二醇。尽管金属 Ru 配合物被认为是催化有机碳酸酯氢化的高效催化剂，但由于储量少、价格昂贵等因素很难实现大规模的工业应用，因此寻找储量丰富、价廉易得的非贵金属催化剂势在必行。

近年来锰（Mn）、铁（Fe）、钴（Co）等非贵金属配合物在催化有机碳酸酯加氢方面开始崭露头角。2014 年 Sumit 课题组[12]报道了 Fe 的 PNP 钳形配合物催化工业上广泛使用的脂肪酸甲酯氢化反应。2015 年 Milstein 课题组[13]合成了 Co 的 PNNH 钳形配合物，并成功应用于催化羧酸酯氢化制备相应的醇。2016 年 Beller 课题组[14]研究表明 Mn 的钳形配合物在催化氢化反应中具有相当大的应用潜力。最近，Leitner 课题组[15]报道了 Mn 的钳形配合物[Mn(CO)$_2$(N(C$_2$H$_4$P^{i}Pr$_2$)$_2$)]（Mn-PNP）催化环碳酸酯氢化为甲醇和二醇的反应，120 ℃，H$_2$（30 bar）条件下，反应的转化数最高分别可达 400 和 620。此外，该课题组对可能的反应机理进行了推测，其中包含不饱和 Mn=N 以及氢化物 Mn–H 结构单元的配合物被认为是催化循环的两种关键中间体。尽管这一研究结果为 CO$_2$ 到甲醇的转化提供了一条有效途径，但是相关反应机理仍不清楚，需要进一步探索。有关 Fe、Co、Ni 配合物催化氢化的反应机理已经被大量报道[16-18]，这为研究 Mn 配合物催化氢化提供了思路。本章 4.2 节主要从分子水平上阐明金属 Mn 配合物催化环碳酸酯加氢的反应机理，以 PNP 配位的金属 Mn 为研究对象，模拟其催化环碳酸酯之一碳酸亚乙酯加氢转化为甲醇和乙二醇的反应过程，深入洞察详细的反应机理；接着通过动力学和热力学分析比较可能的反应路径，确定能量最低路径；并结合电荷布局、键能分析等方法探讨配体对金属 Mn 配合物结构以及催化活性的影响，总结催化剂结构与催化活性之间的关系，为优化设计促进 CO$_2$ 衍生物氢化的催化剂提供理论基础。

面对化石燃料过度消耗以及生态环境日益恶化的现状寻求可再生和清洁能源迫在眉睫。生物质来源广泛、易于获取，并且能快速投产，同时具有环境效益、经济效益和社会效益，是最具发展潜力的可再生资源之一。生物质资源的高效利用被视为是实现可持续发展有利的解决方案。源于储量丰富、非食用性的农林废弃物秸秆、草和木材的第二代生物质能，其主要组成为木质纤维素，目前正成为世界各国关注的热点。木质纤维素类生物质高效利用的关键是先将其降解为简单组分或片段，进而转化为用途广泛的生物质基平台分子，如 5-羟甲基糠醛、乙酰丙酸、山梨醇等，再通过化学或生物催化转化为高附加值化学品及液态燃料[19-23]。其中平台分子乙酰丙酸作为多种高附加值化学品的前体而备受关注[24,25]。乙酰丙酸转化产物之一γ-戊内酯具有低毒性、高的热稳定性、低温流动性等特点，在生物炼制、食品行业及石油化工等领域具有广阔的应用前景[26,27]。Dagaut 课题组[28,29]将γ-戊内酯通过酯化转为烷基戊酸酯，并对加入 15%戊酸酯的调和油的汽车性能进行测试，在行驶 250000 km 后，发现对发动机和燃料箱性能无影响，研究还发现加入戊酸酯的调和油密度减小，挥发性降低，芳烃、烯烃和硫含量也降低了。Dumesic 课题组[30]在 SiO$_2$/Al$_2$O$_3$ 催化剂的作用下，将γ-戊内酯转化为丁烯同分异构体和 CO_2。丁烯进一步在固体酸性催化剂作用下发生低聚，生成 C_{12} 烷烃可以直接作为内燃机燃料。以上研究均证实了木质纤维素生物质转化产物 γ-戊内酯的重要性。

过去几十年，开发了许多均相和非均相催化系统将乙酰丙酸转化为 γ-戊内酯。尽管非均相催化体系在产物分离以及催化剂再循环等方面表现良好，但 γ-戊内酯的收率和选择性不尽如人意。此外，反应条件比较苛刻，需要高温和高压。自从 Osakada 等人[31]开创性地报道了 $RuCl_2(PPh_3)_3$ 催化乙酰丙酸转化为 γ-戊内酯以来，许多课题组陆续对相关催化体系进行改进，以期提高转化效果。含吡啶配体的铱配合物在催化乙酰丙酸转化为 γ-戊内酯中表现出良好的催化活性。周其林课题组[32]开发了 PNP 钳形配体结合铱氢的配合物，乙酰丙酸的转化数达到了 71000。傅尧课题组[33]报道了联吡啶配体配位的半三明治型铱配合物催化乙酰丙酸转化，在 120 ℃、1.01 MPa H_2 且无添加剂的情况下，转化数达到了 78000。Fischmeister 课题组[34]研究发现联吡啶胺配体表现出极好的催化活性，转化数提高为 174000（图 4-1）。

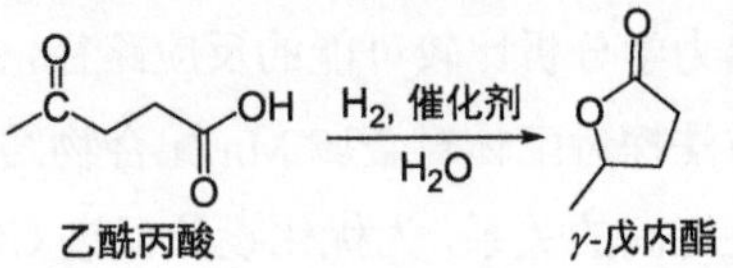

催化剂	反应温度/℃	反应时间/h	转化数
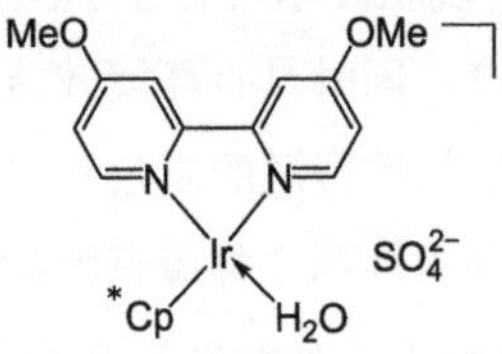	120	4	78000
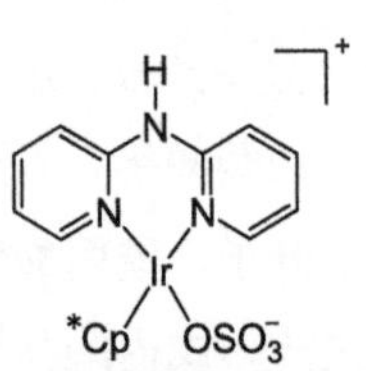	130	72	174000

图 4-1　乙酰丙酸加氢环化生成 γ-戊内酯

公认的乙酰丙酸转化为 γ-戊内酯的反应机理为级联的氢化-环化。Assary 和 Curtiss[35]对 Ru 基 Shvo 催化剂催化这一反应的机理进行了理论研究，4-羟基戊酸被认为是关键中间体，在甲酸存在下，4-羟基戊酸更容易环化形成 γ-戊内酯。Meer 课题组[36]

进一步对氢源为氢气、甲酸以及异丙醇的反应机理进行了动力学和热力学研究，结果表明反应速率为甲酸＞异丙醇＞氢气。Gao 和 Chen[37]通过理论计算揭示了在碱性条件下，以氢气为氢源，PNP 配位的铱配合物催化乙酰丙酸加氢的反应机理。研究发现氢迁移是瓶颈步骤，碱性条件降低了 4-羟基戊酸环化的能垒。虽然目前对这一重要的生物质转化过程的理论研究取得了进展，但联吡啶以及联吡啶胺配位的半夹心铱配合物催化乙酰丙酸转化为 γ-戊内酯的分子机理仍不明确。本章 4.3 节采用密度泛函理论计算对该反应进行系统的理论研究，以期明确优势反应路径，阐明反离子和水分子在催化加氢以及环化过程中的作用，结合电荷布局和分子轨道分析揭示不同取代基对铱配合物催化活性的影响规律。

与乙酰丙酸相比，乙酰丙酸烷基酯可以直接从木质纤维素生物质中分离得到，制备过程简单，产率高[38]，且乙酰丙酸烷基酯具有与乙酰丙酸相似的化学性质，同样可以转化为 γ-戊内酯。如何实现乙酰丙酸烷基酯到 γ-戊内酯的高效催化转化是目前亟须解决的科学问题。目前已有几十种催化体系可实现乙酰丙酸（酯）到 γ-戊内酯的转化。前期的关注点主要为贵金属催化剂，如钌[39]和铱[40]等。Leitner 课题组[41]研究表明以 Ru(acac)$_3$ 结合单齿配体三辛基膦为催化剂，NH$_4$PF$_4$ 为添加剂，在 160 ℃、10 MPa H$_2$ 条件下，γ-戊内酯的产率高达 99%。Vries 课题组[42]研究发现 NNS 配位的钌配合物，在 80 ℃、5 MPa H$_2$ 条件下催化乙酰丙酸乙酯加氢，产率达到了 77%。Padilla 等人[43] 报道了 PNP 配位的钌和铱配合物催化乙酰丙酸乙酯加氢转化为 γ-戊内酯的反应。该方法催化剂用量小，反应条件温和（H$_2$ 压力为 2 MPa，温度 60 ℃），转化数达到了 9300。

尽管这些贵金属催化剂表现出较高的催化性能，但其存在储量有限、价格昂贵以及反应条件苛刻等问题，极大地限制了其工业化应用。2011 年 Beller 课题组[44]合成了 [FeH(PP$_3$)]BF$_4$ 配合物，并成功用于催化甲酸分解以及二氧化碳加氢，至此非贵金属铁苯基膦配合物在均相催化领域引起了研究热潮。傅尧课题组[45]以 Fe(CF$_3$SO$_3$)$_2$/PP$_3$ 为催化剂，甲酸氛围下，反应温度 120 ℃，实现了乙酰丙酸乙酯到 γ-戊内酯的高效转化，产率达到了 99%。该实验没有使用外来的氢作为氢源且不需要任何添加剂，满足原子经济性、可持续和环境友好等要求。尽管这个催化反应非常重要，但 Fe(CF$_3$SO$_3$)$_2$/PP$_3$ 高催化活性的本质还不清楚，相关反应机理的研究还很缺乏。前期的实验与理论研究成果为我们的研究工作提供了思路。本章 4.4 节基于密度泛函理论计算，探讨了 Fe(CF$_3$SO$_3$)$_2$/PP$_3$ 催化乙酰丙酸乙酯转化为 γ-戊内酯的反应机理，分析不同反应路径的热力学和动力学性质，确定能量最低路径，进一步探讨不同金属对催化剂结构和催化活性的影响，总结催化剂结构与催化活性之间的关系，为生物质转化催化剂的优化设计提供理论基础。

氢气作为一种新型可持续的清洁能源被列为最有应用前景的新能源之一[46]。然而，在室温下，安全、高效地储存和运输氢气是实现其利用的先决条件[47]。生物质转化[48]或者 CO_2 加氢产生的甲酸因无毒、不易燃、存储和运输安全方便被认为是一种有效的储氢制氢材料[49]。近些年，有关非均相[50-52]和均相[53-55]催化甲酸分解为氢气和二氧化碳的研究层出不穷，尤其是均相催化剂，如钌[56]、铑[57]、铱[58]、铁[59]等过渡金属，因为有着高的催化活性和氢气选择性而受到广泛关注[60]。Puddephatt 等人[61]最早报道了利用磷配位的双核钌催化甲酸脱氢的反应，室温下甲酸的分解转化频率达到了 500 h^{-1}。之后，Himeda 等人[62]提出了利用半夹心二吡啶配位的铱配合物催化甲酸脱氢，90 ℃下分解转化频率提高至 228000 h^{-1}。

肖建良课题组[63]研究了双官能团环金属铱配合物催化甲酸脱氢的反应，接近室温（40 ℃）下转化频率达到了 147000 h^{-1}。图 4-2 显示了该课题组在实验中使用的包含金属中心和 γ-NH 官能团的催化剂模型，实验证实 γ-NH 单元起着重要的催化作用：当 γ-NH 官能团被其他供电子基（如 NMe）或吸电子基（如 O 原子）取代后，催化剂失活，即在相同条件下检测不到氢气的生成。同时肖建良课题组[63]还提出了可能的反应机理，如图 4-3 所示，反应可以划分为三个过程：氢转移，脱氢和催化剂还原。尽管目前实验者对这个脱氢反应的机制进行了初步猜测，然而催化反应过程的细节尚不清楚，需要进一步探索。本章 4.5 节通过密度泛函理论计算，研究了双官能团环金属铱催化甲酸分解的反应机理，期望去揭示：①肖建良课题组[63]提出的反应机理是否能够解释实验观察到的金属铱配合物高的催化甲酸脱氢的活性；②如果解释不了，是否存在其他可能的反应机理；③Cp*IrH 配合物的 γ-NH 官能团起着什么样的重要作用，为什么类似的但没有 γ-NH 官能团的配合物不能够催化甲酸脱氢？计算结果有助于从分子水平上理解 Cp*IrH 配合物催化甲酸脱氢高的催化活性。

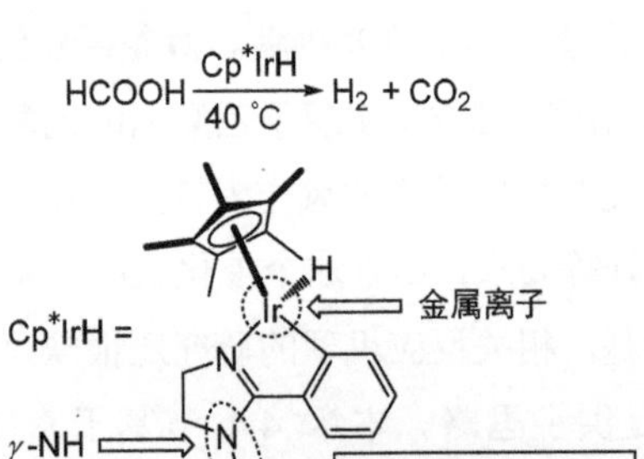

图 4-2 肖建良课题组提出的双官能团环金属铱(Ⅲ)配合物（Cp*IrH）催化甲酸脱氢的反应[63]

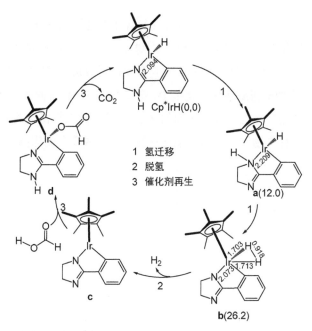

图 4-3　肖建良课题组提出的环金属铱配合物催化甲酸脱氢的反应循环图[63]

4.2　锰配合物催化碳酸亚乙酯加氢制甲醇的反应机理[64]

本节计算基于密度泛函理论的 M06 方法。对 C、H、O、N、P 前三周期原子采用 6-31+G(d,p)基组，过渡金属 Mn 则使用赝势基组 LANL2DZ。为了模拟真实的反应环境，与实验一致[15]，选择四氢呋喃为溶剂，利用 SMD 溶剂化模型来模拟溶剂化效应。在此理论水平上对所有反应物、中间体、过渡态和产物进行未加任何对称性限制的全参数优化以及振动频率计算，以验证所有驻点是否为局域最小点（没有虚频）或者一级鞍点（有一个虚频）。通过 IRC 计算确定过渡态结构的前驱物和产物是否对应着局域最小点。使用高精度的 6-311+G(2d,2p)/LANL2TZ(f)进行单点能计算以获得更精确的能量。本节中所提供的能量是在标准温度 298.15 K、标准大气压 1 atm 下的吉布斯自由能，包括振动、转动和平动这些熵的贡献。为了考察温度和压强对反应的影响，在实验条件 120 ℃和 30 bar 下计算了氢气分子活化的步骤，势垒为 21.9 kcal/mol，与标准条件下计算的能垒（22.1 kcal/mol）相接近。因此，本节只报道标准条件下计算所得的吉布斯自由能。有关结构的电子性质由自然键轨道 NBO 3.1 分析获得，并使用 CYL view 软件对其进行可视化。

4.2.1　外层路径

如图 4-4 所示，Leitner 课题组[15]提出了 Mn-PNP 催化碳酸亚乙酯氢化为甲醇和乙二醇可能的反应路径，即外层路径。该催化循环主要包括以下几个步骤：①预催化剂 **A** 加氢生成活性催化剂 Mn 的单氢配合物 **D**；②活性催化剂 **D** 的 N–H 官能团与 Mn–H 结构单元协同作用，氢化碳酸亚乙酯促使其开环得到链状中间体 2-羟乙基甲酸酯；③预催化剂 **A** 第二次加氢得到活性催化剂 **D**，金属 Mn 与配体协同催化 2-羟乙基甲酸酯氢化生成甲醛以及副产物乙二醇；④预催化剂 **A** 第三次加氢得到的活性催化剂 **D** 催化甲醛氢化得到目标产物甲醇，同时催化剂复原，完成整个催化循环。

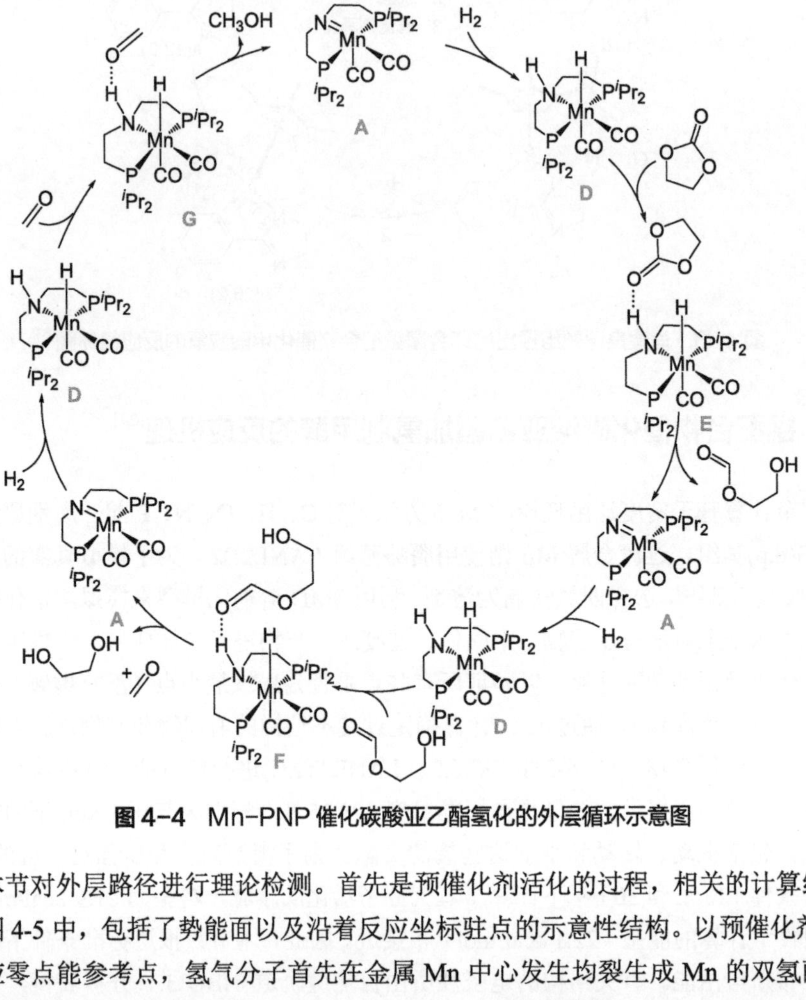

图 4-4 Mn-PNP 催化碳酸亚乙酯氢化的外层循环示意图

本节对外层路径进行理论检测。首先是预催化剂活化的过程，相关的计算结果汇总在图 4-5 中，包括了势能面以及沿着反应坐标驻点的示意性结构。以预催化剂 **A** 作为反应零点能参考点，氢气分子首先在金属 Mn 中心发生均裂生成 Mn 的双氢配合物 **C**。**C** 在能量上高于反应入口 18.7 kcal/mol，这一步需要克服 19.6 kcal/mol 的势垒。随后氢气分子发生异裂，其中一个氢原子与邻位氮原子成键，另一个氢原子与 Mn 成键，与此同时 Mn=N 双键向单键过渡，经由四元环过渡态 **TS_{C-D}**，克服 22.1 kcal/mol 的势垒，演化为活性催化剂——单氢配位的 Mn 配合物 **D**。

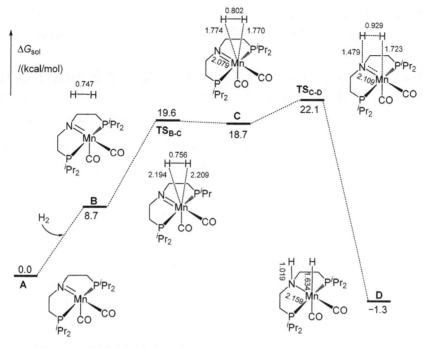

图4-5 预催化剂 **A** 加氢生成活性催化剂 **D** 的势能面图，以及所涉及的
中间体和过渡态的示意性结构（键长单位：Å）

按照外层路径，图 4-6 和图 4-7 展现了碳酸亚乙酯到甲醇和乙二醇转化的势能面图。如图 4-6 所示，碳酸亚乙酯进入反应系统，与活性催化剂 **D** 通过氢键结合，形成配合物 **E**。**E→IM2** 的转化对应着碳酸亚乙酯第一次氢化。计算结果表明，氢化过程包括两个基元步骤：第一步 Mn–H 结构氢化碳酸亚乙酯的羰基碳，经由过渡态 **TS1**，克服 18.5 kcal/mol（**TS1** 与 **D** 的能量差值）的势垒，生成不稳定的中间体 **IM1**；第二步经过渡态 **TS2**，碳酸亚乙酯的环氧基被 N–H 结构质子化，导致碳酸亚乙酯开环形成链状中间体 2-羟乙基甲酸酯。第一次氢化决速步势垒为 24.2 kcal/mol（**TS2** 和 **D** 之间的能量差值）。此外，考虑了 Mn–H 和 N–H 结构协同催化碳酸亚乙酯氢化，然而协同过程需要经历过渡态 **TS1'**，克服 30.8 kcal/mol（**TS1'** 和 **D** 之间的能量差值）的势垒，远高于分步过程，因此对于碳酸亚乙酯第一次氢化分步路径更为有利。沿着反应坐标，中间体 2-羟乙基甲酸酯离去，预催化剂 **A** 复原，之后再次经历图 4-5 所示的加氢步骤得到活性催化剂 **D**。

第二、三次氢化过程如图 4-7 所示，2-羟乙基甲酸酯与活性催化剂 **D** 通过氢键作用形成配合物 **F**，**F→IM4** 的转化对应第二次氢化，与图 4-6 中 **E→IM2** 的转化类似，金属与配体分步或者协同催化 2-羟乙基甲酸酯的酯基质子化，导致酯基键断裂，生成甲醛和乙二醇，演化为中间体 **IM4**。**IM3** 到 **IM4** 的转化是分步路径的关键瓶颈步骤，其能垒为 33.6 kcal/mol（**TS4** 和 **D** 之间的能量差值），略高于协同路径的势垒 32.3 kcal/mol（**TS3′** 和 **D** 之间的能量差值），因此第二次氢化协同路径是优势路径。

图 4-8 进一步讨论了碳酸亚乙酯和 2-羟乙基甲酸酯氢化的其他可能反应路径，即 Mn–H 和 N–H 结构协同催化 C=O 氢化的路径。对于碳酸亚乙酯氢化，新的路径势垒升高了 4.7 kcal/mol（**TS1o′**相对于图 4-6 中 **TS1**）；而对于 2-羟乙基甲酸酯氢化，协同催化 C=O 键氢化的路径更有利，然而之后甲醛和乙二醇的生成，没有金属 Mn 配合物的协助，反应势垒明显升高。因此对于碳酸亚乙酯和 2-羟乙基甲酸酯氢化不再考虑 Mn–H 和 N–H 结构协同催化 C=O 氢化的路径。如图 4-7 随着甲醛和乙二醇的消除，再次复原的预催化剂 **A** 经加氢转化为活性催化剂 **D**，为第三次氢化作准备。最后，金属与配体协同催化，经历六元环过渡态 **TS5**，甲醛被还原为甲醇，形成预催化剂-产物的配合物 **A-CH₃OH**，这一步是一个无势垒的过程。

以上给出了详细的外层反应路径。总体来看，整个催化循环的决速步是碳酸亚乙酯第二次氢化的步骤，涉及高达 32.3 kcal/mol 的反应势垒，明显不符合加氢反应容易进行的实验事实。因此，需要寻找新的可行的反应路径来合理解释实验现象。

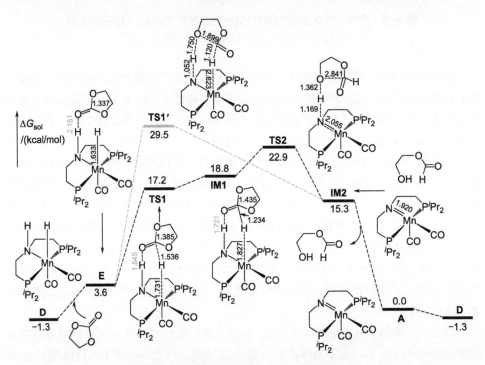

图 4-6 根据外层机理计算的碳酸亚乙酯第一次氢化的势能面图，以及所涉及的中间体和过渡态的示意性结构（键长单位：Å）

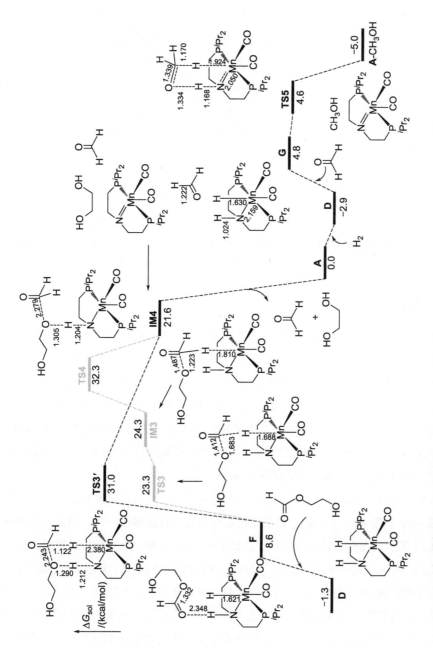

图4-7 根据外层机理计算的碳酸亚乙酯第二、三次氢化的势能面图，以及所涉及的中间体和过渡态的示意性结构（键长单位：Å）

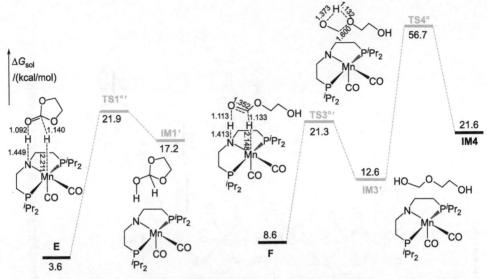

图4-8 碳酸亚乙酯 **E** 和 2-羟乙基甲酸酯 **F** 的 C=O 键氢化的势能面图，以及所涉及的中间体和过渡态的示意性结构（键长单位：Å）

4.2.2　内层路径

值得注意的是，Milstein 课题组[65]也报道过类似的加氢反应，该课题组提出了截然不同的内层（inner-sphere）机理。图 4-9 展示了遵循内层机理的催化循环概括图，主要包括以下几个重要步骤：①预催化剂 **A** 加氢生成活性催化剂 **D**，碳酸亚乙酯的羰基碳原子被活性催化剂 **D** 氢化生成中间体 **H**，配体 N–H 质子转移到环氧原子上，碳酸亚乙酯开环得到链状中间体 2-羟乙基甲酸酯；②2-羟乙基甲酸酯被还原为中间体 **J**，随着配体 N–H 质子转移得到乙二醇和甲醛；③甲醛被还原为中间体 **L**，之后被配体 N–H 质子化生成产物甲醇，同时催化剂复原。

本节将对内层机理进行检测，相关的势能面图以及附有结构参数的示意性结构归纳在图 4-10 和图 4-11 中。由于预催化剂活化过程与外层路径一样，因此不再赘述。如图 4-10 所示，根据新的反应机理，活性催化剂 **D** 的 Mn–H 结构提供氢源，氢化碳酸亚乙酯，经由四元环过渡态 **TS1**[I]，克服 25.8 kcal/mol 的势垒，形成新的 Mn–O 键，演化为中间体 **H**。接着配体 N–H 质子转移到环氧原子上，通过 **TS2**[I]，克服 24.6 kcal/mol 的势垒，导致链状中间体 2-羟乙基甲酸酯的形成，完成第一次氢化。随后氢气分子进入反应体系，同时进攻 2-羟乙基甲酸酯的酯基碳原子与预催化剂的氮原子，经过六元环过渡态 **TS3**[I]，形成稳定的中间体 **J**，然而这一路径势垒高达 38.9 kcal/mol，从能量角度来看是不利的。另一条可能的反应路径用灰线条标识在图 4-10 中，类似于第一次氢化过程，预催化剂 **A** 再次加氢得到活性催化剂 **D**，接着经由与 **TS1^I** 类似的四元环过渡态 **TS4^I**，Mn–H 结构的氢原子转移至 2-羟乙基甲酸酯的酯基碳原子上，同时酯基氧与 Mn 成键，克服 22.5 kcal/mol 的势垒，形成含有 Mn–O 键的中间体 **J**。比较两条反应路径，很明显后者较前者势垒下降了 16.4 kcal/mol，是优势路径。

如图 4-11 所示，沿着内层路径，中间体 **J** 经由质子转移得到甲醛-预催化剂加合物 **K** 与副产物乙二醇，完成第二次氢化。之后甲醛分子还原与图 4-10 所示的 2-羟乙基甲酸酯还原类似，Mn–H 结构单元协助更为有利，即沿着 **A**→**D**→**G**→**L** 路径进行，这一过程经历四元环过渡态 **TS7^I**，克服 15.6 kcal/mol 的势垒，生成能量更稳定的中间体 CH$_3$O-Mn 配合物 **L**，其能量低于反应入口 10.3 kcal/mol，是整个势能面的能量最低点。这与 Milstein 课题组[23]在实验上观察到类似中间体的结论相一致。最后，甲氧基被 N–H 官能团质子化生成甲醇分子，同时催化剂得到复原，完成整个催化反应循环。综合图 4-10 和图 4-11 来看，内层路径的决速步为碳酸亚乙酯还原的步骤，总反应势垒为 25.8 kcal/mol。

综合比较外层和内层两条反应路径，前者决速步为 2-羟乙基甲酸酯氢化的步骤，总势垒为 32.3 kcal/mol，而后者决速步的势垒仅为 25.8 kcal/mol。从能量角度看，内层路径比外层路径有利，这可能归因于内层路径有稳定的含有 Mn–O 结构单元中间体的形成。因此，碳酸亚乙酯氢化更有可能沿着内层路径进行。

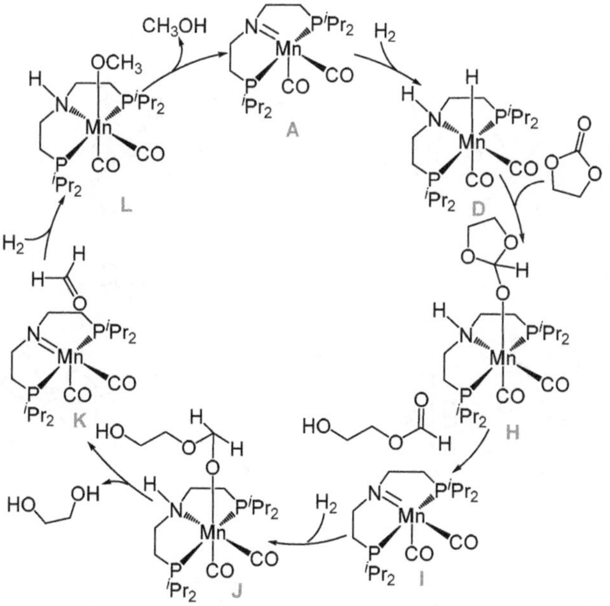

图 4-9 Mn–PNP 催化碳酸亚乙酯氢化的内层循环示意图

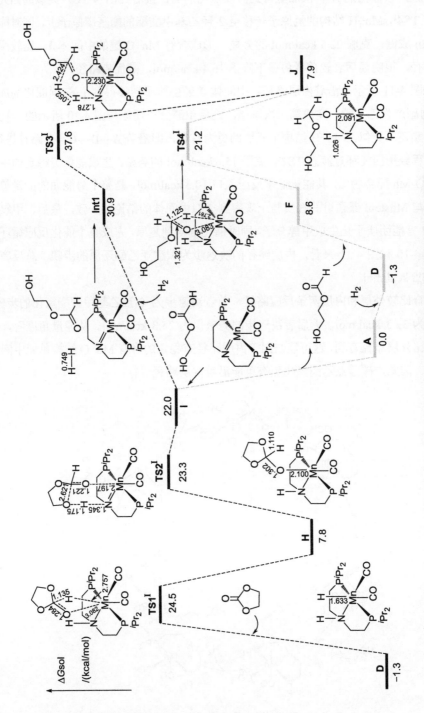

图 4-10　根据内层机理计算的由活性催化剂 D 与碳酸亚乙酯反应转化为中间体 J 的势能面图，以及所涉及的中间体和过渡态的示意性结构（键长单位：Å）

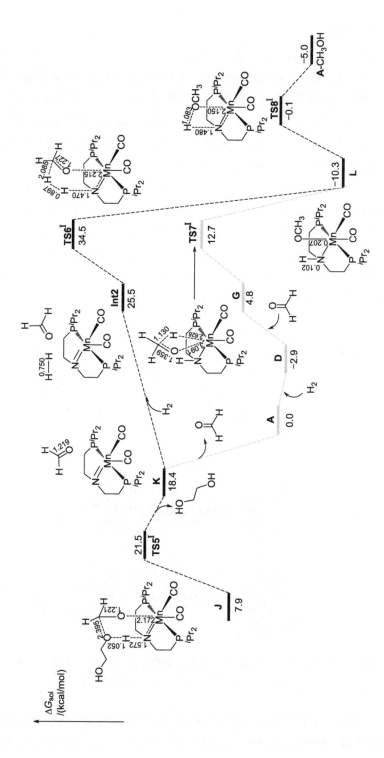

图 4–11 根据内层机理计算的由中间体 **J** 转化为产物前驱物 **A–CH₃OH** 的势能面图，以及所涉及的中间体和过渡态的示意性结构（键长单位：Å）

4.2.3 取代基效应

取代基的电子效应与金属 Mn 配合物的催化活性密切相关。受到 Liu 课题组[66]工作的启发，图 4-12 比较了相关结构的键长、NBO 电荷分布以及氢解离能，用以研究不同取代基对催化氢化反应的影响规律。正如内层路径所示，碳酸亚乙酯氢化主要源自 Mn–H 结构单元的亲核攻击，因此 Mn–H 键的强弱对催化活性有着重要影响。Mn–H 键长以及氢原子电荷取决于配体取代基的电子效应，取代基供电子能力越强，Mn 中心电子云越密集，氢原子所带电荷就越负，Mn–H 键就越长，氢化反应更易于进行。如图 4-12 上图所示，咪唑基代替原取代基二异丙基膦，得到了 Mn-PNN 配合物 **D**^{im}，其 Mn–H 键的键长比 Mn-PNP 配合物 **D** 的 Mn–H 键长更长。从电荷布局分析，氢原子的 NBO 电荷在 **D** 中为 0.006 au，而在 **D**^{im} 中为–0.024 au。这表明咪唑基的供电子能力强于二异丙基膦。另外，如图 4-12 下图所示，**D** 的氢解离能明显高于 **D**^{im} 6.6 kcal/mol，表明后者的 Mn–H 键更易断裂。因此无论是从电荷布局还是能量角度分析，**D**^{im} 结构中强供电子能力的咪唑基增强了 Mn–H 结构的亲核性。

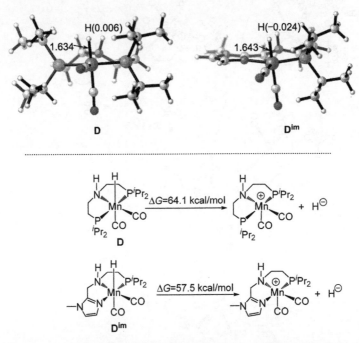

图 4-12 Mn-PNP 和 Mn-PNN 配合物的 Mn—H 键长（单位：Å）和
氢原子的 NBO 电荷（单位：au）及氢解离能

最后，图 4-13 比较了 Mn-PNP 与 Mn-PNN 配合物催化氢气分子异裂以及碳酸亚乙酯还原的步骤。**A**^{im} 催化 H–H 键活化需要克服 23.2 kcal/mol 的势垒，生成的单氢配

合物 **D^im** 能量高于反应入口 2.7 kcal/mol，相比之下，**A** 催化 H–H 键活化需要克服的势垒更低，生成的中间体也更稳定。这归因于 **A** 结构 Mn 中心电子云密度较 **A^im** 更小，有利于 Mn–H 成键。进一步比较其单氢配合物 **D** 和 **D^im** 催化碳酸亚乙酯还原的步骤，后者需克服 23.6 kcal/mol 势垒，比前者低了 2.2 kcal/mol，证实了增强配体取代基的供电子能力，可以有效地提高单氢配合物的催化加氢活性。

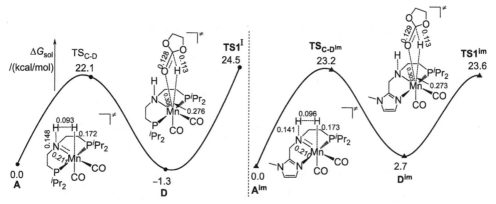

图 4-13 Mn–PNP 和 Mn–PNN 配合物催化氢气分子异裂以及碳酸亚乙酯还原的势能面图（键长单位：Å）

4.2.4 小结

本节运用密度泛函理论计算系统研究了 Mn–PNP 配合物催化碳酸亚乙酯氢化的反应机理。比较了内层和外层两种路径，结果表明内层路径是优势路径，决速步为碳酸亚乙酯还原的步骤，总的反应势垒为 25.8 kcal/mol，低于外层路径的 32.3 kcal/mol。优化的内层机理首先是预催化剂活化，随后 Mn–H 结构亲核进攻以及接下来 N–H 基团的质子转移，导致碳酸亚乙酯开环生成链状中间体 2-羟乙基甲酸酯，接着 2-羟乙基甲酸酯以及甲醛的还原均经历类似的两步反应得到副产物乙二醇和产物甲醇。内层路径低的反应势垒可能归功于稳定的中间体 $CH_3O–Mn$ 配合物的形成，实验中亦检测到类似中间体的存在。此外通过比较 Mn–PNN 与 Mn–PNP 配合物的 Mn–H 键长、氢原子的电荷布局以及氢解离能，证实咪唑基供电子能力强于二异丙基膦。强供电子基一方面增加了 Mn 中心的电子云密度，不利于 Mn–H 成键；另一方面增强了 Mn–H 结构的亲核性，有利于其亲核进攻反应底物。综合考虑这两方面，进一步比较了两种催化剂在内层路径中催化氢气分子异裂以及碳酸亚乙酯还原的步骤，发现 Mn–PNN 配合物催化氢气分子异裂的反应势垒更高，而催化碳酸亚乙酯还原的势垒更低，证实了 Mn–PNP 配合物有利于催化氢气分子活化，而 Mn–PNN 配合物在催化碳酸亚乙酯还原方面表现出更强的催化活性。目前的理论计算结果不仅合理解释了实验现象，而且对有机碳酸盐加氢这一重要反应的机理进行了深入探究，为筛选高效催化 CO_2 衍生物氢化的有机金属催化剂奠定一定的理论基础，提供一定的理论指导。

4.3　铱配合物催化乙酰丙酸加氢转化为 γ-戊内酯的反应机理[67]

本节使用 M06-L 泛函进行最低能量结构和过渡态的几何优化。对于 Ir，采用 LANL2DZ 赝势基组，并额外添加了极化函数（$\zeta_f = 0.938$）[68]。其余原子由标准 6-31G(d,p) 基组描述。在没有任何对称性约束的情况下，首先在气相中对中间体和过渡态进行全优化，然后基于 SMD 连续溶剂模型（根据实验的反应条件[33,34]，以水作为溶剂）重新优化。对所有结构进行频率分析，以确保所有优化结构处于最小值（零虚频率）或一阶鞍点（一个虚频率），并在 298.15 K 和 1 atm 下获得自由能，其中包括结构的振动、旋转和平移的熵贡献。IRC 分析用于确认过渡态连接了相应的反应物和产物。为了获得更精确的能量，使用 3-zeta 基组，即 TZVP（非金属原子）结合 LANL2TZ(f)（Ir）重新优化了几个关键结构。正如本节所示，2-zeta 和 3-zeta 基组计算结果一致。NBO 分析分子轨道和原子电荷。键级分析采用 Multiwfn 3.7 程序的 Mayer 键级（MBO）[69]。利用 CYL 程序对重要结构进行可视化。

4.3.1　反离子不参与的反应路径

选择 4,4′-二甲氧基-2,2′-联吡啶配位的铱（Cp*Ir）作为代表性的半夹层铱配合物，本节首先探讨反离子不参与的加氢阶段。图 4-14 描述了相关的势能面以及驻点的几何示意图。随着 H_2 的引入以及 H_2O 和反离子 SO_4^{2-} 的离去，Cp*Ir 演化为中间体 **A**，为 H_2 分子在金属铱中心断裂做准备。接着通过 **TS$_A$**，克服 19.7 kcal/mol 的能垒，生成二氢物种 **B**。反应物乙酰丙酸进入系统，产生中间体 **C**。接下来乙酰丙酸的氢化有两种可能的反应路径：路径 1 为氢分子在金属铱中心断键，其中一个氢原子与铱成键，另一个氢原子转移到乙酰丙酸的酰基氧原子上。正如图 4-14 黑线条势能面所示，H—H 距离由 **TS$_B$** 中的 1.070 Å 拉长到中间体 **D** 的 1.468 Å，同时 H—O 和 C—O 距离分别由 **TS$_B$** 中的 1.200 Å 和 1.308 Å 缩短为中间体 **D** 的 1.007 Å 和 1.227 Å。路径 2 为图 4-14 灰线条势能面，氢原子质子化乙酰丙酸的酰基碳原子，与此同时酰基氧原子与金属铱成键。计算结果可见这两条路径的能垒分别为 55.5 kcal/mol 和 77.6 kcal/mol，如此高的反应势垒在实验条件下是不可能发生的，因此排除反离子不参与的反应路径。

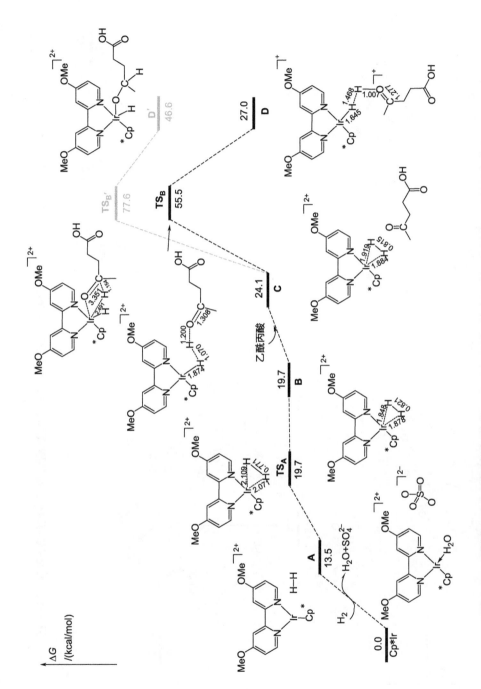

图4-14 反离子不参与的加氢过程势能面图，以及所涉及的中间体和过渡态的示意性结构（键长单位：Å）

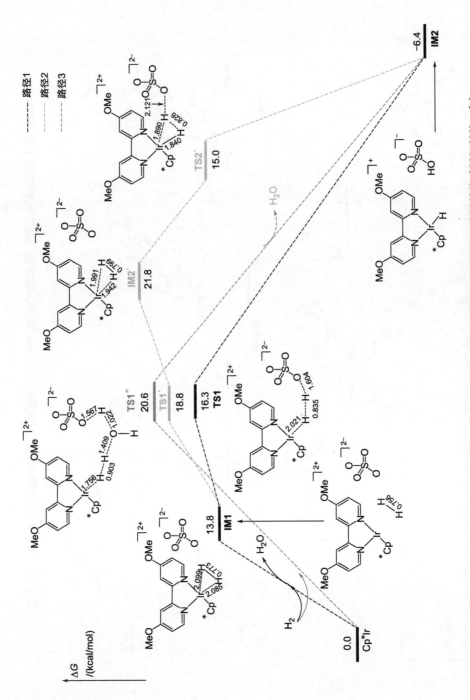

图 4-15 反离子参与的预催化过程势能面图，以及所涉及的中间体和过渡态的示意性结构（键长单位：Å）

4.3.2 反离子协助的反应路径

为了检查反离子效应，我们计算了反离子协助下可能的反应路径。图 4-15 是沿反应坐标的附有几何示意图结构的势能面图，显示了预催化阶段的计算结果。我们探讨了三种可能的路径。路径 1，在反离子 SO_4^{2-} 协助下，氢气异裂生成单氢铱配合物 **IM2**。路径 2 包括两个基元步骤：①与图 4-14 中 **A** 到 **B** 的转化过程类似，氢气分子在金属铱中心均裂，形成不稳定的二氢铱配合物 **IM2′**；②SO_4^{2-} 接受二氢铱配合物的一个氢原子，质子化为 HSO_4^-，同时得到单氢铱配合物 **IM2**。路径 3 与路径 1 类似，氢分子异裂，不同之处在于水分子扮演氢转移梭子的角色。其中水的氧原子接受氢气的一个氢原子，同时水分子的氢原子迁移到 SO_4^{2-}。比较三种可能的反应路径，可以清楚地看到，路径 1 的势垒为 16.3 kcal/mol，比路径 2 和路径 3 的势垒分别低 2.5 kcal/mol 和 4.3 kcal/mol。以上结果证实了反离子在氢气分子异裂中起着实质性的作用。

乙酰丙酸加氢反应的计算结果汇总在图 4-16 中。随着反应物乙酰丙酸进入体系，与活性催化剂 **IM2** 形成加合物 **IM3**，为接下来的加氢做准备。正如 **TS2** 结构所示，氢由金属铱中心转移到乙酰丙酸的酰基碳原子上，同时酰基氧与铱中心配位，经由四元环过渡态，克服 31.5 kcal/mol（**TS2** 与 **IM2** 的能量差值）的能垒，得到烷氧铱配合物 **IM4**，这一反应机理也被称为内层机理[70,71]。

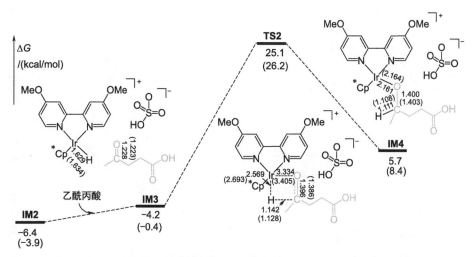

图 4-16 反离子参与的乙酰丙酸加氢过程势能面图，以及所涉及的中间体和过渡态的示意性结构（括号中数值为在 SMD/M06-L/TZVP/LANL2TZ(f)理论水平计算所得能量和键长；键长单位：Å）

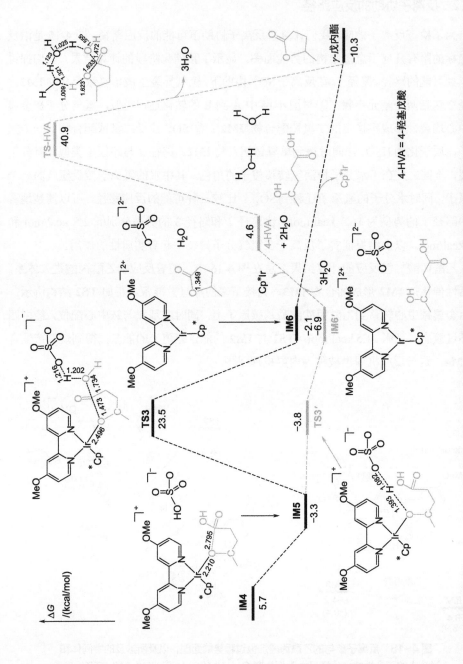

图 4-17 沿着分步路径（灰线）和协同路径（黑线）环化过程的势能面图，以及所涉及的中间体和过渡态的示意性结构（键长单位：Å）

接着，我们将注意力转向最后的环化过程。如图 4-17 所示，烷氧铱配合物 **IM4** 经过重排，演变成更稳定中间体 **IM5**。**IM5** 一旦形成，有两种可能的路径将其转化为目标产物。图 4-17 灰线条路径为分步路径，**IM5** 的烷氧基被 HSO_4^- 质子化生成 4-羟基戊酸中间体，这一步是一个无势垒的过程，非常容易进行。随着三个水分子引入系统，催化剂 Cp*Ir 复原，其余的两个水分子作为氢转移梭子协助 4-羟基戊酸酯化成环，这一步需要克服的能垒高达 47.8 kcal/mol（**TS-HVA** 和 **IM6'** 的能量差值）。此外，我们还考虑了 4-羟基戊酸直接分子内酯化的可能性，该过程的自由能垒为 49.4 kcal/mol。由此可见不经由金属铱中心的 4-羟基戊酸酯化不是一个有利的过程。受到 Fischmeister 课题组[34]提出的金属协助分子内环化反应机制的启发，我们提出了一条能量上更有利的路径，即协同路径。如图 4-17 黑线条路径所示，HSO_4^- 质子化反应底物的羧基官能团，同时底物氧原子亲核进攻羧基碳原子完成关环，生成产物γ-戊内酯。协同路径通过过渡态 **TS3**，活化势垒为 26.8 kcal/mol，远低于分步路径的势垒。值得注意的是，尽管有少量证据表明 4-羟基戊酸直接酯化是可行的，但并没有实验检测到 4-羟基戊酸中间体[72,73]。相比之下，我们的计算结果表明，金属铱协助的关环，即不经 4-羟基戊酸中间体的路径是优势路径，这与 Fischmeister 课题组的实验观察结果一致。

4.3.3　铱配合物结构与催化性能的关系

实验观察到 Cp*Ir 为催化剂时，即铱的联吡啶配体取代基为双 4-甲氧基时，γ-戊内酯的产率为 98%。联吡啶上没有取代基（Cp*Ir1），产率降到了 31%。而当联吡啶的取代基为双 4-羧基（Cp*Ir2）时，产率更是降低到了 1.9%。为了揭示取代基对铱配合物催化活性的影响，我们计算了 Cp*Ir1 和 Cp*Ir2 为催化剂时乙酰丙酸加氢的反应路径，并与 Cp*Ir 为催化剂进行了对比。如图 4-18 所示，显然 Cp*Ir1 和 Cp*Ir2 催化加氢过程分别涉及 31.9 kcal/mol（**1-TS2** 和 **1-IM3** 的能量差值）和 33.4 kcal/mol（**2-TS2** 和 **2-IM2** 的能量差值）的势垒，在能量上不如 Cp*Ir 催化加氢（31.5 kcal/mol，**TS2** 和 **IM2** 的能量差值）有利。这表明双 4-甲氧基联吡啶能够提高铱配合物的催化活性，没有 4-甲氧基或者被 4-羧基取代，催化活性都会降低，这与实验观察到的三种铱配合物的活性顺序一致。

这一事实可以通过分析三种铱氢配合物的性质来解释。显然，铱中心的电子密度越大，Ir–H 键的距离越远，从而增加了 Ir–H 的负氢解离能，有利于 Ir–H 键断裂。表 4-1 比较了 **IM2**、**1-IM2** 和 **2-IM2** 中铱原子的电荷、Ir–H 键的键长和键级。表 4-1 的 NBO 分析表明，**IM2** 中 Ir 原子的电荷为+0.127 e，而 **1-IM2** 和 **2-IM2** 分别为+0.155 e、

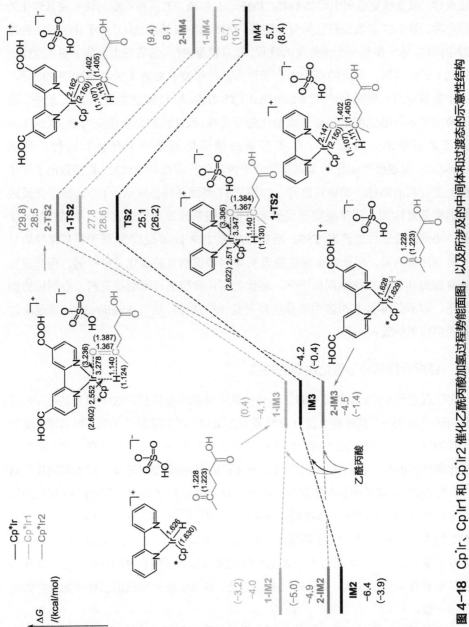

图 4-18　Cp*Ir、Cp*Ir1 和 Cp*Ir2 催化乙酰丙酸加氢过程势能面图，以及所涉及的中间体和过渡态的示意性结构（括号中数值为在 SMD/M06-L/TZVP/LANL2TZ(f) 理论水平计算所得能量和键长；键长单位：Å）

+0.203 e，证实了 Ir 中心的电子密度 **IM2** 大于 **1-IM2** 和 **2-IM2**。这归因于 **IM2** 中强的给电子基甲氧基的存在。相反，吸电子能力强的羧基导致 **2-IM2** 中铱中心的电子密度降低。另一方面，Ir-H 的键长顺序为 **IM2**＞**1-IM2**＞**2-IM2**，其键级顺序则相反。这些结果有助于我们理解不同金属铱配合物的催化活性，并证实了取代基的电子效应是影响铱配合物催化活性的主要因素。

表 4-1　铱的 NBO 电荷，IM2、1-IM2 和 2-IM2 中 Ir-H 键长与键级

项目	IM2	1-IM2	2-IM2
电荷 (Ir)/e	0.127	0.155	0.203
键长 (Ir-H)/Å	1.632	1.625	1.619
键级 (Ir-H)	0.846	0.849	0.850

　　进一步利用前线分子轨道理论研究氢迁移过程的反应性。众所周知，一个分子的最高占据轨道（HOMO）与另一个分子的最低未占据轨道（LUMO）间的能量差可以判断两个分子间的反应活性，HOMO 与 LUMO 能量差值越小，反应越容易发生。图 4-19（a）显示了三种铱氢配合物和反应底物乙酰丙酸的 HOMO 和 LUMO 能量。显

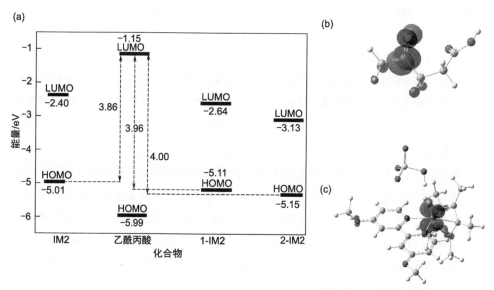

图 4-19　（a）IM2、1-IM2、2-IM2 和乙酰丙酸的 HOMO 和 LUMO 能量；
（b）乙酰丙酸的 LUMO 轨道；（c）IM2 的 HOMO 轨道

然，三者之中，**IM2** 的 HOMO 轨道和乙酰丙酸的 LUMO 轨道的能量差值（3.86 eV）最小。图 4-19（b）和（c）为乙酰丙酸的 LUMO 和 **IM2** 的 HOMO 轨道图。乙酰丙酸的 LUMO 轨道主要分布在羰基碳原子和氧原子的 p 轨道上，**IM2** 的 HOMO 轨道则集中在金属铱的 d 轨道。这些区域正是氢转移的活性位点，与图 4-16 和图 4-18 所示的氢迁移过渡态的结构相符合。以上结果表明，联吡啶配体上甲氧基官能团的存在有利于氢转移过程的进行。

4.3.4 反离子与水分子共同协助的反应路径

值得注意的是，尽管目前的结果能定性地解释实验现象，但是氢迁移的最低势垒为 31.5 kcal/mol，在实验温度 120 ℃条件下不容易克服。鉴于反应系统中有水分子，我们考虑了水分子和反离子同时协助的反应路径，计算结果列与图 4-20。对于预催化步骤，水分子的氢原子转移至 SO_4^{2-}，氢氧根与铱中心成键，形成 Ir-OH 物种 **Int1**。接着通过八元环过渡态 **TS$_{2-3}$** 形成单氢铱配合物 **Int3**，其中 HSO_4^- 作为氢转移梭子促进氢分子异裂。计算的反应势垒为 12.9 kcal/mol，低于图 4-15 所示仅有反离子参与的预催化反应势垒 16.3 kcal/mol。对于氢转移步骤，我们进一步考虑了外层机制[74-76]。正如 **TS$_{4-5}$** 的几何结构所示，Ir-H 配合物和水分子协同促进乙酰丙酸的 C=O 单元还原，导致中间体 **Int5** 生成。**Int5** 进一步通过八元环过渡态 **TS$_{5-6}$**，演化为烷氧基铱中间体 **Int6**。其中，HSO_4^- 再次扮演氢转移梭子的角色，一方面质子化与铱成键的氢氧根，另一方面接受底物的氢原子。综合来看，决速步为外层的氢迁移过程，能垒为 18.8 kcal/mol（**TS4-5** 与 **Int3** 的能量差值），远低于图 4-16 所示内层氢迁移的反应势垒。计算结果表明对于金属辅助环化阶段，水和反离子共同参与的反应路径的势垒为 30.3 kcal/mol，比仅有反离子参与的（图 4-17）势垒增高了 3.5 kcal/mol，因此理论上排除该路径。

基于以上计算结果，图 4-21 给出优势反应路径的轮廓图。乙酰丙酸转化为 γ-戊内酯可分为四个阶段：①氢气分子与 **Int1** 反应，通过氢分子异裂以及氢转移生成单氢铱配合物 **Int3**；②乙酰丙酸的 C=O 键被协同还原；③氢迁移以及脱水生成烷氧基铱配合物 **IM5**；④金属协助关环生成 γ-戊内酯。决速步为关环步骤，能量跨度为 26.8 kcal/mol（**TS3** 与 **IM5** 的能量差值）。大多数基元步骤中，HSO_4^- 作为氢转移梭子协助氢迁移，水分子则充当氢供体。

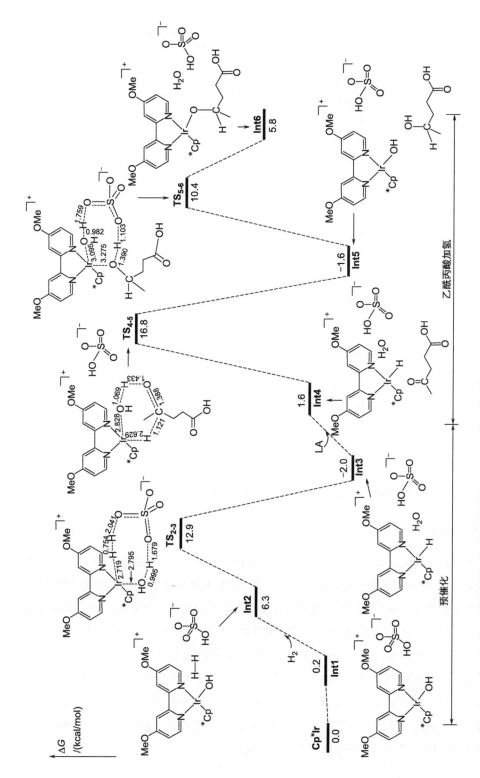

图4-20 反离子与水分子共同协助的预催化和乙酰丙酸加氢的势能面图，以及所涉及的中间体和过渡态的示意性结构（键长单位：Å）

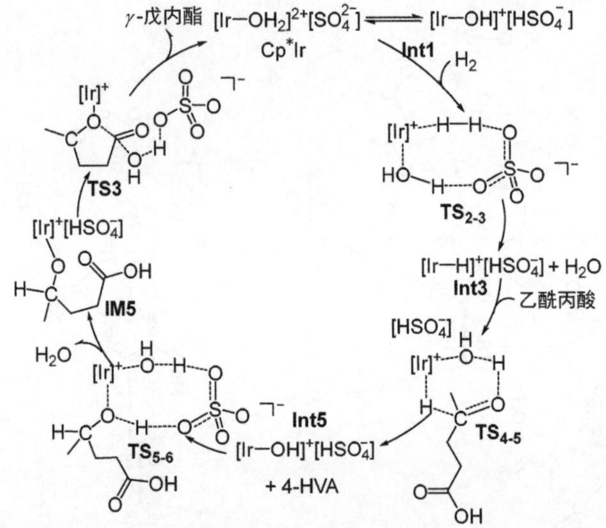

图 4-21 乙酰丙酸转化为 γ-戊内酯的最优反应路径轮廓图

最后，探讨二吡啶胺配位的铱配合物（[Cp*Ir(dpa)(SO₄)]）的催化性能。图 4-22 为乙酰丙酸 C=O 键还原两种可能的 outer-sphere 路径：路径一（黑色）与图 4-20 所示乙酰丙酸加氢步骤高度相似；路径二（灰色）涉及另一个可以作为氢供体的 NH 单元。显然，与前者相比，后者的能垒高了 3.7 kcal/mol。因此可以排除远程-NH 官能团协助的可能性。此外，金属协助关环则经由过渡态 TS3dpa 发生，相对能量为 24.8 kcal/mol。这一能量低于图 4-17 所示铱结合二吡啶催化环化的势垒。理论计算结果与实验观察到的铱结合二吡啶胺催化的转化数更高的结果相一致。

4.3.5 小结

本节通过密度泛函理论详尽地阐明 Cp*Ir 配合物催化乙酰丙酸转化为 γ-戊内酯的反应机理。优势反应机理主要包括氢气分子在 Ir-OH 物种中心异裂生成单氢铱配合物，协同的乙酰丙酸 C=O 键还原，接着氢迁移以及脱水产生烷氧基铱配合物，最后关环生成 γ-戊内酯。水分子和反离子分别扮演氢供体以及氢转移梭子的角色促进加氢过程。至于最后的环化步骤，最佳的反应路径为金属 Ir 和抗衡离子共同协助的脱水-环化，而不是 4-羟基戊酸直接分子内酯化。计算结果进一步证实当配体吡啶环上的取代基为供电子基时，增加了 Ir 中心电子密度，有利于 Ir-H 键的断裂，从而降低反应势垒。此外，二吡啶胺配体显示出比二吡啶配体更好的催化活性。所得结果不仅合理解释了实验现象，而且揭示了半夹心铱配合物的催化作用。

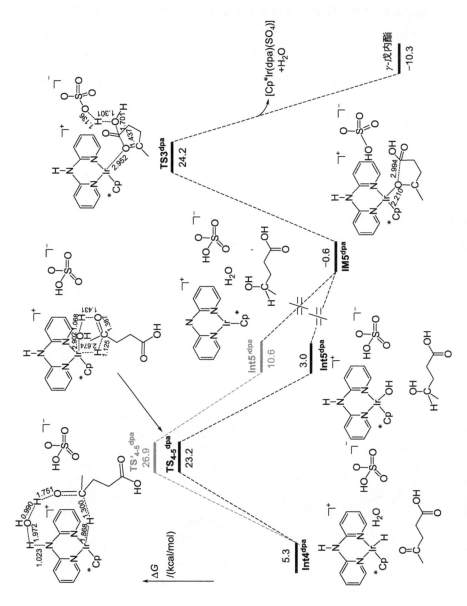

图 4-22 二吡啶胺配位的铱配合物（[Cp*Ir(dpa)(SO₄)]）催化乙酰丙酸加氢以及环化的势能面图，以及所涉及的中间体和过渡态的示意性结构（不等号表示省略其间转化过程；键长单位：Å）

4.4 铁配合物催化乙酰丙酸乙酯加氢转化为 γ-戊内酯的反应机理[77]

本节所有计算均采用 UOLYP 泛函，UOLYP 泛函被证实能够合理描述铁基配合物的多重态结构以及构型[78]。Fe 原子使用赝势 LANl2DZ 基组，其余所有原子均选用标准 6-31G(d,p)基组。在同一理论水平上考虑了溶剂化效应，为了模拟真实的反应环境，选择与实验一致的 1,4-二噁烷为溶剂[45]。利用 SMD 溶剂化模型来模拟溶剂化效应，溶剂参数包括：介电常数 ε=2.2099，折射率 n=1.4204，表面张力 γ=47.14，Abraham 氢键碱度 β=0.64。在此理论水平上对所有反应物、中间体、过渡态和产物进行了未加任何对称性限制的几何优化，同时计算振动频率，以验证所有驻点是否对应着真正的局域最小点（没有虚频）或者一级鞍点（有一个虚频）。本节中所提供的能量是考虑了构型的转动、振动和平动这些熵的贡献，在 298.15 K、1 atm（101325 Pa）下的吉布斯自由能。利用 CYL 程序对重要结构进行可视化。进一步地，在相同计算水平上，利用 Multiwfn 3.7 软件计算了相关结构的 Mayer 键级[69]。

如图 4-23 所示，傅尧课题组[45]提出 Fe(CF₃SO₃)₂/PP₃ 催化乙酰丙酸乙酯转化为 γ-戊内酯可能的反应机理。反应初始配位能力强的甲酸根取代 CF₃SO₃ 负离子与 Fe 成键，生成甲酸根双配位的 Fe 配合物[Fe(η^2-O,O)(PP₃)]⁺，随着甲酸根配位方式的改变，导致单配位 Fe 配合物[Fe(η^1-O)(PP₃)]⁺生成，再经由 β-H 消除，释放出 CO₂，甲酸盐的氢原子与 Fe 配位，生成活性催化剂[FeH(PP₃)]⁺。接着反应物乙酰丙酸乙酯进入反应系统，其羰基氧与 Fe 配位，羰基碳加氢生成 4-羟基戊酸乙酯前驱物，随着一个甲酸分

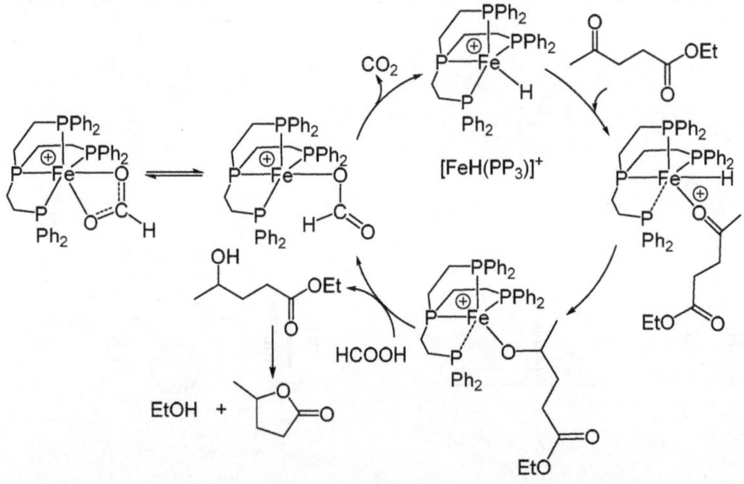

图 4-23 傅尧课题组[45]推测的甲酸为氢源，铁配合物催化乙酰丙酸乙酯转化为 γ-戊内酯的反应机理

子的引入，该前驱物被质子化，得到 4-羟基戊酸乙酯，同时催化剂复原。最后 4-羟基戊酸乙酯通过分子内脱醇-关环形成目标产物 γ-戊内酯。基于文献提出的反应机理，本节对这一重要的生物质转化过程进行详细探讨，以期从微观水平上揭示铁苯基膦配合物催化乙酰丙酸乙酯转化为 γ-戊内酯的反应机制。

4.4.1 预催化过程

Fe 原子存成多种自旋态，本节首先讨论单重态和三重态下预催化剂活化的反应路径，图 4-24 显示了相关势能面图以及所涉及中间体和过渡态的几何示意结构。单重态下以甲酸根双配位的 $[Fe(\eta^2\text{-O,O})(PP_3)]^+$ 为反应起点，沿反应路径演化到 ^{1}**TS1**，通过甲酸根的转动，一个氧原子向远离 Fe 原子的方向转动，同时另一个氧原子占据第一个氧原子的位置，导致其中一个 Fe–O 键断裂以及甲酸根的氢原子接近 Fe 中心，生成甲酸根单配位的中间体 $[Fe(\eta^1\text{-O})(PP_3)]^+$（^{1}**IM2**）。与单重态相比，三重态 ^{3}**IM1** 的能量更低，比单重态稳定了 9.7 kcal/mol。

值得注意的是，三重态 $[Fe(\eta^2\text{-O,O})(PP_2)]^+$ 五配位结构更稳定，其中一个膦配体与 Fe 断键，Fe–P 的距离拉长为 5.402 Å。在膦配体与 Fe 重新成键的驱动下，甲酸根配位方式重置，由甲酸根双配位的 Fe 配合物转化为单配位的 Fe 配合物 ^{3}**IM2**。正如图 4-24 中 ^{3}**TS1** 结构所示，Fe–P 的距离缩短为 4.422 Å，最终形成中间体 ^{3}**IM2**，Fe–P 的键长缩短为 2.523 Å。纵观单重态和三重态下甲酸根配位方式重置的势能面图，很清晰地看到初始三重态结构较为稳定，然而单重态的 ^{1}**TS1** 在能量上比三重态的 ^{3}**TS1** 稳定了 12.8 kcal/mol，因此在 ^{3}**IM1** 和 ^{1}**TS1** 之间出现了势能面交叉。中间体 $[Fe(\eta^1\text{-O})(PP_3)]^+$ 三重态能量低于单重态，^{1}**TS1** 到 ^{3}**IM2** 的转变再次出现势能面交叉。

由三重态的 $[Fe(\eta^1\text{-O})(PP_3)]^+$ 开始，经由过渡态 ^{3}**TS2**，克服 6.4 kcal/mol 的势垒（^{3}**IM1** 与 ^{3}**TS2** 的能量差值），甲酸根的氢原子朝向 Fe 中心扭转，形成中间体 ^{3}**IM3**。接着通过势垒为 24.4 kcal/mol 的四元环过渡态 ^{3}**TS3**，完成甲酸根 β-H 消除，释放 CO_2，得到活性催化剂 $[FeH(PP_3)]^+$，其能量低于反应入口 15.9 kcal/mol。与此相比，单重态势能面下，中间体 ^{1}**IM2** 的甲酸根在 agostic 抓氢作用的协助下，氢原子与 Fe 中心配位，形成中间体 ^{1}**IM3**。值得注意的是，Fe–H 的距离由 ^{1}**IM2** 中的 3.830 Å 缩短到 ^{1}**IM3** 中的 1.620 Å，表明 Fe–H 键已形成，而 C–H 的距离由 ^{1}**IM2** 中 1.113 Å 仅拉长到 ^{1}**IM3** 中 1.303 Å，表明虽然 C–H 键有断裂的趋势，但是还存在弱的相互作用。因此中间体 ^{1}**IM3** 再经由过渡态 ^{1}**TS3**，C–H 键完全断裂，生成活性催化剂 $[FeH(PP_3)]^+$，整个步骤放热 8.0 kcal/mol。这部分反应中，各个驻点三重态的能量均低于单重态，因此反应主要在三重态势能面上进行。

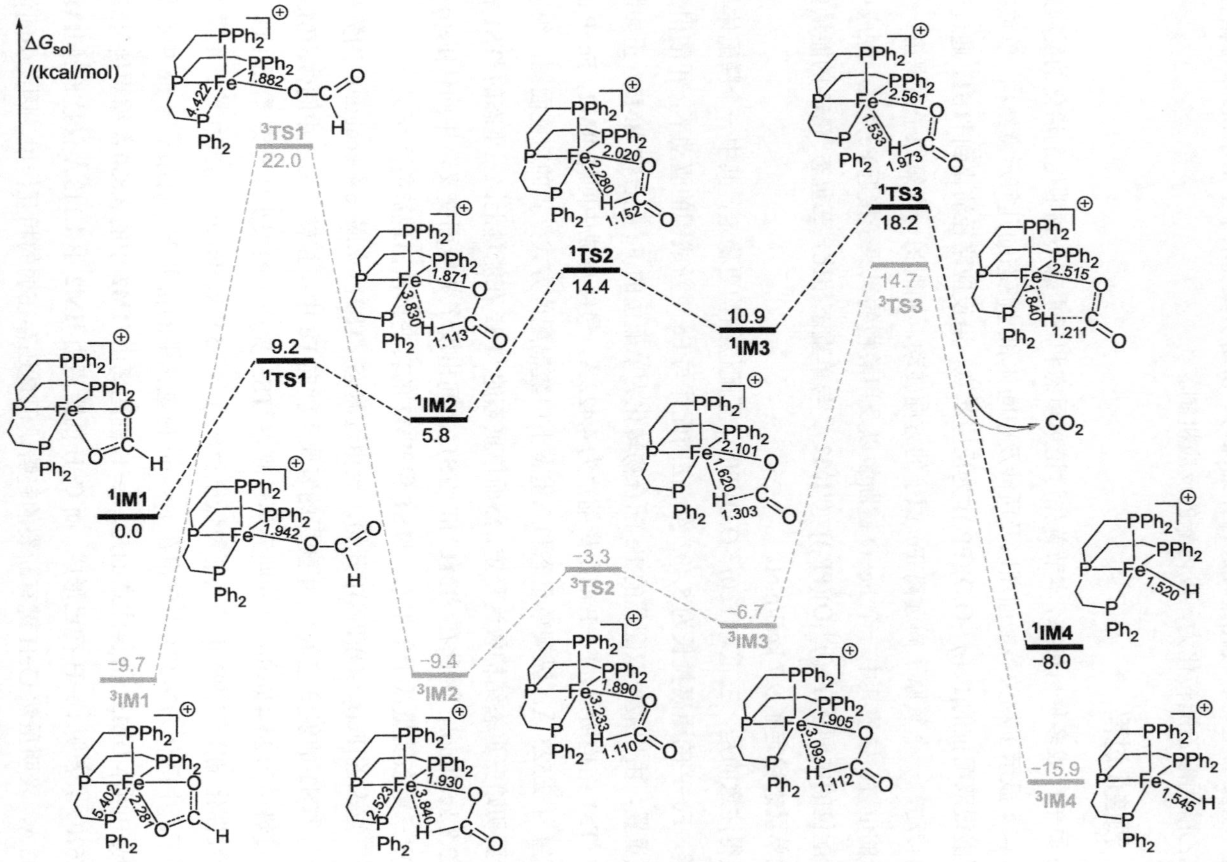

图 4-24 单重态（黑线）、三重态（灰线）下活性催化剂[FeH(PP₃)]⁺形成的势能面以及相关结构的几何示意图（键长单位：Å）

综上所述，预催化剂活化以三重态为主，甲酸根由双配位到单配位转变过程出现势能面交叉，整个预催化剂活化需克服 24.4 kcal/mol（³**IM1** 与 ³**TS3** 的能量差值），放热 15.9 kcal/mol。

图 4-25 给出了预催化过程涉及的关键过渡态的几何优化构型。过渡态 ¹**TS1** 对应的振动模式表明，甲酸根一个氧原子正在远离 Fe 中心，而另一个氧原子正在靠近 Fe 中心，距离为 1.942 Å，表明甲酸根的配位方式正在由双配位向单配位转变。在 ³**TS2** 中，Fe–O 和 Fe–H 键长分别为 1.890 和 3.233 Å，其对应的振动模式显示甲酸根的氢原子正逐渐靠近 Fe 中心。³**TS3** 结构中 Fe–H 距离缩短至 1.840 Å，Fe–O 和 C–H 键长分别为 2.515 和 1.211 Å，其对应的振动模式预示着甲酸根即将完全分解，即 β-H 消除即将完成。

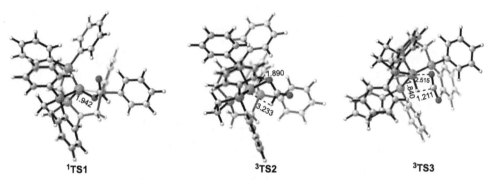

图 4-25 图 4-24 中涉及到的关键过渡态的优化结构

4.4.2 乙酰丙酸乙酯转化为 γ-戊内酯的分子机制

[FeH(PP₃)]⁺ 催化乙酰丙酸乙酯转化为 γ-戊内酯的势能面和附有几何参数的结构汇总在图 4-26 中。以结构稳定的三重态 [FeH(PP₃)]⁺ 为起点，随着反应物乙酰丙酸乙酯进入反应体系，并通过羰基氧与 Fe 中心配位，中间体 ³**IM4** 演化为 ³**IM5**，经由四元环过渡态 ³**TS4**，羰基碳原子被 Fe–H 质子化，克服 31.2 kcal/mol（³**IM4** 与 ³**TS4** 的能量差值）的能垒转化为能量较低的单重态中间体 ¹**IM6**。接着一个甲酸分子作为氢源引入反应体系，¹**IM7** 到 ³**TS5** 再次出现势能面交叉，生成 ³**IM8**，得到了 4-羟基戊酸乙酯与 [Fe(η^2-O)(PP₂)]⁺ 的配合物 ³**IM8**。通过以上两步反应实现了乙酰丙酸乙酯羰基碳原子与氧原子的质子化。这部分反应中，大部分驻点的三重态能量低于单重态，反应主要在三重态势能面上进行，在 ³**TS4** 和 ¹**IM6** 以及 ¹**IM7** 和 ³**TS5** 出现了势能面交叉。

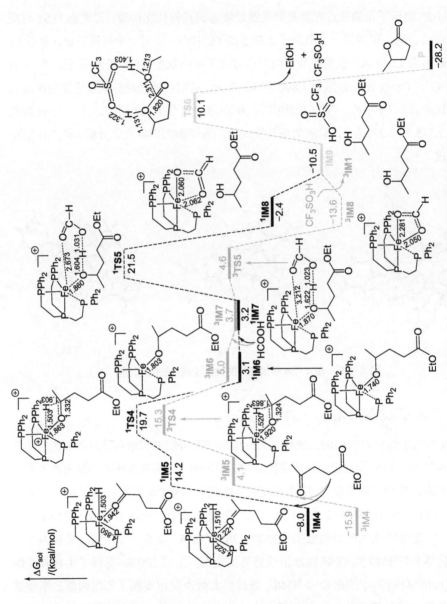

图 4-26 单重态（黑线）、三重态（灰线）下[FeH(PP₃)]⁺配合物催化乙酰丙酸乙酯转化为γ-戊内酯的势能面以及相关结构的几何示意图（键长单位：Å）

至于最后的分子内脱醇-关环步骤，考虑到催化体系中存在 CF_3SO_3 负离子，选择质子化的 CF_3SO_3H 分子作为助催化剂。随着 $[Fe(\eta^2\text{-}O)(PP_2)]^+$ 的离去以及 CF_3SO_3H 分子的引入，^{3}**IM8** 转化为 **IM9**。目标产物 γ-戊内酯的生成经由八元环过渡态 **TS6**，翻越 20.6 kcal/mol（**TS6** 与 **IM9** 的能量差值）的能垒，其中 CF_3SO_3H 扮演氢转移梭子角色，一方面接受底物 4-羟基戊酸乙酯羟基上的氢原子，O–H 距离为 1.131 Å；另一方面其质子转移到 4-羟基戊酸乙酯乙氧基的氧原子上，O–H 距离为 1.213 Å，导致底物氧原子进攻羰基碳原子，完成分子内脱醇以及关环。

综上所述，整个反应速决步为乙酰丙酸乙酯羰基碳原子质子化的步骤，势垒为 31.2 kcal/mol，最终产物能量低于反应入口 28.2 kcal/mol，是热力学和动力学均支持的过程。图 4-27 显示了 $[FeH(PP_3)]^+$ 催化乙酰丙酸乙酯转化为 γ-戊内酯过程中涉及过渡态的几何优化构型。在四元环过渡态 ^{3}**TS4** 中，C–H、Fe–H、Fe–O 和 C–O 键长分别为 1.863、1.520、1.920 和 1.324 Å，其对应的振动模式显示 H 原子正在由 Fe 中心转移至 C 原子上，碳氧双键逐渐拉长。六元环过渡态 ^{3}**TS5** 的结构参数和振动模式均表明甲酸正在分解为甲酸根和氢原子，分别与 Fe 中心以及氧原子成键。而八元环过渡态 **TS6**，无论是结构参数还是振动模式都暗示着 CF_3SO_3H 作为氢转移中介协助分子内脱醇成环。

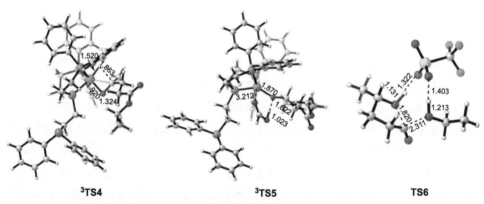

^{3}TS4　　　　　　　　^{3}TS5　　　　　　　　TS6

图 4-27　图 4-26 中涉及的关键过渡态的优化结构（键长单位：Å）

此外，进一步探讨了以一个水分子、两个水分子以及甲酸分子作为氢转移梭子的情况，并与 CF_3SO_3H 作对比，相应的势能面图汇总在图 4-28 中。**TS6ᵃ**、**TS6ᵇ** 和 **TS6ᶜ** 分别对应甲酸分子、两个水分子以及一个水分子协助 4-羟基戊酸乙酯分子内脱醇成环的过渡态，相对能垒分别为 27.1、37.1 和 34.1 kcal/mol，均高于 CF_3SO_3H 作为氢转移梭子的能量（20.6 kcal/mol），这意味着，与甲酸以及水分子相比，CF_3SO_3H 是一个有效的氢转移梭子，因为其有着相对强的氢给予以及氢接受能力。

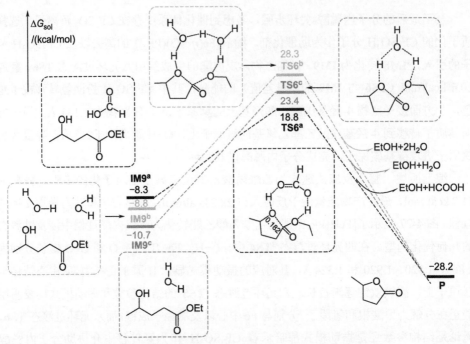

图4-28 甲酸（黑线）、一个水分子（灰线）以及两个水分子（浅灰线）协助下，4-羟基戊酸乙酯环化生成γ-戊内酯的势能面图和几何结构示意图

4.4.3 金属类型对催化活性的影响

实验研究发现，当配体相同，金属 Fe 被 Co 或者 Ru 取代，同一实验条件下催化剂催化活性明显减弱。为了探讨不同金属催化剂对加氢反应的影响，表 4-2 比较了 Fe、Co 和 Ru 催化体系所涉及关键中间体和过渡态的能量。Fe 催化体系决速步势垒为 31.2 kcal/mol，而 Co 和 Ru 体系分别为 39.5 和 38.7 kcal/mol。计算结果表明 Fe 催化体系的性能优于 Co 和 Ru 体系。如图 4-29 所示，这主要是由于与 Fe 相比，Co 中心电子云密度小，Co–H 键的键能大（键长为 1.492 Å，键级为 0.788），其断裂需要更多的能量。而对于 Ru 催化体系，Ru 中心电子云密度大，尽管 Ru 与氢原子的成键能力弱（键长为 1.663 Å，键级为 0.743），但 Ru 与乙酰丙酸乙酯的羰基氧原子成键需要更多的能量。因此金属中心适宜的配位能力是筛选催化剂的关键。

表4-2　铁、钴和钌基催化体系中关键中间体和过渡态的能量

金属 M	ΔG/(kcal/mol)			势垒/(kcal/mol)
	IM4	IM5	TS4	IM4→TS4
Fe	−15.9	4.1	15.3	31.2
Co	−15.0	11.5	24.5	39.5
Ru	−10.9	17.5	27.8	38.7

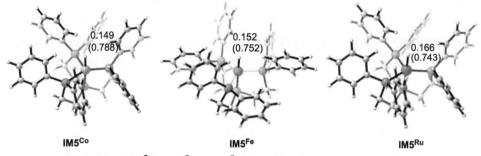

图 4-29　IM5^{Co}、IM5^{Fe} 和 IM5^{Ru} 的优化结构（括号中标注的为键级）

4.4.4　小结

本节基于密度泛函理论计算，探讨了甲酸为氢源，Fe(CF$_3$SO$_3$)$_2$/PP$_3$ 催化乙酰丙酸乙酯转化为 γ-戊内酯的反应机理。分析了单重态和三重态反应路径的热力学和动力学性质，结果表明除甲酸根由双配位到单配位转变过程出现势能面交叉外，反应主要在三重态势能面上进行，优势反应路径为甲酸根配位方式重置，β-H 消除得到活性催化剂 [FeH(PP$_3$)]$^+$，接着乙酰丙酸乙酯的羰基碳和羰基氧接连被 [FeH(PP$_3$)]$^+$ 质子化得到 4-羟基戊酸乙酯，最后经由 CF$_3$SO$_3$H 协助的分子内脱醇-关环生成目标产物 γ-戊内酯。此外通过与水分子以及甲酸分子作为氢转移梭子协助分子内脱醇成环的情况比较，证实 CF$_3$SO$_3$H 是一个有效的氢转移梭子。整个反应需要克服的最高能垒为 31.2 kcal/mol，产物能量低于反应入口 28.2 kcal/mol。进一步与金属中心为 Co 和 Ru 的催化活性相比较，证实金属适宜的配位能力是筛选催化剂的关键。理论计算结果不仅阐明了非贵金属铁苯基磷配合物催化乙酰丙酸乙酯转化为 γ-戊内酯的反应机理，并为进一步优化设计高性能的生物质转化催化剂提供一定的理论指导。

4.5　铱配合物催化甲酸脱氢的反应机理[79]

本节涉及的计算均在 M06-L 理论水平上完成，所使用的 M06-L 泛函能够准确地描述包含 Ir-催化的金属有机体系[80]。对 C、H、N、O 原子采用标准 6-31G(d,p) 基组，对过渡金属 Ir 原子使用赝势 LANL2DZ 基组，并对金属的 f 层加上极化函数，幂指数参数 ζ_f=0.938。对所有驻点和过渡态在气相中进行了未加任何对称性限制的全参数优化，并通过频率计算验证了所有的驻点（没有虚频）和一级鞍点（有一个虚频）。计算所提供的是 298.15 K 下的吉布斯自由能，考虑了结构的振动、转动和平动这些熵的贡献。使用 IRC 检测所有的过渡态是否对应着两个相关的能量局域最小点。之后在 SMD

连续介质模型中对气态下优化好的稳定结构进行单点能计算，从而得到溶剂化效应下的能量值。与实验[63]相对应，在理论计算中使用乙腈作为溶剂，其介电常数$\varepsilon=35.6$。一些关键结构使用更加精确的 3-zeta 基组〔TVZP 基组描述非金属原子，Ir 采用 LANL2TZ(f) 赝势基组〕，在 SMD 模型下进行优化，以此降低过高估计了的熵增加效应。有关结构的电子性质和 Wiberg 键指数（WBIs）由 NBO 分析获得。

4.5.1 对文献中提出反应机理的检测

首先，根据图 4-3 中显示的机制，出示计算得到的肖建良课题组[63]提出的甲酸脱氢催化循环的结果，反应分为三个步骤：氢迁移，脱氢以及催化剂还原。图 4-30 列出了势能剖面图以及沿着反应坐标驻点的示意性结构。正如图 4-3 所示，反应初始γ-NH 的氢迁移到与金属铱配位的 N 原子（α-N）上。肖建良课题组[63]推测这一过程中甲酸作为氢转移梭子协助氢转移：氢原子由γ-NH 单元转移到甲酸的羰基氧上，与此同时，甲酸的羟基氢原子转移到α-N 原子上，导致含有α-NH 官能团中间体 **a** 的生成。因此，如图 4-30（a）所示，反应初始甲酸分子与 Cp*IrH 中γ-NH 官能团的质子通过氢键作用形成配合物 **IM1**。**IM1** 到 **IM2** 的转变对应着图 4-3 中 Cp*IrH 到结构 **a** 的转变。这一过程经由 **TS$_{1-2}$** 克服 27.3 kcal/mol 的势垒，吸收 16.0 kcal/mol 的能量。

接下来的脱氢过程对应着由 **IM2** 到 **IM4** 的转变。在 **IM2** 中，Cp*IrH 是含有α-NH 官能团的单氢配位的配合物。**IM2** 经由 **TS$_{2-3}$**，演化为 Cp*IrH 呈双氢配位特征的中间体 **IM3**。**IM3** 在能量上高于反应入口 25.5 kcal/mol，它的生成需要克服 37.4 kcal/mol（和零点能比较）的势垒，暗示了这条路径并不是在温和条件下实现甲酸脱氢最有利的路径。然而，**IM3** 一旦生成，仅需克服 1.5 kcal/mol 的势垒便演化为 **IM4**，其能量高于反应入口 13.6 kcal/mol，为氢分子的解离做准备。接下来，**IM4** 中的氢分子解离，得到 **IM5**，完成了反应第二个阶段。

对于脱氢过程，即从 **IM2** 到 **IM4** 的转变，考虑了其他两条可能的反应通道。相关的结果在图 4-31 中显示，如 **TS$_{2'-3'}$**（八元环结构）和 **TS$_{2''-3''}$**（六元环结构）所描述的，甲酸扮演氢转移梭子的角色，协助氢迁移。由于八元环和六元环结构的环张力减小，使得 **TS$_{2'-3'}$** 和 **TS$_{2''-3''}$** 能量低于 **TS$_{2-3}$**。

催化剂还原过程的计算结果归纳在图 4-30（b）中。这一阶段由三个基元步组成：质子化距金属中心较远的 N 原子，经由过渡态 **TS$_{5-6}$**，生成甲酸根与金属铱配位的中间体 **IM6**。Fagnou 等人[81]报道过类似的协同的金属化-去质子化（CMD）机制。之后在金属铱抓氢键作用的驱动下，通过碳氧单键旋转，**IM6** 异构化为 **IM7**，最后β-H 消除，释放出二氧化碳，催化剂 Cp*IrH 还原。三个基元步的势垒分别为 17.1、8.7 和 20.2 kcal/mol。

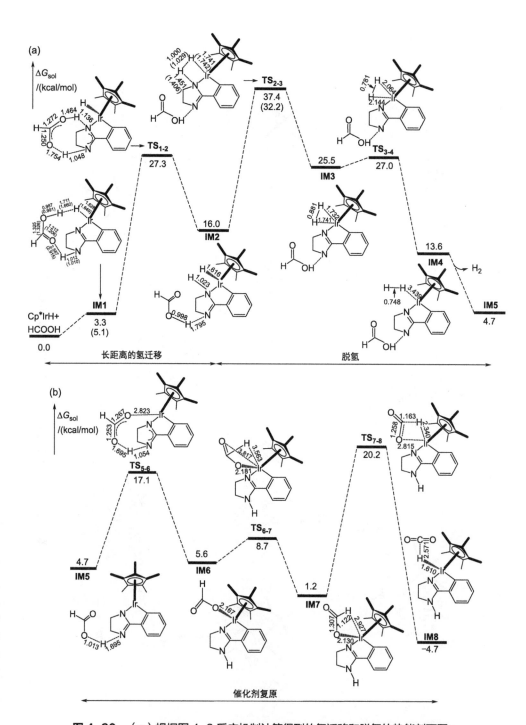

图 4-30 （a）根据图 4-3 反应机制计算得到的氢迁移和脱氢的势能剖面图；
（b）催化剂还原的势能剖面图（括号中数值代表在 M06-L 泛函结合 3-zeta 基组
理论水平计算所得能量和键长；键长单位：Å）

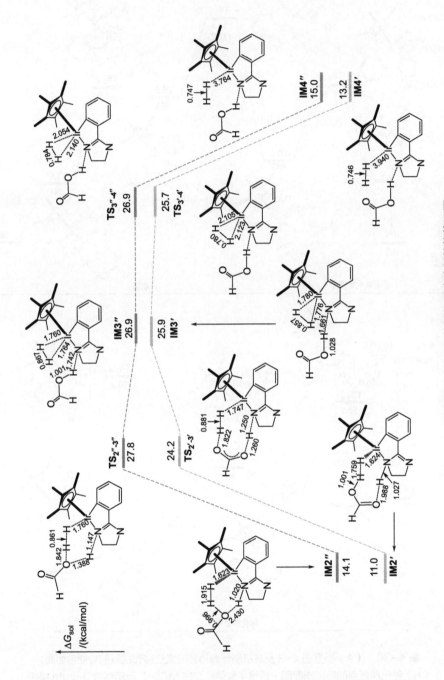

图 4-31 IM2 转化为 IM4 的其他反应路径的势能面图

综合考虑三个阶段，根据 Shaik 和 Kozuch[82-84]提出的能量跨度模型，二氢化物脱氢过渡态是整个的决速过渡态（图 4-31 中由 TS$_{3''-4''}$）。我们注意到 IM2 和 IM3 中的 Cp*IrH 分子分别对应着图 4-3 所示的结构 a 和 b，即 Cp*IrH 的两个同分异构体。相应地，比较结构 a 和 b 的稳定性，二者的能量比 Cp*IrH 分别升高了 12.0 和 26.2 kcal/mol。这表明 Cp*IrH 分子中 γ-NH 单元演化为 α-NH 单元以及之后形成二氢化物的过程在能量上是不利的，暗示着结构 a 和 b，特别是后者，19 电子的结构不是反应进行必须历经的中间体。

如图 4-32 所示，从 IM1 到 IM4 的转化，我们计算了一条能量有利的路径，即协同的氢分子形成路径，其中不涉及二氢化物。TS$_{1-4}$，甲酸抽提距金属中心较远的氮原子上的氢原子，同时甲酸分子中的氢原子迁移，与铱氢化物的氢原子成键，生成氢分子。这步的势垒为 23.1 kcal/mol，明显低于图 4-30（a）所示路径的势垒（37.4 kcal/mol）。图 4-33 显示了沿着 IRC 曲线，过渡态 TS$_{1-4}$ 关键键长的变化。可以看到，羟基氢原子

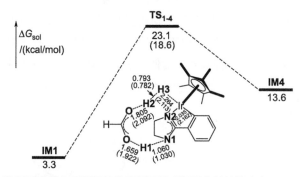

图 4-32 协同形成氢分子路径的势能剖面图（括号中数值代表在 M06-L 泛函结合 3-zeta 基组理论水平计算所得能量和键长；键长单位：Å）

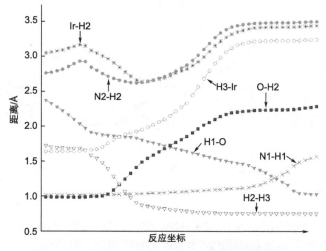

图 4-33 沿着 IRC 曲线，TS$_{1-4}$ 关键位置键长的变化

（H2）既没有转移到α-N 上，也不转移到金属中心，而是直接与铱氢化物的氢原子形成氢分子，同时γ-NH 的质子转移到羰基氧上。这样一个协同的氢分子形成路径明显不同于图 4-30 所示的分步路径。在有机金属化学领域，类似的配体辅助氢迁移的例子在几篇出版物中都有报道，包括 Fagnou 等人[81]提出的 CMD 机制，Macgregor 和 Davie[85]提出的两亲性金属配体活化（AMLA）机制，Lynam 和 Slattery[86]提出的配体辅助质子穿梭（LAPS）机制，以及 Perutz 和 Eisenstein[87]提出的配体到配体的氢转移（LLHT）机制。

4.5.2 γ-NH 官能团不参与的反应路径

为了进一步了解γ-NH 官能团在有效催化甲酸脱氢中所起到的作用，我们计算了γ-NH 官能团不参与反应或者被 O 原子取代的反应路径。

图 4-34 显示了γ-NH 官能团作为旁观者，甲酸分解的势能面图，主要列出了关键的决速步，即甲酸直接质子化铱氢化物的氢原子，形成氢分子的过程。由 $\mathbf{TS_{1\text{-}9}}$ 结构参数可知，甲酸质子化氢化物和甲酸根配位到金属铱中心同时进行，需要克服 27.8 kcal/mol 的势垒。这一过程本质上类似于 Ahlquist 等人[88]提出的金属铁的配合物催化甲酸脱氢的反应机制。明显地，与图 4-32 所示的反应路径相比，该路径所需克服的势垒高了 4.7 kcal/mol。

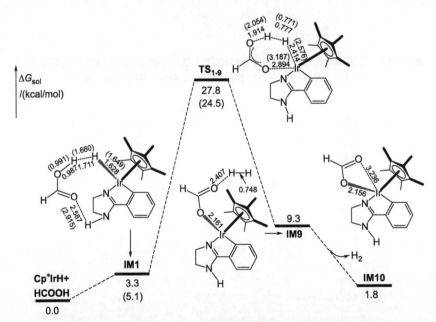

图 4-34 γ-NH 官能团作为旁观者，甲酸分解的势能剖面图（括号中数值代表在 M06-L 泛函结合 3-zeta 基组理论水平计算所得能量和键长；键长单位：Å） γ-NH 官能团被氧原子取代的反应机制列在图 4-35 中，甲酸经历三个基元步骤分解为氢气和二氧化碳。决速过渡态为 $TS_{1°-2°}$，与图 4-34 所示的类似，由于不存在 NH 官能团，分解只在金属铱中心进行。根据能量跨度模型，计算的能量跨度，即催化循环的表观活化能为 29.5 kcal/mol，仍然高于图 4-32 所示反应路径的活化能。以上计算结果证实，γ-NH 官能团在催化脱氢反应中扮演着关键性的角色，其他不涉及γ-NH 官能团的反应路径势垒都很高，不是有利的路径。

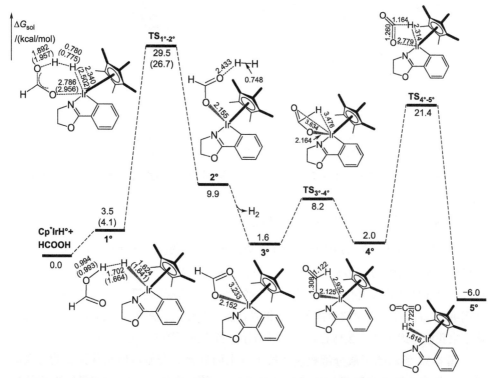

图 4-35 计算得到的γ-NH 官能团被氧原子取代的甲酸分解的势能剖面图（括号中数值代表在 M06-L 泛函结合 3-zeta 基组理论水平计算所得能量和键长；键长单位：Å）

这个事实可以通过分析过渡态的前线轨道以及过渡态中金属 Ir 的电荷分布来理解。在图 4-36 中，将 TS_{1-4} 与 TS_{1-9} 的 HOMO 轨道进行对比。很明显，在 TS_{1-4} 中，一方面，HOMO 轨道一部分电子离域在γ-NH 的质子与羰基氧形成的氢键区域，另一方面，金属铱的 d-轨道与相邻氮原子的 p-轨道的相互作用，明显有助于增加金属铱中心的电子密度，从而增大了 Ir—H 键的负氢解离能，利于其被甲酸质子化。而在 TS_{1-9} 的 HOMO 轨道中没有这样的电子效应，从而导致能量升高。正如计算得到的 NBO 电荷所显示的，TS_{1-4} 中 Ir 的电荷是 $+0.359\,e$，而 TS_{1-9} 中 Ir 的电荷是 $+0.410\,e$，进一步证实了前者金属中心的电子密度大。因此，γ-NH 官能团参与反应，经由过渡态 **TS₁₋₄** 的路径是优势路径。其他 γ-NH 官能团不参与或者没有 γ-NH 官能团的路径在能量上是不利的，这与肖建良课题组[63]得到的结论一致。

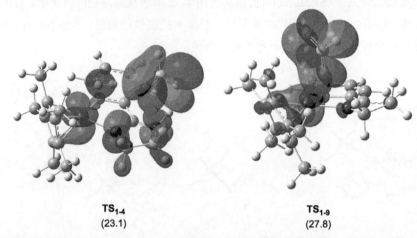

图 4-36　**TS₁₋₄** 和 **TS₁₄₋₁₅** 的 HOMO 轨道图（括号中数值为相对能量，单位：kcal/mol）

4.5.3　第二个甲酸分子协助的反应路径

值得注意的是，在溶液中甲酸分子可以通过分子间氢键形成稳定的二聚体。二聚体形成的能量大约为 15.0 kcal/mol[89]，意味着两个甲酸分子间存在着强的氢键作用，这可能对催化分解机制有重要影响，双官能团环金属铱催化甲酸分解涉及到长距离的金属-配体协同作用，甲酸单体不足以将双官能团催化剂的两个单元连接起来。因此，接下来我们考虑甲酸二聚体存在的反应路径，势能剖面图汇总在图 4-37 中。

图 4-37 所示的甲酸分解机制实质上与上面讨论的类似，但是基元步的势垒降低了，尤其是对于决速步，决速过渡态 **TS₁₁₋₁₂** 的能量明显降低，能量跨度降低到 20.5 kcal/mol，这比甲酸单体参与反应（图 4-32）所需的能量少了 2.6 kcal/mol。第二个甲酸协助使得甲酸分解所需的能量减少，这可以通过分析其中涉及的过渡态结构细节来理解。如图 4-37 所示，一方面，几乎所有的过渡态都是环状结构，通过氢键作用的二聚体连接了催化剂的两个官能团形成了非平面的超分子配合物。另一方面，大多数过渡态在甲酸和甲酸盐之间都存在着特殊的"氢键"作用（图 4-37 中虚线椭圆标记），这不同于 **IM11** 结构中典型的氢键，比如，**TS₁₁₋₁₂** 中 O2···H 和 H–O1 的距离分别是 1.515 Å 和 1.037 Å，而 **IM11** 中距离为 1.801 和 0.985 Å。为了理解这种非典型 O2···H–O1 氢键，我们比较了 **IM11** 和 **TS₁₁₋₁₂** 中 O2···H 和 H–O1 的 WBIs，对于后者，WBIs 值分别为 0.245 和 0.457，而前者为 0.056 和 0.633，意味着在 **TS₁₁₋₁₂** 中，O2···H

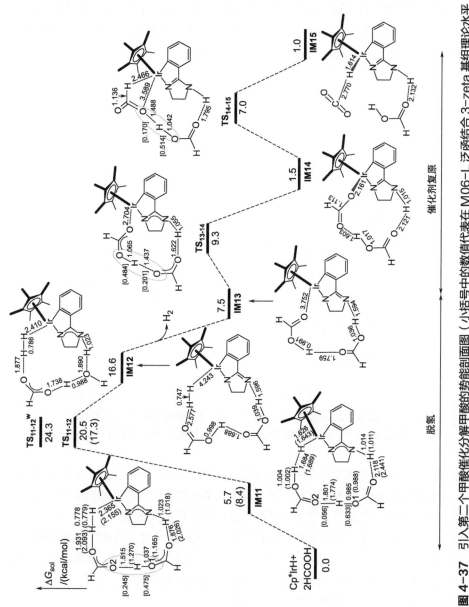

图 4-37 引入第二个甲酸催化分解甲酸的势能剖面图（小括号中的数值代表在 M06-L 泛函结合 3-zeta 基组理论水平计算所得能量和键长；中括号中标记的是 WBIs 值；键长单位：Å）

键相互作用比典型的氢键（**IM11**）作用强。图 4-38 显示了 **TS$_{11-12}$** 的 HOMO-2 轨道图，O2···H−O1 存在着三中心-四电子（3c-4e）的成键特征。众所周知，F$^-$···H$^+$···F$^-$ 存在典型的 3c-4e 的成键网，作为比较，图 4-38 也列出了 F$^-$···H$^+$···F$^-$ 的 WBIs 值和 3c-4e 的轨道图。可以清楚地看到，**TS$_{11-12}$** 中非典型的 O2···H−O1 氢键与 F$^-$···H$^+$··· F$^-$ 系统一样，都存在 3c-4e 的成键网[90-92]。Wang 等人[90]也报道过类似的甲酸与甲酸盐形成的 3c-4e 键。稳定的过渡态结构 **TS$_{11-12}$** 可能主要归功于离域的 3c-4e 键。

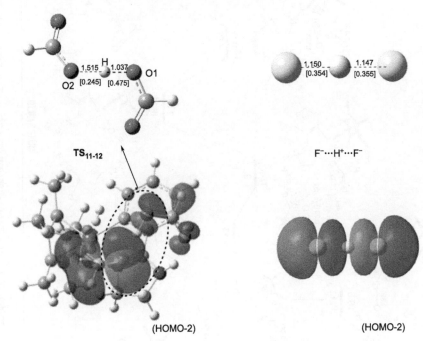

图 4-38　比较 **TS$_{11-12}$**的 3c-4e 键和 F$^-$···H$^+$···F$^-$典型的 3c-4e 结构参数，WBIs 值和分子轨道（键长单位：Å；方括号中的数字是 WBIs 值）

上面讨论的结果表明第二个甲酸的引入可以明显地促进甲酸分解，反应分为两个阶段：直接形成氢分子以及催化剂还原。与甲酸单体参与反应的路径相比，甲酸二聚体参与的反应称为"长距离分子间氢迁移实现的自催化协同脱氢"。

此外，我们也考虑了水分子替代甲酸分子，作为氢转移梭子的情况。如图 4-37 所示的脱氢阶段，**TS$_{11-12}$^{w}** 是对应的过渡态，相对能垒为 24.3 kcal/mol，意味着水分子与甲酸相比，不是一个有效的氢转移梭子，因为其具有相对弱的氢-接受以及氢-给予能力。因此，水分子参与的路径不做进一步考虑。

4.5.4　甲酸根参与的反应路径

事实上，溶液中甲酸和甲酸根这两种形式都可能存在，因此接下来，我们将注意

力转向甲酸根参与的反应路径。图 4-39 收集了计算结果，这一过程由三个阶段组成：①γ-NH 的氢转移到甲酸根上（**IM16→IM17**），同时甲酸质子化铱氢化物的氢原子，随后释放出氢分子（**IM17→IM18**）；②甲酸羟基氢原子重新转移到氮原子上，之后甲酸根与金属 Ir 中心配位（**IM18→IM20**）；③金属铱的配体甲酸根异构化（**IM20→IM21**），最后 β-H 消除（**IM21→IM22**），催化剂还原。

从图 4-39 所示的势能剖面图可以清晰地看到，起始的氢迁移是决速步，势垒为 24.3 kcal/mol，比甲酸二聚体反应路径的势垒高了 3.8 kcal/mol。这一事实可以通过比较两个类似却不相同的反应路径的决速步过渡态 **TS$_{11\text{-}12}$** 和 **TS$_{16\text{-}17}$** 的结构参数来理解。在 **TS$_{11\text{-}12}$** 中，甲酸与甲酸根分子之间氢迁移形成了 3c-4e 键，有利于电荷转移，从而稳定过渡态，与此相反，甲酸根参与的反应路径中 **TS$_{16\text{-}17}$** 不存在这样的 3c-4e 键。

为了评估计算结果的可靠性，我们对一些关键结构在高精度 SMD/M06-L/TZVP/LANL2TZ(f)理论水平上进行优化，包括图 4-30（a）中的 **IM1** 和 **TS$_{2\text{-}3}$**、图 4-32 中的 **TS$_{1\text{-}4}$**、图 4-34 中的 **TS$_{1\text{-}9}$**、图 4-37 中的 **IM11** 和 **TS$_{11\text{-}12}$**，以及图 4-39 中的 **IM16** 和 **TS$_{16\text{-}17}$**。重新优化后的能量及结构列在相关图的括号中，方便与单点计算的结构进行对照。比较可知，重新优化后的能量和结构有显著的变化，特别是图 4-32 中的 **TS$_{1\text{-}4}$**。对于 **IM1→TS$_{2\text{-}3}$**、**IM1→TS$_{1\text{-}4}$**、**IM1→TS$_{1\text{-}9}$**、**IM11→TS$_{11\text{-}12}$** 和 **IM16→TS$_{16\text{-}17}$**，重新优化后的能量分别为 32.2、18.6、24.5、17.3 和 23.7 kcal/mol，而单点计算的能量为 37.4、23.1、27.8、20.5 和 24.3 kcal/mol。这些结果表明，在溶剂中使用高精度的计算方法并没有显著提高相对能垒，特别是势能面图的能量趋势没有变化。因此，通过单点计算得出的结论具有可接受的准确性。

此外，为了评估基组重叠误差（BSSE）对能量的影响，在溶剂中使用高精度的 3-zata 基组计算了涉及分子数目变化的几个重要步骤，包括图 4-30（a）中 Cp*IrH +HCOOH 到 **IM1** 的转化，图 4-37 中 Cp*IrH +2HCOOH 到 **IM11** 的转化，图 4-39 中 Cp*IrH + HCOO⁻ + HCOOH 到 **IM16** 转化。**IM1**、**IM11** 和 **IM16** 精炼后相对能量分别为 5.1、8.4 和 5.8 kcal/mol。采用双 zeta 质量基组计算的相对能分别为 3.3、5.7 和 1.5 kcal/mol。由此可见随着基组增大，相对能量发生了变化。这意味着双-zeta 基组计算结果有重叠误差，因此只在定性角度上有一定的准确度。

最后，将催化循环的能量跨度与根据实验观察到的分解转化频率计算得到的表观活化能进行比较，对理论结果的合理性进行评价。根据公式：

$$\text{TOF} = \frac{k_B T}{h} e^{-\Delta G^{\#}/RT}$$

其中，k_B 为玻尔兹曼常数；h 为普朗克常量；R 为气体常数；T 为热力学温度。肖建良课题组报道的分解转化频率为 147000 h⁻¹，计算得到的表观活化能为 16.1 kcal/mol。从理论计算结果来看，该反应很可能通过 **TS$_{11\text{-}12}$** 发生，其自由能垒为 17.3 kcal/mol，这与实验研究结论一致。因此，在溶剂中使用 3-zeta 基组能够在定量上准确描述铱催化甲酸脱氢的反应。

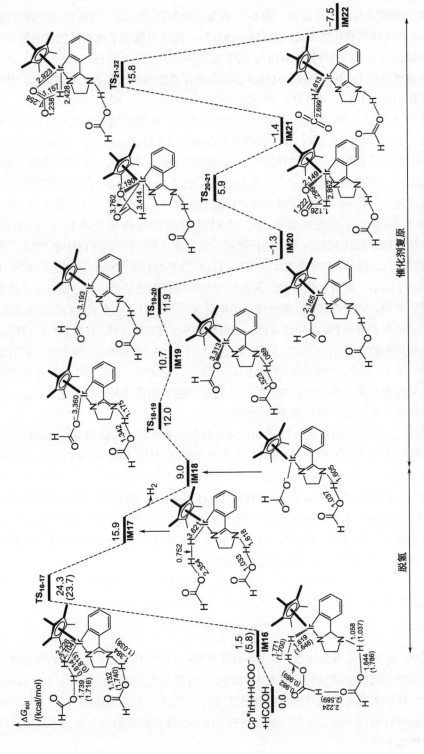

图 4-39　Cp*IrH 与 HCOOH + HCOO⁻ 反应的势能剖面图（括号中数值代表在 M06-L 泛函结合 3-zeta 基组
理论水平计算所得能量和键长；键长单位：Å）

4.5.5　小结

我们借助密度泛函理论计算，详细地研究了双官能团金属铱催化甲酸脱氢的反应机理。计算结果显示最佳的反应路径为甲酸自催化协同脱氢，其中一个甲酸分子作为质子给体，另一个甲酸分子扮演氢转移梭子的角色，这种反应机理不涉及文献中猜测的含有α-NH 官能团的中间体以及二氢配位的中间体，而是直接形成氢分子，随后催化剂还原。整个反应的决速步是生成氢分子的过程，需要克服 17.3 kcal/mol 的能垒。甲酸的高效催化分解可从以下三个方面理解：一是金属铱中心与邻位氮原子存在 d-pπ 共轭效应，增加了金属铱中心的电子密度，进而协助 Ir–H 键断裂；二是甲酸与甲酸根形成了离域的三中心四电子键，从而稳定过渡态，降低反应势垒；三是第二个甲酸的引入减小了中间体和过渡态结构的环张力。计算结果还证实了铱配合物中γ-NH 官能团的重要性，若其不参与反应或不存在，决速步势垒分别升高至 24.5 和 26.7 kcal/mol。目前的理论结果不仅很好地解释了实验结果，还对双官能团环金属铱配合物催化甲酸脱氢的机制细节提供了深入的探究。

参考文献

[1] Kothandaraman J, Goeppert A, Czaun M, et al. Conversion of CO$_2$ from air into methanol using a polyamine and a homogeneous ruthenium catalyst[J]. J Am Chem Soc, 2016, 138(3): 778-781.

[2] Dabral S, Schaub T. The use of carbon dioxide (CO$_2$) as a building block in organic synthesis from an industrial perspective[J]. Adv Synth Catal, 2019, 361(2): 223-246.

[3] Graciani J, Mudiyanselage K, Xu F, et al. Highly active copper-ceria and copper-ceria-titania catalysts for methanol synthesis from CO$_2$[J]. Science, 2014, 345(6196): 546-550.

[4] Liu C, Yang B, Tyo E, et al. Carbon dioxide conversion to methanol over size-selected Cu$_4$ clusters at low pressures[J]. J Am Chem Soc, 2015, 137(27): 8676-8679.

[5] Kim S H, Hong S H. Transfer hydrogenation of organic formates and cyclic carbonates: an alternative route to methanol from carbon dioxide[J]. ACS Catal, 2014, 4(10): 3630-3636.

[6] Rezayee N M, Huf C A, Sanford M S. Tandem amine and ruthenium-catalyzed hydrogenation of CO$_2$ to methanol [J]. J Am Chem Soc, 2015, 137(3): 1028-1031.

[7] Kar S, Sen R, Goeppert A, et al. Integrative CO$_2$ capture and hydrogenation to methanol with reusable catalyst and amine: toward a carbon neutral methanol economy[J]. J Am Chem Soc, 2018, 140(5): 1580-1583.

[8] Li Y N, Ma R, He L N, et al. Homogeneous hydrogenation of carbon dioxide to methanol[J]. Catal Sci Technol, 2014, 4(6): 1498-1512.

[9] Balaraman E, Gunanathan C, Zhang J, et al. Efficient hydrogenation of organic carbonates, carbamates and formates indicates alternative routes to methanol based on CO$_2$ and CO[J]. Nature Chem, 2011, 3(8): 609-614.

[10] Han Z, Rong L, Wu J, et al. Catalytic hydrogenation of cyclic carbonates: a practical approach from

CO$_2$ and epoxides to methanol and diols[J]. Angew Chem Int Ed Engl, 2012, 51(52): 13041-13045.

[11] Liu J, Yang G Q, Liu Y, et al. Metal-free imidazolium hydrogen carbonate ionic liquids as bifunctional catalysts for the one-pot synthesis of cyclic carbonates from olefins and CO$_2$[J]. Green Chem 2019, 21(14): 3834-3838.

[12] Sumit C, Dai H G, Papri B, et al. Iron-based catalysts for the hydrogenation of esters to alcohols[J]. J Am Chem Soc, 2014, 136 (22): 7869-7872.

[13] Srimani D, Mukherjee A, Goldberg A F G, et al. Cobalt-catalyzed hydrogenation of esters to alcohols: unexpected reactivity trend indicates ester enolate intermediacy[J]. Angew Chem Int Ed, 2015, 54(42): 12357-12360.

[14] Elangovan S, Topf C, Fischer S, et al. Selective catalytic hydrogenations of nitriles, ketones, and aldehydes by well-defined manganese pincer complexes[J]. J Am Chem Soc, 2016, 138(28): 8809-8814.

[15] Kaithal A, Holscher M, Leitner W. Catalytic hydrogenation of cyclic carbonates using manganese complexes[J]. Angew Chem Int Ed, 2018, 57(41): 13449-13453.

[16] Sonnenberg J F, Wan K Y, Sues P E, et al. Ketone asymmetric hydrogenation catalyzed by P-NH-P′ pincer iron catalysts: an experimental and computational study[J]. ACS Catal, 2017, 7(1): 316-326.

[17] Friedfeld M R, Shevlin M, Margulieux G. W, et al. Cobalt-catalyzed enantioselective hydrogenation of minimally functionalized alkenes: isotopic labeling provides insight into the origin of stereoselectivity and alkene insertion preferences[J]. J Am Chem Soc, 2016, 138(10): 3314-3324.

[18] Shevlin M, Friedfeld M R, Sheng H, et al. Nickel-catalyzed asymmetric alkene hydrogenation of α,β-unsaturated esters: high-throughput experimentation-enabled reaction discovery, optimization, and mechanistic elucidation[J]. J Am Chem Soc, 2016, 138(10): 3562-3569.

[19] Mika L T, Cséfalvay E, Németh Á. Catalytic conversion of carbohydrates to initial platform chemicals: chemistry and sustainability[J]. Chem Rev, 2018, 118(2): 505-613.

[20] Bender T A, Dabrowski J A, Gagné M R. Homogeneous catalysis for the production of low-volume, high-value chemicals from biomass[J]. Nat Rev Chem, 2018, 2(5): 35-46.

[21] Chatterjee M, Ishizaka T, Kawanami H. Hydrogenation of 5-hydroxymethylfurfural in supercritical carbon dioxide−water: a tunable approach to dimethylfuran selectivity[J]. Green Chem, 2014, 16(3): 1543-1551.

[22] Maldonado G M G, Assary R S, Dumesic J, et al. Acid-catalyzed conversion of furfuryl alcohol to ethyl levulinate in liquid ethanol[J]. Energy Environ Sci, 2012, 5(10): 8990-8997.

[23] Li H, Wang W, Deng J F. Glucose hydrogenation to sorbitol over a skeletal Ni-P amorphous alloy catalyst (Raney Ni-P)[J]. J Catal, 2000, 191(1): 257-260.

[24] Bozell J J. Connecting biomass and petroleum processing with a chemical bridge[J]. Science, 2010, 329(5991): 522-523.

[25] Bozell J J. Moens L, Elliott D C, et al. Production of levulinic acid and use as a platform chemical for derived products[J]. Resources, Conservation and Recycling: X, 2000, 28(3-4): 227-239.

[26] Li F, Li Z, France L J, et al. Highly efficient transfer hydrogenation of levulinate esters to γ-valerolactone over basic zirconium carbonate[J]. Ind Eng Chem Res, 2018, 57(31): 10126-10136.

[27] Bond J Q, Alonso D M, Wang D, et al. Integrated catalytic conversion of γ-valerolactone to liquid alkenes for transportation fuels[J]. Science, 2010, 327(5969): 1110-1114.

[28] Lange J P, Price R, Ayoub P M, et al. Valeric biofuels: a platform of cellulosic transportation fuels[J]. Angew Chem Int Ed, 2010, 49(26): 4479-4483.

[29] Dayma G, Halter F, Foucher F, et al. Experimental and detailed kinetic modeling study of ethyl pentanoate (ethyl valerate) oxidation in a jet stirred reactor and laminar burning velocities in a spherical combustion chamber[J]. Energy & Fuels, 2012, 26(8): 4735-4748.

[30] Serrano-Ruiz J C, Dumesic J A. Catalytic routes for the conversion of biomass into liquid hydrocarbon transportation fuels[J]. Energy Science, 2011, 4(1): 83-99.

[31] Osakada K, Yoshikawa S, Ikariya T. Preparation and properties of hydride triphenyl-phosphine ruthenium complexes with 3-formyl (or acyl) propionate [RuH(ocochrchrcor')(PPh$_3$)$_3$] (R=H, CH$_3$, C$_2$H$_5$; R'=H, CH$_3$, C$_6$H$_5$) and with 2-formyl (or acyl) benzoate [RuH(o-OCOC$_6$H$_4$COR')(PPh$_3$)$_3$] (R'=H, CH$_3$)[J]. J Organomet Chem, 1982, 231(1): 79-90.

[32] Li W, Xie J H, Lin H, et al. Highly efficient hydrogenation of biomass-derived levulinic acid to γ-valerolactone catalyzed by iridium pincer complexes[J]. Green Chemistry. 2012, 14(9): 2388-2390.

[33] Deng J, Wang Y, Pan T, et al. Conversion of carbohydrate biomass to γ-valerolactone by using water-soluble and reusable iridium complexes in acidic aqueous media[J]. ChemSusChem, 2013, 6(7): 1163-1167.

[34] Wang S, Huang H, Dorcet V, et al. Efficient iridium catalysts for base-free hydrogenation of levulinic acid[J]. Organometallics, 2017, 36(16): 3152-3162.

[35] Assary R S, Curtiss L A. Theoretical studies for the formation of γ-valero-lactone from levulinic acid and formic acid by homogeneous catalysis[J]. Chem Phys Lett, 2012, 541: 21-26.

[36] Van Slagmaat C A M R, Delgove M A F, Stouten J, et al. Solvent-free hydrogenation of levulinic acid to γ-valerolactone using a Shvo catalyst precursor: optimization, thermodynamic insights, and life cycle assessment[J]. Green Chemistry. 2020, 22(8): 2443-2458.

[37] Gao H, Chen J. Hydrogenation of biomass-derived levulinic acid to γ-valerolactone catalyzed by PNP-Ir pincer complexes: A computational study[J]. J Organomet Chem, 2015, 797: 165-170.

[38] Dai N, Shang R, Fu M, et al. Transfer hydrogenation of ethyl levulinate to γ-valerolactone catalyzed by iron complexes[J]. Chin J Chem, 2015, 33(4): 405-408.

[39] Deng L, Li J, Lai D M, et al. Catalytic Conversion of Biomass-Derived Carbohydrates into γ-Valerolactone without Using an External H$_2$ Supply[J]. Angew Chem Int Ed, 2009, 48(35): 6529-6532.

[40] Du X L, Liu Y M, Wang J Q, et al. Catalytic conversion of biomass-derived levulinic acid into γ-valerolactone using iridium nanoparticles supported on carbon nanotubes[J]. Chinese J Catal, 2013, 34(5): 993-1001.

[41] Geilen F M A, Engendahl B, Harwardt A, et al. Selective and flexible transformation of biomass-derived platform chemicals by a multifunctional catalytic system[J]. Angew Chem Int Ed, 2010, 49(32): 5510-5514.

[42] Stadler B M, Puylaert P, Diekamp J, et al. Inexpensive ruthenium NNS-complexes as efficient ester hydrogenation catalysts with high C=O vs C=C selectivities[J]. Adv Synth Catal, 2018, 360(6): 1151-1158.

[43] Padilla R, Jørgensen M S, Paixão M, et al. Efficient catalytic hydrogenation of alkyl levulinates to γ-valerolactone[J]. Green Chem, 2019, 21(19): 5195-5200.

[44] Boddien A, Mellmann D, Gärtner F, et al. Efficient dehydrogenation of formic acid using an iron

catalyst[J]. Science, 2011, 333(6050): 1733-1736.

[45] Fu M C, Shang R, Huang Z, et al. Conversion of levulinate ester and formic acid into γ-valerolactone using a homogeneous iron catalyst[J]. Synlett, 2014, 25(19): 2748-2752.

[46] Grasemann M, Laurenczy G. Formic acid as a hydrogen source-recent developments and future trends[J]. Energy Environ Sci, 2012, 5(8): 8171-8181.

[47] Schlapbach L, Zuttel A. Hydrogen-storage materials for mobile applications[J]. Nature, 2001, 414(6861): 353-358.

[48] Braden D J, Henao C A, Heltzel J, et al. Production of liquid hydrocarbon fuels by catalytic conversion of biomass-derived levulinic acid[J]. Green Chem, 2011, 13(7): 1755-1765.

[49] Joó F. Breakthroughs in hydrogen storage—formic acid as a sustainable storage material for hydrogen[J]. ChemSusChem, 2008, 1(10): 805-808.

[50] Herron J A, Scaranto J, Ferrin P, et al. Trends in formic acid decomposition on model transition metal surfaces: a density functional theory study[J]. ACS Catal, 2014, 4(12): 4434-4445.

[51] Silbaugh T L, Karp E M, Campbell C T. Energetics of formic acid conversion to adsorbed formates on Pt (111) by transient calorimetry[J]. J Am Chem Soc, 2014, 136(10): 3964-3971.

[52] Metin Ö, Sun X, Sun S. Monodisperse gold–palladium alloy nanoparticles and their composition-controlled catalysis in formic acid dehydrogenation under mild conditions[J]. Nanoscale, 2013, 5(3): 910-912.

[53] Matsunami A, Kayaki Y, Ikariya T. Enhanced hydrogen generation from formic acid by half-sandwich iridium(III) complexes with metal/NH bifunctionality: a pronounced switch from transfer hydrogenation[J]. Chem-Eur J, 2015, 21(39): 13513-13517.

[54] Guerriero A, Bricout H, Sordakis K, et al. Hydrogen production by selective dehydrogenation of HCOOH catalyzed by Ru-biaryl sulfonated phosphines in aqueous solution[J]. ACS Catal, 2014, 4(9): 3002-3012.

[55] Guan C, Pan Y, Zhang T, et al. An update on formic acid dehydrogenation by homogeneous catalysis[J]. Chem-Asian J, 2020, 15(7): 937-946.

[56] Czaun M, Goeppert A, Kothandaraman J, et al. Formic acid as a hydrogen storage medium: ruthenium-catalyzed generation of hydrogen from formic acid in emulsions[J]. ACS Catal, 2014, 4(1): 311-320.

[57] Himeda Y, Miyazawa S, Hirose T. Interconversion between formic acid and H_2/CO_2 using rhodium and Ruthenium Catalysts for CO_2 Fixation and H_2 Storage[J]. ChemSusChem, 2011, 4(4): 487-493.

[58] Tensi L, Yakimov A V, Trotta C, et al. Single-site iridium picolinamide catalyst immobilized onto silica for the hydrogenation of CO_2 and the dehydrogenation of formic acid[J]. Inorg Chem, 2022, 61(27): 10575-10586.

[59] Gorgas N, Kirchner K. Isoelectronic manganese and iron hydrogenation/dehydrogenation catalysts: similarities and divergences[J]. Acc Chem Res, 2018, 51(6): 1558-1569.

[60] Onishi N, Kanega R, Kawanami H, et al. Recent progress in homogeneous catalytic dehydrogenation of formic acid[J]. Molecules, 2022, 27(2): 455-468.

[61] Puddephatt R J, Yap G P A. An efficient binuclear catalyst for decomposition of formic acid[J]. Chem Commun, 1998, (21): 2365-2366.

[62] Hull J F, Himeda Y, Wang W H, et al. Reversible hydrogen storage using CO_2 and a proton-switchable iridium catalyst in aqueous media under mild temperatures and pressures[J]. Nature Chem, 2012, 4(5):

383-388.

[63] Barnard J H, Wang C, Berry N G, et al. Long-range metal-ligand bifunctional catalysis: cyclometallated iridium catalysts for the mild and rapid dehydrogenation of formic acid[J]. Chem Sci, 2013, 4(3): 1234-1244.

[64] 李婧婧, 阳园, 王金昭. Mn-PNP 催化碳酸亚乙酯氢化制甲醇的机理研究[J]. 分子科学学报, 2023, 39(1): 49-59.

[65] Kumar A, Janes T, Espinosa-Jalapa N A, et al. Manganese catalyzed hydrogenation of organic carbonates to methanol and alcohols[J]. Angew Chem Int Ed, 2018, 57(37): 12076-12080.

[66] Wang Y, Zhu L, Shao Z, et al. Unmasking the ligand effect in manganese-catalyzed hydrogenation: mechanistic insight and catalytic application[J]. J Am Chem Soc, 2019, 141(43): 17337-17349.

[67] Li J J, Yang Y, Di H H, et al. Cascade Hydrogenation-cyclization of levulinic acid into γ-valerolactone catalyzed by half-sandwich iridium complexes: a mechanistic insight from density functional-theory[J]. J Org Chem, 2021, 86(1): 674-682.

[68] Zhu K, Achord P D, Zhang X, et al. Highly effective pincer-ligated iridium catalysts for alkane dehydrogenation. DFT calculations of relevant thermodynamic, kinetic, and spectroscopic properties[J]. J Am Chem Soc, 2004, 126(40): 13044-13053.

[69] Mayer I. Charge, bond order and valence in the ab initio SCF theory[J]. Chem Phys Lett, 1985, 117(4): 396-396.

[70] Hopmann K H, Bayer A. Enantioselective imine hydrogenation with iridium-catalysts: reactions, mechanisms and stereocontrol[J]. Coord Chem Rev, 2014, 268: 59-82.

[71] Fabrello A, Bachelier A, Urrutigoïty M, et al. Mechanistic analysis of the transition metal-catalyzed hydrogenation of imines and functionalized enamines[J]. Coord Chem Rev, 2010, 254(3-4): 273-287.

[72] Tukacs J M, Fridrich B, Dibó G, et al. Direct asymmetric reduction of levulinic acid to gamma-valerolactone: synthesis of a chiral platform molecule[J]. Green Chem, 2015, 17(12): 5189-5195.

[73] Amenuvor G, Makhubela B C E, Darkwa J. Efficient solvent-free hydrogenation of levulinic acid to γ-valerolactone by pyrazolylphosphite and pyrazolylphosphinite ruthenium (II) complexes[J]. ACS Sustain Chem Eng, 2016, 4(11): 6010-6018.

[74] Hopmann K H, Bayer A. On the mechanism of iridium-catalyzed asymmetric hydrogenation of imines and alkenes: A theoretical study[J]. Organometallics, 2011, 30(9): 2483-2497.

[75] Gusev D G. Dehydrogenative coupling of ethanol and ester hydrogenation catalyzed by pincer-type YNP complexes[J]. ACS Catal, 2016, 6(10): 6967-6981.

[76] Li H, Gonçalves T P, Lupp D, et al. PN^3(P)-pincer complexes: cooperative catalysis and beyond[J]. ACS Catal, 2019, 9(3): 1619-1629.

[77] 宁晓玉, 豆叶帆, 伊思静, 等. 铁苯基膦配合物均相催化乙酰丙酸乙酯与甲酸反应转化为 γ-戊内酯的分子机制[J]. 化学通报, 2023, 86(11): 1395-1401.

[78] Ganzenmuller G, Berkaine A N, Fouqueau M E, et al. Comparison of density functionals for differences between the high-($^5T_{2g}$) and low-($^1A_{1g}$) spin states of iron(II) compounds. IV. Results for the ferrous complexes [Fe(L)(′NHS4′)][J]. Journal of Chem Phys, 2005, 122(23): 234321.

[79] Li J J, Li J H, Zhang D J, et al. DFT study on the mechanism of formic acid decomposition by a well-defined bifunctional cyclometalated iridium(III) catalyst: self-assisted concerted dehydrogenation via long-range intermolecular hydrogen migration[J]. ACS Catalysis, 2016, 6(7): 4746-4754.

[80] Uhe A, Hölscher M, Leitner W. Analysis of potential molecular catalysts for the hydroamination of ethylene with ammonia: a DFT study with [Ir(PCP)] and [Ir(PSiP)] complexes[J]. Chem-Eur J, 2013, 19(3): 1020-1027.

[81] Lapointe D, Fagnou K. Overview of the mechanistic work on the concerted metallation-deprotonation pathway[J]. Chem Lett, 2010, 39(11): 1118-1126.

[82] Uhe A, Kozuch S, Shaik S. Automatic analysis of computed catalytic cycles[J]. J Comput Chem, 2011, 32(5): 978-985.

[83] Kozuch S, Shaik S. A combined kinetic-quantum mechanical model for assessment of catalytic cycles: application to cross-coupling and Heck reactions[J]. J Am Chem Soc, 2006, 128(10): 3355-3365.

[84] Kozuch S, Shaik S. Kinetic-quantum chemical model for catalytic cycles: the Haber-Bosch process and the effect of reagent concentration[J]. J Phys Chem A, 2008, 112(26): 6032-6041.

[85] Boutadla Y, Davies D L, Macgregor S A, et al. Mechanisms of C-H bond activation: rich synergy between computation and experiment[J]. Dalton Transactions, 2009 (30): 5820-5831.

[86] Johnson D G, Lynam J M, Slattery J M, et al. Insights into the intramolecular acetate-mediated formation of ruthenium vinylidene complexes: a ligand-assisted proton shuttle (LAPS) mechanism[J]. Dalton Transactions, 2010, 39(43): 10432-10441.

[87] Guihaume J, Halbert S, Eisenstein O, et al. Hydrofluoroarylation of alkynes with Ni catalysts. C-H activation via ligand-to-ligand hydrogen transfer, an alternative to oxidative addition[J]. Organometallics, 2012, 31(4): 1300-1314.

[88] Sánchez-de-Armas R, Xue L, Ahlquist M S G. One site is enough: a theoretical investigation of iron-catalyzed dehydrogenation of formic Acid[J]. Chem-Eur J, 2013, 19(36): 11869-11873.

[89] Scheiner S. Hydrogen bonding: a theoretical perspective: vol 7[M]. Oxford University Press, USA, 1997.

[90] Qu S, Dang Y, Song C, et al. Depolymerization of oxidized lignin catalyzed by formic acid exploits an unconventional elimination mechanism involving 3c-4e bonding: a DFT mechanistic study[J]. ACS Catal, 2015, 5(11): 6386-6396.

[91] Molina Molina J, Dobado J A. The three-center-four-electron (3c-4e) bond nature revisited. An atoms-in-molecules theory (AIM) and ELF study[J]. Theor Chem Acc, 2001, 105: 328-337.

[92] Rosenfeld D C, Wolczanski P T, Barakat K A, et al. 3-Center-4-electron bonding in [(silox)$_2$MoN^{t}Bu]$_2$(μ-Hg) controls reactivity while frontier orbitals permit a dimolybdenum π-bond energy estimate[J]. J Am Chem Soc, 2005, 127(23): 8262-8263.

第 **5** 章

过渡金属配合物催化 C-X（H、F、S）键活化的反应机理

5.1 反应概述

　　氟代芳烃是制备氟医药和氟农药[1-4]的原料，选择性活化其中的 C-H 和 C-F 键在近些年来引起人们的广泛关注。相比一般的惰性键活化，要实现 C-F 与 C-H 键两种惰性键的选择性活化，不仅要考虑到这两种化学键的键能较为接近，更要考虑到 C-F 键在芳环上的存在对其他键的活化产生的潜在影响，因此 C-F 和 C-H 键的选择性活化仍然是一个具有挑战性的任务。正如绪论部分所述，一些金属配合物可以针对性地活化 C-H 键[5-9]，而另一些仅能有效地活化 C-F 键[10-15]。现代合成化学中，通过金属配合物与芳烃的定位基团配位从而活化 C-H 和 C-F 键，是实现芳香氟化物功能化最有利的途径[16-19]。

　　过去二十年间，出现了许多相关的实验和理论研究[20-25]。Barrio 等人[26]研究了三异丙基膦配位的铑的氢化物与芳香酮的反应，实现了 C-H 和 C-F 键选择性活化，作者发现当底物为只含一个苯基的芳香酮时，C-H 键活化优先于 C-F 键，然而当底物变为两个苯基的芳香酮（2,3,4,5,6-五氟代二苯基甲酮）时选择性相反，观察到了 C-F 键活化产物。2004 年，Perutz 课题组[27]通过理论计算研究发现，五氟苯为反应底物，金属 Ni 和 Pt 催化下得到不同的结果。Ni 会优先活化 C-F 键，得到含有 Ni-F 键的二价镍配合物。而 Pt 由于与氟原子之间存在较强的 $5d\pi-p\pi$ 排斥作用，使得 C-F 键的活化相比于 C-H 键不具有优势，同时由于 Pt-H 键的稳定性，使其更倾向于实现 C-H 键的活化。Camadanli 等人[28]证实了在低价钴金属中心同样可以实现选择性地活化 5-氟-二苯基甲酮的 C-F 键。Yoshikai 课题组[29]系统地研究了金属钴配合物催化 C-H 键功能化（主要包括烯基化和烷基化）的反应。李晓燕和孙宏建课题组[30-32]对廉价金属铁、钴、镍的配合物选择性活化羰基、亚氨基氟代芳烃 C-F 和 C-H 键的反应进行了

研究，并以高产率获得了一系列的 C–F 或 C–H 键活化产物。如图 5-1 所示是实验中一个具有代表性的 C–F 和 C–H 键竞争活化的例子，三个反应底物，2,6-二氟二苯基亚胺（**A**）、2,6-二氟二苯基甲酮（**B**）、2,4′-二氟二苯基甲酮（**C**）与活化剂 Co(PMe$_3$)$_4$（d^9，17 价电子结构）和/或 CoMe(PMe$_3$)$_4$（d^8，18 价电子结构）组合形成四类反应：（a）**A** +Co(PMe$_3$)$_4$，（b）**A** +CoMe(PMe$_3$)$_4$，（c）**B** +CoMe(PMe$_3$)$_4$ 和（d）**C** +CoMe(PMe$_3$)$_4$。研究结果发现反应（a）和（c）分别得到产率为 56%的 C–F 键活化产物 **1** 和产率为 36%的 C–F 键活化产物 **3**，然而反应（b）和（d）分别得到产率为 54%的 C–H 键活化产物 **2** 和产率为 67%的 C–H 键活化产物 **4**[30]。这些研究结果是非常有价值的，它代表着一种能够选择性地活化含氟芳香酮、芳香亚胺 C–F 和 C–H 键的有效途径。

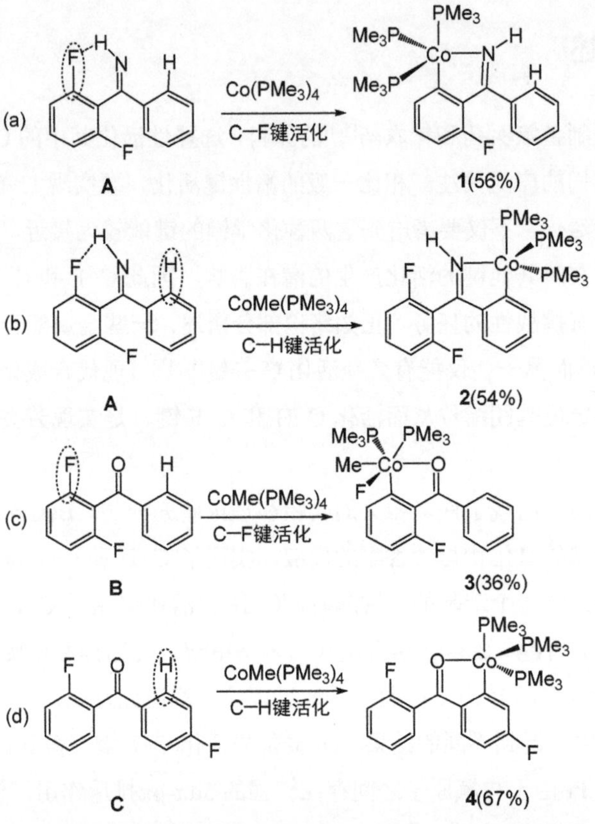

图 5-1 2,6-二氟二苯基亚胺（**A**）、2,6-二氟二苯基甲酮（**B**）、2,4′-二氟二苯基甲酮（**C**）与 Co(PMe$_3$)$_4$ 或者 CoMe(PMe$_3$)$_4$ 反应，选择性地活化 C–H 和 C–F 键[30]的示意图（结构下面的百分比代表产率）

虽然这些结果令人兴奋，但是从分子水平上来看，究竟是什么控制着 C–F 和 C–H

键选择性活化还不完全清楚。为了更深入地了解这种选择性，本章 5.2 节对图 5-1 的四类反应进行了系统的理论计算。通过计算我们期望：①从分子水平上阐明详细的反应机理；②合理解释实验现象；③分析定位基团、苯环上的氟取代基数目以及催化剂的氧化态对反应选择性的影响；④为研究芳香碳氟化合物 C—F 和 C—H 键选择性活化的实验者们提供理论指导。

目前，化石燃料仍然是世界上主要的能源，随着经济增长，各行各业对化石燃料的需求有增无减。地球上一半的化石燃料来自于石油[33,34]，石油是一种组分复杂的有机化合物。石油及其炼制品，如汽油和柴油等燃料油中的硫化物不仅会对生产设备造成腐蚀，而且油品中有机硫化物燃烧产生的含氧硫化物会危害人体的健康，同时造成酸雨和土壤酸化等环境问题。燃料油中的硫化物包括硫醇、硫化物、二硫化物和噻吩化合物等[35]，其中噻吩、苯并噻吩和二苯并噻吩等噻吩类化合物及其烷基衍生物在燃料油硫化物中所占比例较高，脱除其中的硫原子对保护环境和生产清洁燃料油具有重要意义。目前工业常用的一种脱硫技术被称为加氢脱硫[36-43]。所谓的加氢脱硫，就是通过加氢裂解，促使石油中的含硫杂质，包括硫醇、硫醚以及噻吩类化合物的 C—S 键断裂生成硫化氢和无硫的烃类化合物。

噻吩属于最难进行加氢脱硫的一类有机硫化物[44]。因此，为了探究金属在催化噻吩脱硫过程中的作用以及寻找更好的加氢脱硫催化剂，大量的有关过渡金属配合物包括铑[45,46]、铱[47]、钯[48]、铂[49]的配合物与噻吩反应的实验和理论工作已经展开。其中，Nørskov 课题组[50-52]对于了解工业加氢脱硫催化剂[53-58]的结构以及活性作出了重要的贡献。钼和钨的配合物[59-61]被广泛运用于工业加氢脱硫过程中。2002 年，Parkin 课题组报道了第一例钼配合物 $Mo(PMe_3)_6$ 催化噻吩加氢脱硫的反应。同位素标记表明加氢过程中生成了亚烷基中间体，为理解加氢脱硫反应机理提供了理论指导。2011 年，Sattler 和 Parkin[62]首次报道了金属钨配合物催化噻吩加氢脱硫的实验，并在反应活性方面，与相对应的钼配合物进行了比较。如图 5-2 所示，噻吩与 $W(PMe_3)_4(\eta^2\text{-}CH_2PMe_2)H$（**R**）在 60 ℃下反应首先生成了丁二烯硫醇($\eta^5\text{-}C_4H_5S)W(PMe_3)_2(\eta^2\text{-}CH_2PMe_2)$（**1′**）中间体，接着与氢气反应得到丁基硫醇 $W(PMe_3)_4(S''Bu)H_3$（**2′**）中间体，最后加热到 100 ℃释放出 1-丁烯。Sattler 和 Parkin 的实验清晰地表明了分子钨的配合物能够活化噻吩的 C—S 键，实现加氢脱硫。尽管钨配合物催化噻吩加氢脱硫在工业上大规模的应用还有一定的局限性，但是 Sattler 和 Parkin 的研究为理解钨配合物催化加氢脱硫的反应机制奠定了基础。为了阐明这个新颖的、重要的催化加氢脱硫反应的分子机理,本章 5.3 节中我们使用密度泛函理论方法详细研究了图 5-2 所示的反应，希望均相催化模型的计算结果能够对非均相钨催化噻吩加氢脱硫有所指导。

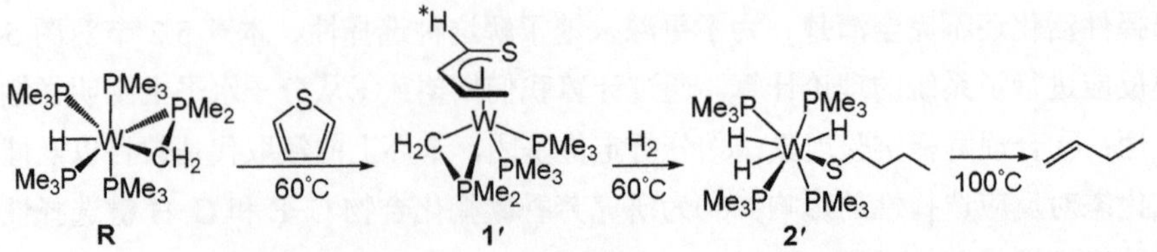

图 5-2 Sattler 和 Parkin[62]提出的 W(PMe₃)₄(η^2–CH₂PMe₂)H（**R**）催化噻吩加氢脱硫生成 1-丁烯的反应示意图（实验证实星号标记的氢原子来自于 PMe₃ 配体）

5.2 钴配合物选择性活化亚氨基、羰基氟代芳烃 C–H 和 C–F 键的反应机理[63]

本节所有的理论计算是基于密度泛函的 B3LYP 方法。B3LYP 泛函能够精确地描述包含钴的有机金属体系[64]。钴原子采用赝势基组 LANL2DZ，其余的原子则选用 6-31G (d,p)基组。在这个理论水平上对所有反应物、产物、中间体和过渡态进行了几何优化，并使用 IRC 进行了计算，以确认所有过渡态连接着相关的反应物和产物。在相同理论水平上还进行了振动频率分析，以验证所有驻点的性质（局域最小点没有虚频或者一级鞍点有一个虚频）。计算所提供的能量是在 298.15 K 下的吉布斯自由能，包括了振动、转动和平动这些熵的贡献。在计算过程中，我们还考虑了 Co(0)和 Co(Ⅰ)体系中每一个配合物的不同自旋多重度。对于图 5-1 的反应(a)计算了二重态和四重态，反应（b）、（c）和（d）计算了单重态和三重态。为了简化起见，下面的图中只列出了最有利的反应路径。为了校准理论计算的精确度，我们首先比较了图 5-1 中的产物 1、3 和 4 的理论计算的结构参数与对应的 X 衍射晶体结构参数[30]。如表 5-1 所示，理论计算的结构参数与实验值的相对误差平均值小于 5%，与实验结果有很好的一致性。这些结果确实增强了我们对于当前理论计算可靠性和精度的信心。

表 5-1　C–H 和 C–F 键活化产物①理论与实验结构参数的对比

结构	键	r_{calc}②	r_{expt}③	Δr④	Δr⑤/%
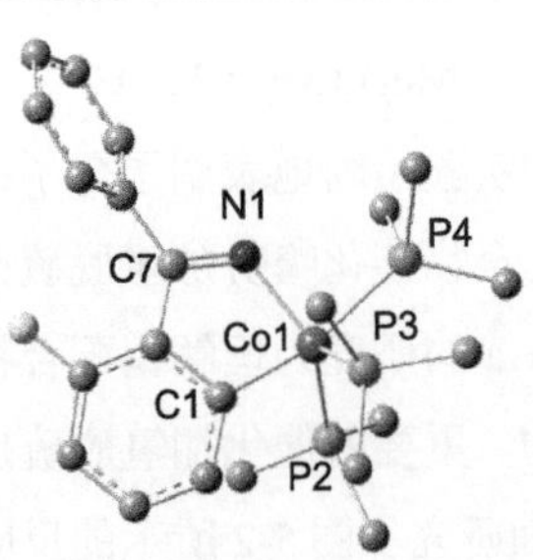 **1**	Co1-N1	1.940	1.885	0.055	2.8
	Co1-P2	2.263	2.190	0.073	3.2
	Co1-P3	2.250	2.200	0.050	2.2
	Co1-P4	2.301	2.216	0.085	3.7
	C1-Co1	1.963	1.936	0.027	1.4
	C7-N1	1.321	1.336	0.015	1.1

结构	键	r_{calc} [2]	r_{expt} [3]	Δr [4]	Δr [5]/%
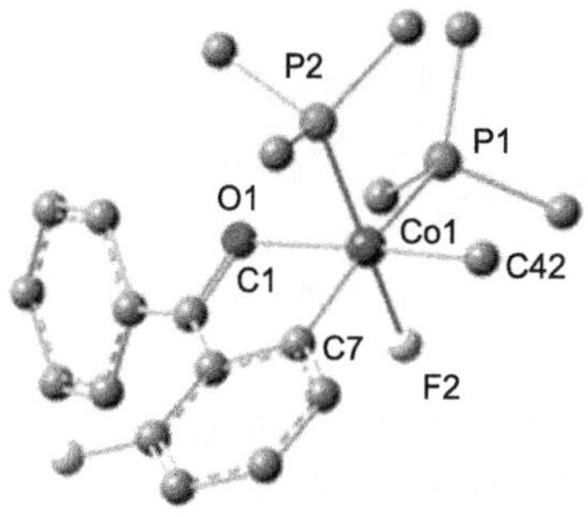 3	Co1-C7	1.928	1.895	0.033	1.7
	Co1-F2	1.852	1.932	0.080	4.1
	Co1-O1	2.114	2.021	0.093	4.4
	Co1-P1	2.265	2.212	0.053	2.3
	Co1-P2	2.408	2.214	0.194	8.1
	Co1-C42	1.963	1.995	0.032	1.6
	O1-C1	1.252	1.247	0.005	0.4
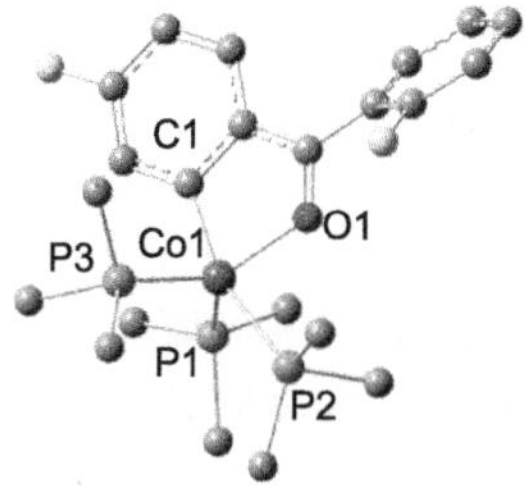 4	P3-Co1	2.240	2.189	0.051	2.3
	P2-Co1	2.322	2.227	0.095	4.1
	P1-Co1	2.230	2.184	0.046	2.1
	Co1-O1	2.000	1.905	0.095	4.8
	Co1-C1	1.936	1.921	0.015	0.8

① 为了图像简洁，每个结构的氢原子被忽略掉，键长的单位为 Å。
② 计算值。
③ 实验值。
④ 绝对误差。
⑤ 相对误差。

5.2.1 反应底物

图 5-1 所示的四个反应涉及了三种等电子的反应底物（**A**，**B** 和 **C**）。底物 **A** 的定位基团为亚氨基，包含两个不同的构型，根据亚氨基的 H 原子靠近或者远离邻位的 F 原子分别被标记为顺式和反式（图 5-3）。由于分子内氢键的作用，顺式构型(*cis*-**A**)比反式构象(*trans*-**A**)稳定了 1.8 kcal/mol。然而，由顺式构型转变为反式构型需要克服 26.7 kcal/mol 的势垒，这意味着顺-反构型的转变在室温下是比较难进行的。因此我们认为顺式构型是占优势的，所以在接下来的计算中，反应物 **A** 均采用顺式构型。反应底物 **B** 和 **C** 的定位基团都是羰基，但 F 取代基的位置不同。这三种底物的 C-F 键和 C-H 键都与定位基团（**A** 是亚氨基，**B** 和 **C** 是羰基）处于邻位，这有利于我们通过反应底物与 Co(PMe₃)₄ 或者 CoMe(PMe₃)₄ 的金属环化反应，比较各自 C-H 或者 C-F 键活化的情况。值得注意的是，反应底物 2,4'-二氟二苯基甲酮有两个不同的构象（如图 5-4 所示的 **C** 和 **C′**），两者之间可以通过芳基碳与羰基碳原子之间的σ键旋转进行相互

转换，并且只有构象 **C** 可以实现邻位 C–F 键的活化。从能量上看，构型 **C′** 比 **C** 稳定了 1.2 kcal/mol，这说明 2,4′-二氟二苯基甲酮的优势构象为 **C′**。

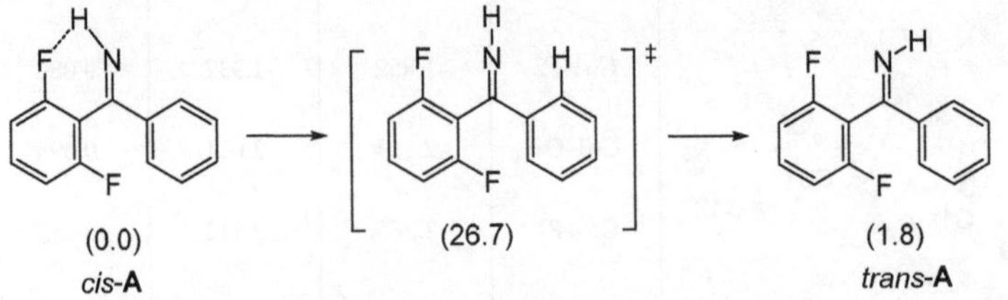

图 5-3　2,6-二氟二苯基亚胺（**A**）顺式（*cis*）和反式（*trans*）两种构型的相对能量以及由顺式转变为反式所需克服的势垒（能量单位：kcal/mol）

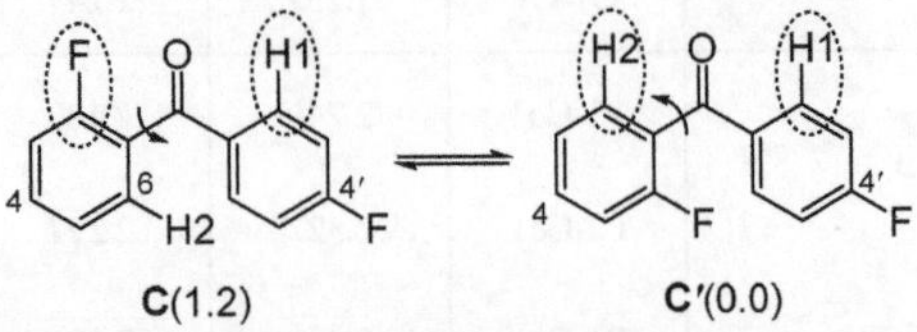

图 5-4　芳基碳与羰基碳原子之间的σ键旋转导致的 2,4′-二氟二苯基甲酮的两个不同构象（**C** 和 **C′**），括号内是相对能量的值（能量单位：kcal/mol）

5.2.2　2,6-二氟二苯基亚胺与 Co(PMe₃)₄ 的反应

实验证实 2,6-二氟二苯基亚胺（**A**）与 Co(PMe₃)₄ 反应得到了产率为 56% 的 C–F 键活化产物 1[30]。为了深入了解这种可观的选择性 C–F 键活化，我们对 C–F 和 C–H 键活化路径分别进行了计算。经比较发现，两条路径都在二重态势能面上进行最为有利。图 5-5 和图 5-6 分别展示了势能剖面图和优化后的中间体 [²**I**ᵃ-²**Ⅵ**ᵃ，右上标 a 代表图 5-1 中的反应（a），左上标表示自旋多重度为 2]以及过渡态（²**TS1**ᵃ-²**TS3**ᵃ）的结构。沿着 C–H 活化路径，Co(PMe₃)₄ 首先从金属钴中心解离掉一个 PMe₃ 配体，接着与顺式 *cis*-**A** 的 N 原子配位生成中间体 ²**I**ᵃ，该过程放热 13.2 kcal/mol。随后解离掉第二个 PMe₃ 配体得到新的配合物 ²**Ⅱ**ᵃ。解离掉两个配体减小了空间位阻，同时为与反应底物配位提供了空位。²**Ⅱ**ᵃ 是 C–H 键氧化加成的直接前驱物，氧化加成对应的三中心过渡态 ²**TS1**ᵃ 能量低于初始反应物（**A**+Co(PMe₃)₄）0.6 kcal/mol，高于 ²**I**ᵃ 12.6 kcal/mol。²**TS1**ᵃ 对应的氧化加成产物是 17-电子的钴配合物 ²**Ⅲ**ᵃ，能量比反应入口低了 3.1 kcal/mol。然而，²**Ⅲ**ᵃ 能量比 ²**I**ᵃ 高了 10.1 kcal/mol，而且从 ²**Ⅱ**ᵃ 到 ²**Ⅲ**ᵃ 要跨越 12.5 kcal/mol 的势垒，这比其逆反应从 ²**Ⅲ**ᵃ 到 ²**I**ᵃ 的势垒要高得多（12.5 kcal/mol 相对于 2.5 kcal/mol）。因此，即使 ²**Ⅲ**ᵃ 可以生成，也会立刻通过较低的势垒回到 ²**Ⅱ**ᵃ，再到 ²**I**ᵃ，也就是说这个过程是可逆的。高的反应势垒导致 C–H 键活化的环金属化产物 ²**Ⅲ**ᵃ 不可能生成。

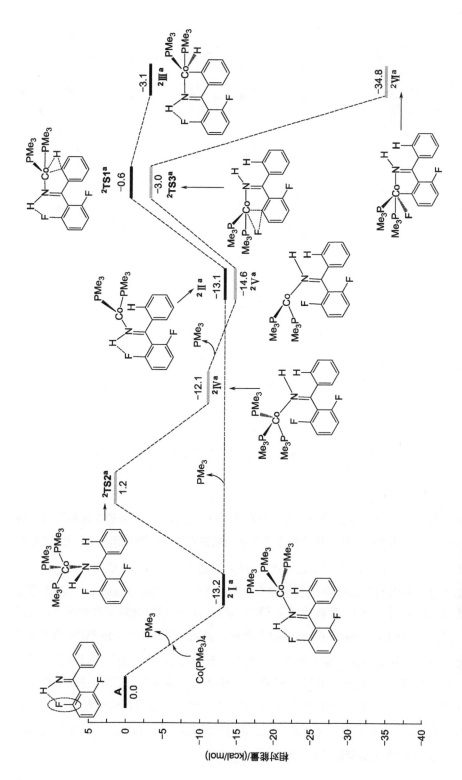

图 5-5 二重态势能面上 2,6-二氟二苯基亚胺（A）与 Co(PMe₃)₄ 反应的势能剖面图（邻位 C—F 键活化路径以灰线表示，邻位 C—H 键活化路径以黑线表示）

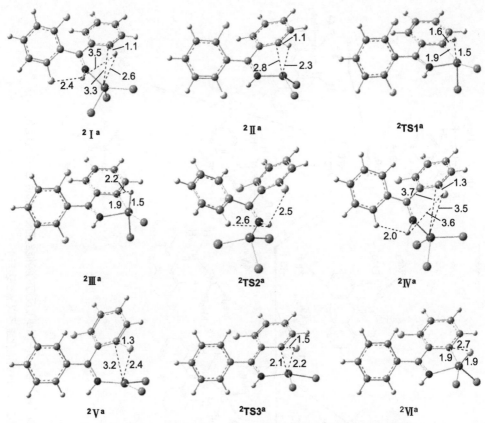

^{2}Ⅰ^a ^{2}Ⅱ^a ^{2}TS1^a

^{2}Ⅲ^a ^{2}TS2^a ^{2}Ⅳ^a

^{2}Ⅴ^a ^{2}TS3^a ^{2}Ⅵ^a

图5-6 图5-5中涉及的中间体以及过渡态的构型和重要的结构参数
（为了图像清楚，磷原子上的甲基均被忽略；原子间距的单位为Å）

    继续探讨 C–F 键活化的路径。为了有利于 C–F 键活化，^{2}Ⅰ^a 必须先转换为另一种 σ配合物——反式构型的 ^{2}Ⅳ^a。由于失去了分子间氢键 C–F···H 的作用，^{2}Ⅳ^a 比 ^{2}Ⅰ^a 能量高了 1.1 kcal/mol。这一过程经由过渡态 ^{2}TS2^a，翻越 14.4 kcal/mol 的势垒，这一势垒远远低于没有催化剂协助的顺-反构型转变的势垒（图 5-3，26.7 kcal/mol）。接下来金属中心解离掉第二个 PMe$_3$ 配体生成了 ^{2}Ⅴ^a。随后，C–F 键氧化加成到钴中心，通过三元环过渡态 ^{2}TS3^a，克服 11.6 kcal/mol 的能垒，得到环金属化中间体 ^{2}Ⅵ^a，^{2}Ⅵ^a 可以进一步转变为实验观察到的最终产物，如图 5-1 所示的 **1**，这可能是通过双分子反应机理失去 F$_2$PMe$_3$ 而得到的。由 ^{2}Ⅰ^a 到 ^{2}Ⅵ^a，放热 21.6 kcal/mol，这足够补偿断裂 C–F 键所需的能量。因此，由于 ^{2}Ⅵ^a 具有热力学稳定性的优势，使得反应沿着 C–F 键活化的路径进行，这与实验观察到的 2,6-二氟二苯基亚胺（**A**）与 Co(PMe$_3$)$_4$ 反应得到 56% 的 C–F 键活化产物的实验结论相一致。

5.2.3 2,6-二氟二苯基亚胺与 CoMe(PMe₃)₄ 的反应

如图 5-1 所示的反应（b），当催化剂为 CoMe(PMe$_3$)$_4$ 时，观察到了产率为 54% 的 C–H 键活化的环金属化产物 **2**。这与上面讨论的反应（a），即催化剂为 Co(PMe$_3$)$_4$ 时得到 C–F 键活化产物 **1** 的情况相反。这一事实表明，催化剂金属钴的价态对 C–F 和 C–H 键活化起着实质性的作用。为了从分子水平上了解其反应机制，我们分别在单重态和三重态势能面上对 C–H 键和 C–F 键活化路径进行了计算，结果发现 C–H 键活化在单重态势能面上进行最有利，而 C–F 键活化在三重态势能面上最有利。图 5-7 和图 5-8 分别是对应的势能面图和相关中间体和过渡态的结构。与之前讨论的反应（a）类似，首先是 *cis*-A 与催化剂 Co(Ⅰ)中心配位生成 σ-配合物 ³Ⅰᵇ，接着再失去一个 PMe₃ 配体得到了 ¹Ⅱᵇ 或者 ³Ⅱᵇ，如图 5-7 所示，得到 ¹Ⅱᵇ 和 ³Ⅱᵇ 分别放热 19.0 和 37.8 kcal/mol。在单重态势能面上，沿着 C–H 键活化路径，¹Ⅱᵇ 转变为最终产物 **2** 经过两个基元步骤：首先 C–H 键与钴配合物发生氧化加成，接着甲基与氢原子经还原消除生成甲烷从钴中心离去。前者经由过渡态 ¹TS1ᵇ 形成 Co(Ⅲ)的配合物 ¹Ⅲᵇ，后者经过 ¹TS2ᵇ 生成 ¹Ⅳᵇ，最后，一个 PMe₃ 基团重新与钴中心配位形成目标产物 18 电子配合物 **2**。整体来看，C–H 键活化路径总的反应势垒为 14.7 kcal/mol（¹TS2ᵇ 与 ¹Ⅱᵇ 的能量差值），放热 38.9 kcal/mol。

另一条 C–F 键活化路径在三重态势能面上进行，³Ⅱᵇ 必须先经过 ³TS3ᵇ，克服 28.0 kcal/mol 的能垒变为 ³Vᵇ，接着翻越 12.9 kcal/mol 的能垒，Co(Ⅰ)中心插入 C–F 键，生成环金属化中间体 ³Ⅵᵇ。然而，经计算发现基态的 Ⅵᵇ 是单重态，而且比反应入口能量低了 42.0 kcal/mol。因此，我们推测从 ³Ⅵᵇ 到 ¹Ⅵᵇ 的变化存在着势能面交叉现象。从图 5-7 中可以明显地看出，C–F 键活化路径的决速步是从 ³Ⅱᵇ 到 ³Vᵇ 的转变，需要克服高达 28.0 kcal/mol 的势垒，这在室温下很难进行。因此，该反应更倾向于沿着 C–H 键活化路径进行，得到实验检测到的 C–H 键活化的环金属产物 **2**。

比较图 5-1 中反应（a）和（b），这两个反应有着相同的底物，不同的活化剂［分别是 Co(PMe$_3$)$_4$ 和 CoMe(PMe$_3$)$_4$］。反应（a）选择性活化的是 C–F 键（图 5-5），这归因于 C–F 和 C–H 键活化的环金属化中间体 ²Ⅵᵃ 和 ²Ⅲᵃ（−34.8 kcal/mol 相对于 −3.1 kcal/mol）稳定性的差异。相比之下，反应（b）的选择性则相反（图 5-7），主要得到的是 C–H 键活化产物，这归因于 C–F 键活化路径高的反应势垒以及 C–H 键活化路径得到的高度稳定的与图 5-5 中的 ²Ⅲᵃ（17 电子配合物）结构类似的产物 **2**（18 电子配合物）。

基于上面的讨论，很明显可以看到钴的价态对于亚氨基氟代芳烃的 C–F 和 C–H 键选择性活化起着重要的作用：Co(0)促进 C–F 键活化，而 Co(Ⅰ)有利于 C–H 键活化。

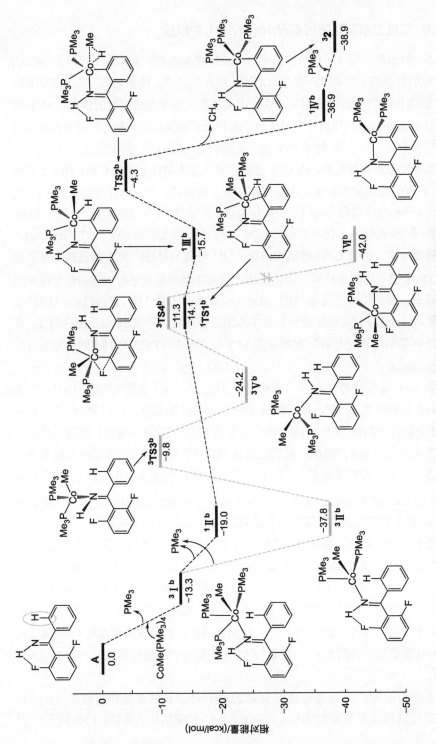

图 5-7 2,6-二氟二苯基亚胺（A）与 CoMe(PMe₃)₄ 反应的势能剖面图，三重态势能面上邻位 C-F 键活化路径以红线表示，单重态势能面上邻位 C-H 键活化路径以黑线表示（≠符号代表从三重态到单重态的自旋交叉），右上标 b 代表图 5-1 中的反应（b），左上标表示自旋多重度为 1 或 3

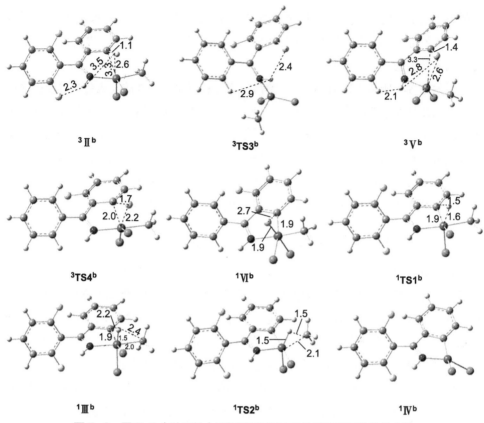

图5-8 图5-7中涉及的中间体以及过渡态的构型和重要的结构参数
（为了图像清楚，磷原子上的甲基均被忽略，原子间距的单位为Å）

5.2.4 2,6-二氟二苯基甲酮与 CoMe(PMe₃)₄ 的反应

下面讨论图 5-1 的反应（c），2,6-二氟二苯基甲酮（**B**）与 CoMe(PMe₃)₄ 的反应。图 5-9 显示的是在单重态和三重态势能面下 C–H 键（黑线）和 C–F 键（灰线）活化的势能面图，图 5-10 是相应的稳定点的几何构型。反应首先是随着一个 PMe₃ 配体的离去，**B** 通过羰基氧原子与 Co(Ⅰ)中心配位形成了σ-配合物 **³Iᶜ**。接着第二个 PMe₃ 配体从金属中心解离掉，**³Iᶜ** 可以转变为一个稳定性较差的 C–H 键活化前驱物 **¹Ⅲᶜ**，也可以转变为一个比较稳定的 C–F 键活化前驱体 **³Ⅱᶜ**。对于 C–H 键的活化，反应机理与图 5-7 所示的类似，经过两个基元步骤：C–H 键氧化加成，接着还原消除，甲烷分子离去，得到 C–H 键活化的环金属产物。随着一个 PMe₃ 配体重新与金属钴中心配位，得到稳定的环金属中间体 **³Ⅵᶜ**。整个反应放热 42.3 kcal/mol，总的活化能垒为 17.1 kcal/mol（**¹TS3ᶜ** 和 **³Iᶜ** 的能量差值）。对于另一条 C–F 键活化路径，**³Ⅱᶜ** 经过 **³TS1ᶜ**，克服 18.1 kcal/mol

的势垒立刻生成稳定的 C–F 键活化产物 ³3。与上面讨论的 CoMe(PMe₃)₄ 与 A 的反应类似，为了得到最稳定的基态产物，在反应出口处存在势能面交叉，产物由三重态 ³3 转变为能量更低的单重态 ¹3。

正如图 5-9 所示，C–H 和 C–F 键活化都有着可比较的低的反应势垒以及高的反应热。因此从能量角度来看，似乎 C–H 和 C–F 键活化在室温下都是可行的，这也可以解释实验观察到的低产率（36%）的 C–F 键活化产物（图 5-1 中的 3）。换言之，当底物的定位基团由亚氨基变为等电子的羰基时，反应的选择性降低。这归因于亚氨基与邻位的 C–F 键形成氢键（图 5-3），阻碍了 C–F 键活化而有利于 C–H 键活化。因此，与羰基相比，亚氨基是一个好的定位基团，这也与实验结论相一致。

5.2.5　2,4′-二氟二苯基甲酮与 CoMe(PMe₃)₄ 的反应

这部分将阐述图 5-1 所示的反应（d），即 2,4′-二氟二苯基甲酮（C）与 CoMe(PMe₃)₄ 的反应，计算得到的能量最有利的路径以及附有结构参数的构型显示在图 5-11 和图 5-12 中。底物 C 是底物 B 的同分异构体，两个芳环上各有一个 F 取代基。反应机制与 2,6-二氟二苯基甲酮和 CoMe(PMe₃)₄ 的反应，即图 5-1 中的反应（c）类似。C–H 和 C–F 键活化分别在单重态和三重态势能面上进行，在 C–F 键活化路径的出口，存在势能面交叉。如图 5-11 所示，C–H 键活化路径的能垒为 13.2 kcal/mol（¹TS2ᵈ 和 ³Ⅰᵈ 的能量差值），放热 33.2 kcal/mol；C–F 键活化路径需要克服的最高能垒为 13.7 kcal/mol（³TS3ᵈ 和 ³Ⅵᵈ 的能量差值），放热 40.3 kcal/mol。两条路径都有着可比较的低的反应势垒以及高的反应热。因此这两条路径在室温下都可以进行。这个结果似乎与实验报告的 C–H 键活化产物的产率为 67% 的结果不符。然而值得注意的是，如图 5-4 所示，2,4′-二氟二苯基甲酮存在两个等价的构象，C 和 C′。这两个构象可以在室温下通过芳基碳与羰基碳原子之间的σ键旋转而互相转化。构象 C′能量上比 C 低 1.2 kcal/mol，是优势构象。对于结构 C′，围绕定位基团有两个邻位氢原子（H1 和 H2）均可以参与 C–H 键活化反应。因此，2,4′-二氟二苯基甲酮与 CoMe(PMe₃)₄ 的反应实际上存在三条可能的路径：C–F 键活化以及 C–H1 和 C–H2 键活化。从这点看来，C–H 键活化的概率远大于 C–F 键。因此实验中检测到了 C–H 键活化产物（图 5-1 中的 4），这对应着 C–H1 键活化路径。我们的计算结果显示 C–H1 活化路径比 C–H2 活化路径的势垒低 2.0 kcal/mol。很明显，与图 5-1 中的反应（c）比较，减少苯环上的氟取代基数目导致邻位的 C–F 键活化变困难，特别是对于 2,4′-二氟二苯基甲酮，C6 位置缺少氟原子使得 C–F 键活化的可能性降低。

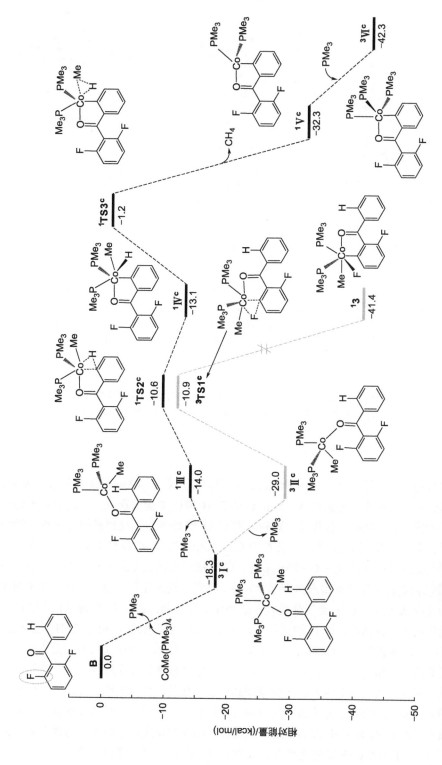

图 5-9　2,6-二氟二苯基甲酮（B）与 CoMe(PMe₃)₄ 反应的势能剖面图（邻位 C-F 键活化化路径以灰线表示，邻位 C-H 键活化化路径以黑线表示；符号 ✱ 代表从三重态到单重态的自旋态交叉；右上标 c 代表图 5-1 中的反应（c）；左上标表示自旋多重度为 1 或 3）

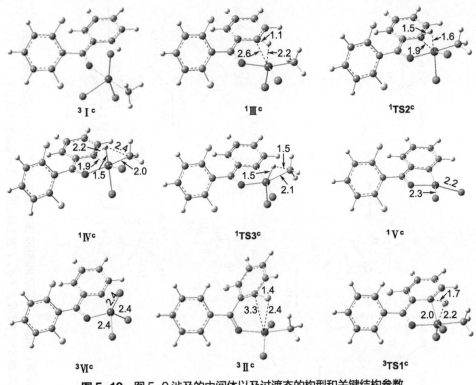

图 5-10 图 5-9 涉及的中间体以及过渡态的构型和关键结构参数
（为了图像清楚，磷原子上的甲基均被忽略；原子间距的单位为 Å）

5.2.6 小结

本节基于密度泛函理论，详细调查了 Co(PMe₃)₄ 或者 CoMe(PMe₃)₄ 活化亚氨基、羰基氟代芳烃三种典型的底物 **A**、**B** 和 **C** 的 C–H 和 C–F 键的反应。通过比较不同自旋态下的势能面，明确了优势反应路径，对 C–H 和 C–F 键活化路径进行了热力学和动力学分析与比较，结果表明：催化剂为 Co(PMe₃)₄ 时，C–H 和 C–F 键活化均在二重态势能面上进行；催化剂为 Co(PMe₃)₄ 时，C–F 键活化在三重态势能面上更有利，而 C–H 键活化更有可能在单重态势能面上发生。当活化剂为零价钴时，与定位基团为亚氨基的底物 **A** 反应，C–F 键活化路径在热力学上更有利，得到 C–F 键活化产物；但是当活化剂为一价钴时，C–H 键活化路径在动力学上更具优势，获得 C–H 键活化产物。相反地，当定位基团为羰基的底物 **B** 和 **C** 与一价钴的活化剂反应时，无论是从热力学还是动力学角度来看，C–H 和 C–F 键活化路径似乎都容易进行，这与实验结论即与羰基相比，亚氨基是更好的定位基团相一致。此外，我们的计算分析了活化剂中金属的氧化态、底物的定位基团以及芳环上的氟原子取代基数目对选择性活化亚氨基、羰基氟代芳烃 C–H 和 C–F 键的影响。理论计算结果对反应机理做出了合理解释，为定向活化 C–H 或者 C–F 键催化剂以及底物的设计提供新的见解和启发。

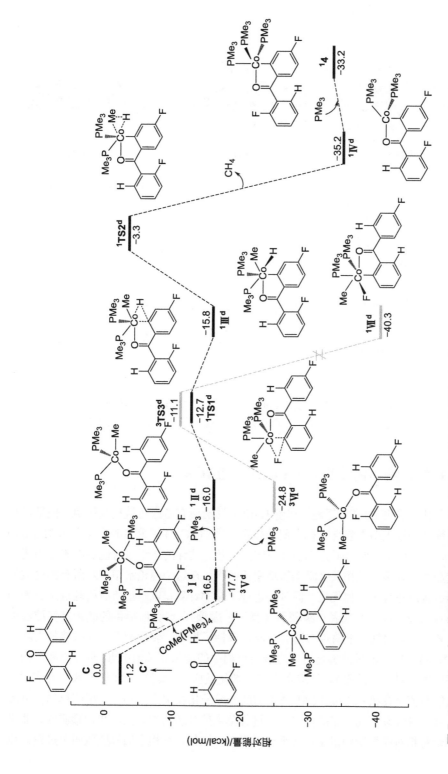

图 5-11　2,4'-二氟二苯基甲酮（C）与 CoMe(PMe₃)₄ 反应的势能剖面图（邻位 C-F 键活化路径以灰线表示，邻位 C-H 键活化路径以黑线表示；符号 ≠ 代表从三重态到单重态的自旋态交叉；右上标 d 代表图 5-1 中的反应（d）；左上标表示自旋多重度为 1 或 3 ）

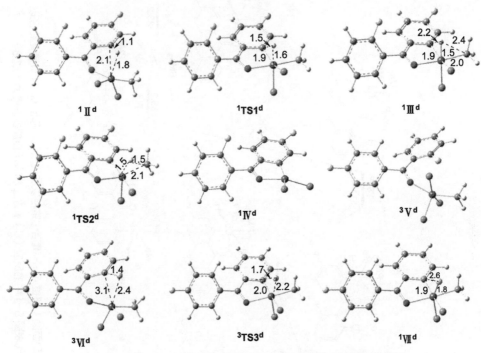

图 5-12 图 5-11 涉及的中间体以及过渡态的构型和重要结构参数
（为了图像清楚，磷原子上的甲基均被忽略；原子间距的单位为 Å）

5.3 钨配合物活化噻吩 C–S 键的反应机理[65]

本节计算采用 B3LYP 泛函，尽管 B3LYP 泛函没有考虑色散相互作用，但是仍然能够准确地描述大多数包含有机金属的体系[66-68]。对 C、H、P 和 S 原子采用 6-31G(d,p) 基组，对中心钨原子使用赝势（LANL2DZ）基组。这样的基组组合能够准确地描述包含过渡金属的体系，被相关文献频繁地引用[69,70]。在这个理论水平上对所有的局域最小点和过渡态进行了几何优化。同时还进行了频率计算，以验证所有的驻点是否为局域最小点（没有虚频）或者一级鞍点（有一个虚频）。计算所提供的能量是标准温度 298.15 K，标准大气压下的吉布斯自由能，包括了振动、转动和平动这些熵的贡献。使用 IRC 检测所有的过渡态是否对应着两个相关的能量局域最小点（反应物和产物）。为了探究溶剂对反应的影响，计算考虑了溶剂化效应，与实验一致，选择苯作为溶剂。溶剂化能量值是在极化连续 PCM 模型的联合原子拓扑空穴基础上，用简单的自洽反应场，通过对气态下优化好的稳定构型进行单点能计算所得。正如我们预测的，非极性溶剂苯对相对能量影响很小，几乎可以忽略。比如，气相中加氢脱硫四个过程计算得到的势垒分别为 25.5、26.7、31.5 和 43.3 kcal/mol，而溶剂化计算得到的势垒分别为 25.6、25.5、32.0 和 43.0 kcal/mol，气相和溶剂化给出了相接近的能垒值。因此，本节只报道气相中计算所得的吉布斯自由能。

如图 5-2 所示，Sattler 和 Parkin 观测到 W(PMe$_3$)$_4$(η^2-CH$_2$PMe$_2$)H 与噻吩反应得到丁二烯硫醇中间体(η^5-C$_4$H$_5$S)W(PMe$_3$)$_2$(η^2-CH$_2$PMe$_2$)（**1'**）。该课题组通过研究相对应的钼配合物体系，用同位素标记方法确定了中间体 **1'**（图 5-2）中星号标记的氢原子来自于 PMe$_3$ 配体。因此，作者对丁二烯硫醇中间体 **1'** 的形成提出如图 5-13 所示的机制，一个配体 PMe$_3$ 的氢原子迁移到与硫原子相邻的碳原子上，从而得到了 η^5-丁二烯硫醇配合物 **1'**。值得注意的是，实验者推测中间体 **1'** 是由噻吩环内金属化合物 W(PMe$_3$)$_4$(η^2-SC$_4$H$_4$) 转变而来的。因此我们首先讨论 W(PMe$_3$)$_4$(η^2-CH$_2$PMe$_2$)H（**R**）与噻吩反应生成这种噻吩环内金属化合物的过程。起始反应物 18 电子的钨配合物 **R** 是单重态。计算结果显示，**R** 三重态结构的能量高于对应的单重态 13.9 kcal/mol。这与铁、钴以及镍配合物不同，通常这些体系要考虑多重态的情况[71-74]。因此，鉴于单重态结构高的稳定性，我们相信钨配合物参与的加氢脱硫反应唯一可能在单重态势能面上进行。

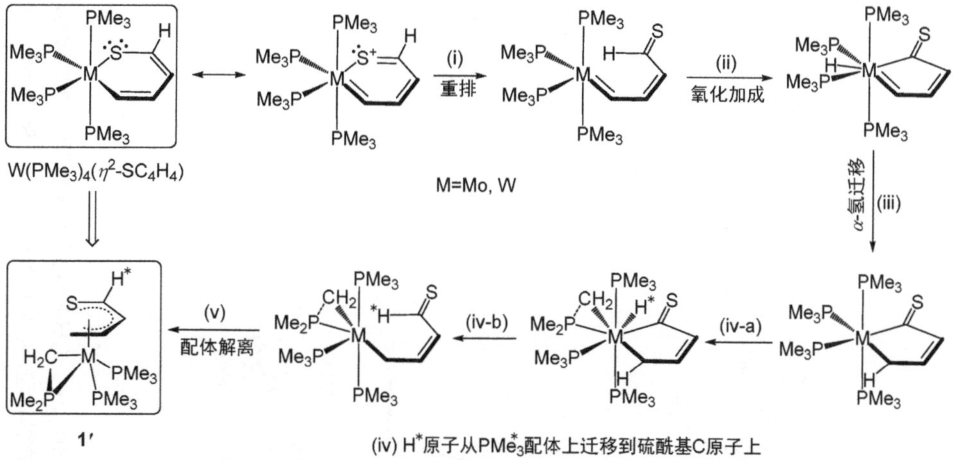

图 5-13 Sattler 和 Parkin 等提出的丁二烯硫醇配合物(η^5-C$_4$H$_5$S)W(PMe$_3$)$_2$(η^2-CH$_2$PMe$_2$)（**1'**）的形成机制（用星号标记的氢原子来自于 PMe$_3$ 配体）

5.3.1　噻吩环内金属化合物 W(PMe$_3$)$_4$(η^2-SC$_4$H$_4$)的形成

图 5-14 给出了反应涉及的示意性的几何结构以及势能剖面图。反应初始，钨配合物 **R** 经历过渡态 **TS$_{R-1}$**，跨越 16.3 kcal/mol 的势垒，失去一个 PMe$_3$ 配体，生成了中间体 **IM1**。接着经历过渡态 **TS$_{1-2}$**，翻越 25.5 kcal/mol 的势垒，氢原子从与钨中心转移至亚甲基上，生成了 14 电子四配位的配合物 W(PMe$_3$)$_4$（**IM2**），此时钨中心有足够的空间，准备接受噻吩与之配位。

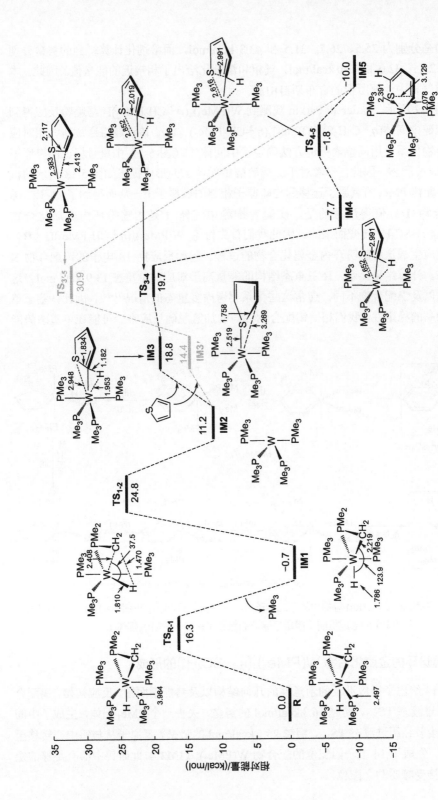

图 5-14 分子钨配合物 W(PMe₃)₄(η²-CH₂PMe₂)H 与噻吩反应生成噻吩环内金属化合物 W(PMe₃)₄(η²-SC₄H₄)（IM5）所涉及的中间体和过渡态的构型，以及势能剖面图，以 R 与噻吩之和作为势能面能量零点（键长单位：Å）

接着随着反应底物噻吩的引入，存在两条路径导致噻吩环内金属化合物的生成。路径1（图5-14的黑线路径）为 $W(PMe_3)_4$ 与噻吩环上与硫原子相邻的碳原子配位，得到存在碳氢键（抓氢）作用的中间体 **IM3**。随后由 **IM3** 开始，经由过渡态 **TS$_{3-4}$**，金属中心插入到噻吩的 C–H 键，生成中间体 **IM4**。正如图5-14所示，C–S 键的距离由 **IM3** 中的 1.834 Å 拉长到 **TS$_{3-4}$** 的 2.019 Å，直到 **IM4** 的 2.991 Å，这意味着噻吩的 C–S 键逐渐被活化。紧接着，历经 **TS$_{4-5}$**，翻越 5.9 kcal/mol 的势垒，**IM4** 转变为金属噻吩环内化合物 $W(PMe_3)_4(\eta^2\text{-}SC_4H_4)$（**IM5**）。W–S 键长变化为 2.652 Å（**IM4**）→2.616 Å（**TS$_{4-5}$**）→2.391 Å（**IM5**），这一变化预示着 W–S 键在逐渐形成。路径1（图5-14的灰线路径），钨配合物与噻吩的硫原子先配位得到中间体 **IM3′**，比与碳原子先配位得到的中间体 **IM3** 稳定了 4.4 kcal/mol。然而，之后经由 **TS$_{3'-5}$**，得到 $W(PMe_3)_4(\eta^2\text{-}SC_4H_4)$（**IM5**）的势垒较高。**TS$_{3'-5}$** 比反应入口能量高了 30.9 kcal/mol，而且比 **TS$_{3-4}$** 高了 11.2 kcal/mol。因此，本节计算结果表明金属钨中心应先与噻吩的碳原子配位得到噻吩环内金属化合物 $W(PMe_3)_4(\eta^2\text{-}SC_4H_4)$（**IM5**）。**IM3** 与 **TS$_{3-4}$** 结构中都存在抓氢作用，这可能是促使 C–S 键断裂的主要驱动力。

5.3.2 丁二烯-硫醇配合物 $(\eta^5\text{-}C_4H_5S)W(PMe_3)_2(\eta^2\text{-}CH_2PMe_2)$ 的形成

阐明了 $W(PMe_3)_4(\eta^2\text{-}SC_4H_4)$（**IM5**）的形成机制后，我们将注意力转到其演化产物丁二烯硫醇配合物 $(\eta^5\text{-}C_4H_5S)W(PMe_3)_2(\eta^2\text{-}CH_2PMe_2)$（**1′**）的生成。依照图5-13，本节列出了由 **IM5** 到 **1** 转变的详细反应细节，相关的计算结果罗列在图5-15中。与图5-13对应，图5-15显示的这一转化过程主要由五个步骤组成：（i）噻吩环内金属配合物 **IM5** 重排为 **IM7**；（ii）金属中心对硫醛的 C–H 键氧化加成，致使五元环金属配合物（**IM9**）生成；（iii）α-H 由金属中心迁移到亚烃基碳上；（iv）配体 PMe_3 的氢原子先转移到金属中心，再转移到硫代酰基的碳原子上；（v）随着一个 PMe_3 配体的离去，丁二烯硫醇与金属配位方式由 η^1 变为 η^5，生成实验观测到的丁二烯硫醇配合物 $(\eta^5\text{-}C_4H_5S)W(PMe_3)_2(\eta^2\text{-}CH_2PMe_2)$（**1′**）。

从图5-15的势能面图可清楚地发现，这一势垒高的反应路径不是热力学支持的过程。特别是配体 PMe_3 的氢原子转移到钨中心对应的过渡态 **TS$_{10-11}$**，能量上比反应入口高了 36.0 kcal/mol，换而言之，从 **IM10** 到 **IM11** 的转变需要克服高达 44.2 kcal/mol 的势垒。如此高的反应势垒，不能合理解释实验观察到的 C–S 键断裂中间体（**1′**）的事实。我们猜测这一系列转变之所以需要翻越高的势垒主要是空间位阻效应导致的。特别是对于 **IM5**，PMe_3 配体太紧密，空间位置拥挤阻碍了接下来的转变。鉴于此，下面考虑先将金属中心解离掉一个 PMe_3 配体，重新计算这五个过程，计算结果归纳到图5-16中。

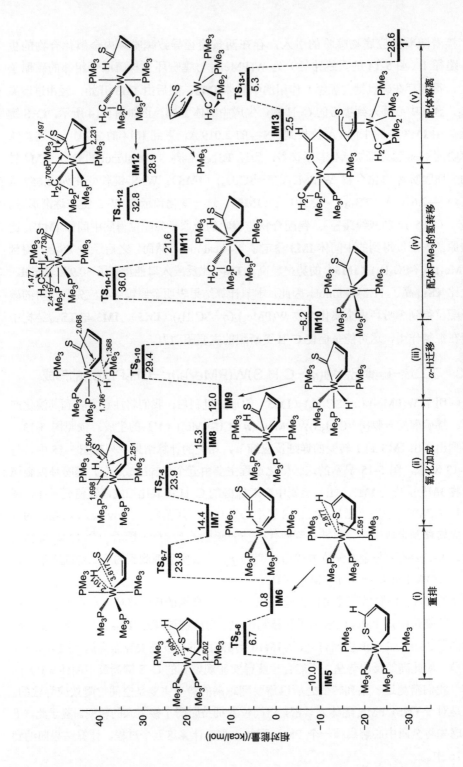

图 5-15　根据 Sattler 和 Parkin 提出的反应机理，计算得到的丁二烯硫醇配位的钨配合物 1'生成配合物 1 的势能面图（键长单位：Å）

如图 5-16 所示，18-电子配合物 **IM5** 经历 **TS$_{5-6'}$**，解离掉一个 PMe$_3$ 配体，克服 9.9 kcal/mol 的势垒，生成 16 电子的配合物 **IM6'**，放热 7.3 kcal/mol，这归因于 PMe$_3$ 配体解离带来的熵增效应。Liao 等人[75]报道过类似的钼配合物的反应，即金属中心解离掉一个配体后整体能量降低。然而尝试解离掉第二个 PMe$_3$ 配体，发现能量上升了 2.3 kcal/mol，钨配合物结构稳定性降低。因此解离掉一个 PMe$_3$ 配体有助于反应的进行。进一步计算可以发现，对于从 **IM6'** 到 **1'** 转变的过程，包括重排、氧化加成、α-H 和配体 PMe$_3$ 的氢转移四个关键步骤。其中所涉及的结构能量上比图 5-15 中对应的降低了许多。例如，决速步对应的过渡态为 **TS$_{10'-11'}$**，相对能量为 21.8 kcal/mol（**IM10'** 和 **TS$_{10'-11'}$** 的能量差值），明显低于图 5-15 显示的 44.2 kcal/mol（**IM10** 与 **TS$_{10-11}$** 的能量差值）。整体来看，按照新提出的反应机理，生成丁二烯硫醇配合物 **1** 整体需要克服 26.7 kcal/mol（**IM6'** 和 **TS$_{10'-11'}$** 的差值）的能垒，加热条件下，反应很容易进行。这也能够解释实验现象，即加热到 60 ℃时观察到了丁二烯硫醇配合物 **1'** 的生成。

值得注意的是，图 5-16 所示的反应机理本质上和 Sattler 和 Parkin 推测的是相同的，然而，中间体和过渡态的构型与图 5-15 所示的截然不同。如果未解离掉一个 PMe$_3$ 配体，丁二烯硫醇片段则处于赤道平面，阻碍了赤道面上官能团的转变，例如 PMe$_3$ 配体的氢原子转移到金属中心（图 5-15 中 **IM10** 到 **IM11** 的转变）。相反地，解离掉一个 PMe$_3$ 配体后，丁二烯-硫醇片段由赤道平面转移到平面上方，有利于决速步（图 5-16 中 **IM10'** 到 **IM11'** 的转变）的氢迁移。Sattler 和 Parkin 还指出钨配合物催化系统与钼存在不同点，即形成丁二烯硫醇配位的钼配合物 (η^5-C$_4$H$_5$S)Mo(PMe$_3$)$_2$(η^2-CH$_2$PMe$_2$) 比形成对应的钨配合物 **1'** 更容易。为了验证实验结论，我们对丁二烯硫醇配位的钼配合物的生成也进行了计算，结果显示钼配合物催化下，决速步势垒为 20.0 kcal/mol，比钨催化体系低了 6.7 kcal/mol，这合理地解释了丁二烯硫醇配位的钼配合物更容易生成的实验结果。

5.3.3 丁二烯-硫醇配合物加氢

如图 5-2 所示，Sattler 和 Parkin 提出 60 ℃下丁二烯硫醇盐配合物 **1'** 很容易加氢生成丁基硫醇配合物 W(PMe$_3$)$_4$(S^{n}Bu)H$_3$（**2'**）。图 5-17 和图 5-18 归纳了加氢过程的详细计算结果，该过程分为四个步骤：首先是丁二烯-硫醇末端的 C=C 键加氢（**1'→IM18**），其次内部的 C=C 键加氢（**IM18→IM22**），接着生成单氢钨配合物（**IM22→IM24**），随后生成 18 电子三氢配位的丁基硫醇配合物（**IM24→2'**），最后释放加氢脱硫产物 1-丁烯（**2'→P**）。

如图 5-17 所示，η^5-丁二烯硫醇盐配合物 **1** 经由过渡态 **TS$_{1-14}$**，演化为 η^1-丁二烯硫醇盐配合物 **IM14**，丁二烯硫醇片段和金属钨的配位方式由五配位转变为单配位，为接下来的加氢反应做准备。随后丁二烯硫醇的末端和内部 C=C 键的加氢机理本质

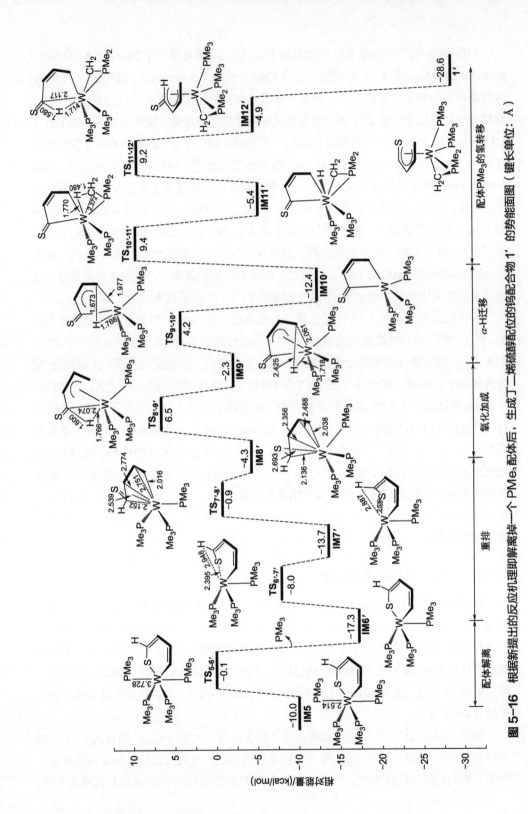

图 5-16　根据新提出的反应机理即配体离即解离掉一个 PMe₃ 配体后，生成丁二烯硫醇配位的钨配合物 1' 的势能面图（键长单位：Å）

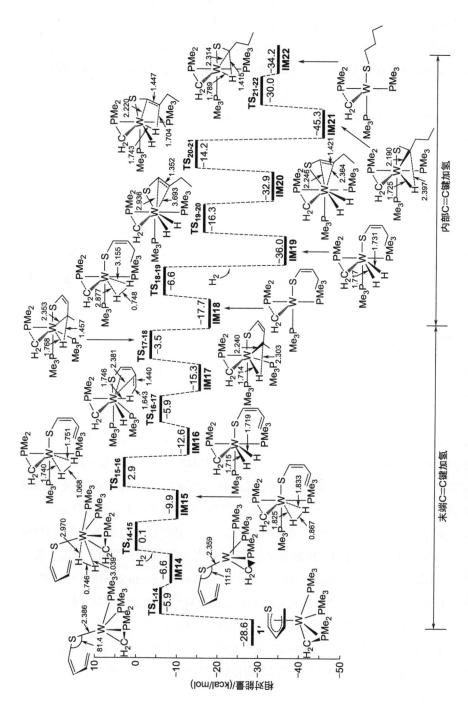

图5-17 丁二烯-硫醇配位的钨配合物 1 的末端和中间 C=C 键加氢的势能面图（键长单位：Å）

上是相似的：起始氢气分子通过两个基元步骤在金属钨中心完成氧化加成，随后氢迁移到亚甲基碳原子上。从势能剖面图上可以看出，加氢的决速步是第一个氢气在钨中心氧化加成的过程，势垒为 31.5 kcal/mol（TS_{15-16} 与 $1'$ 的能量差值），这一过程发生在氢气分子与金属钨配位之后，正如 TS_{15-16} 结构所示，氢气分子之间的共价键逐渐断裂，即将形成双氢配位的钨中间体。值得注意的是，虽然没有直接的证据证明双氢配位的钨配合物 IM16 和 IM19 的存在，但是有相关文献报道过类似的双氢配位的铼和铱配合物[36,47]。

接下来，如图 5-18 所示，第三个氢气分子在金属中心氧化加成及随后氢迁移到亚甲基上，生成了 14 电子单氢配位配合物 IM24。IM24 进一步加氢得到 16 电子三氢配位的配合物 IM25。单氢和三氢配位配合物的生成都是高度放热的过程，且势垒低于末端和内部 C=C 键加氢的过程。最后，PMe_3 基团重新配位到钨中心，导致 18 电子三氢配位的丁基硫醇配合物 $2'$ 的生成，这一过程吸热 11.0 kcal/mol。纵观图 5-17 和图 5-18，可以明显地看到，加氢反应是由一系列高度放热的步骤组成的，瓶颈步势垒为 31.5 kcal/mol，60 ℃ 下这一势垒很容易克服。

5.3.4 脱硫产物的释放

最后，我们将注意力转移到钨氢配合物脱硫，释放出产物 1-丁烯的过程。图 5-18 所示，计算了四条可能的路径 A、B、C、D。路径 A 是 Sattler 和 Parkin 猜测的，18 电子三氢化物经四元环过渡态 TS^a，直接脱硫释放出 1-丁烯，这一路径势垒高达 64.4 kcal/mol（IM25 和 TS^a 的能量差值），实验条件下（图 5-2 所示的反应温度为 100 ℃）很难进行。而路径 B 和 C 则是由 16 电子三氢化物 IM25 开始。前者包含两个基元步骤：与钨中心配位的氢原子先转移到硫原子上，随后克服 47.3 kcal/mol 的势垒（IM25 和 TS^b 的能量差值），丁基的氢原子转移到金属中心；后者（路径 C）则经由五元环过渡态 TS^c 克服 44.1 kcal/mol 的势垒，直接释放出 1-丁烯。路径 D 则是由单氢化物 IM24 开始，经由五元环过渡态 TS^d，翻越 30.4 kcal/mol 的能垒释放出 1-丁烯。然而，优于这一步，IM24 会首先经由 TS_{24-25}，翻越较小的势垒（18.6 kcal/mol）转化为 IM25。因此，路径 D 实际所需克服的势垒为 43.3 kcal/mol（IM25 和 TS^d 的能量差值），而不是 30.4 kcal/mol。综合比较，产物 1-丁烯更可能沿着路径 C 和 D 生成，二者势垒相近。然而释放加氢脱硫产物 1-丁烯的势垒高于生成丁二烯硫醇配合物 $1'$ 和丁基硫醇配合物 $2'$ 的势垒，这与实验观察到的 1-丁烯生成反应温度由 60 ℃ 升高到 100 ℃ 才能进行的事实相吻合。

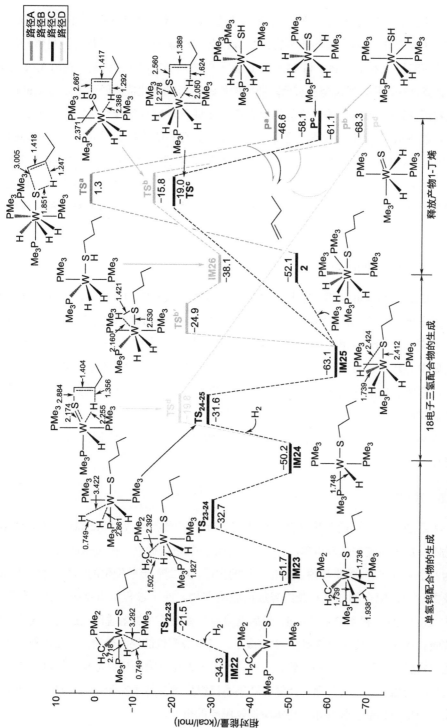

图 5-18 生成单氢钨氢配合物，18电子三氢配合物以及加氢脱硫产物1-丁烯的势能面图（键长单位：Å）

以上结论清晰地表明，路径 C 和 D 是生成 1-丁烯的优势路径，16 电子的三氢化物 **IM25** 是 1-丁烯生成的前驱物。尽管目前的结果能够定性解释实验观察到的现象，然而路径 C 和 D（44.1 和 43.3 kcal/mol）的势垒仍然比预期的高。使用 M06 泛函重新计算这一过程，发现势垒有所降低，例如路径 C 的活化能降低到了 39.0 kcal/mol，然而将近 40.0 kcal/mol 的活化能仍旧太高，未能合理解释实验结果。我们尝试计算其他可能生成 1-丁烯的路径，然而并没有找到更有利的路径。因此，我们认为图 5-18 已经显示出了完整的反应信息，而高估的势垒可能是由于泛函（B3LYP 和 M06）描述钨体系有一定误差导致的。本节工作的主要目的是阐明这个新颖的加氢脱硫反应详细的分子机制，因此，从这层意义上说，高估的势垒并不影响我们对反应机制的了解。

5.3.5　钨配合物的再生

Sattler 和 Parkin 强调分子钨配合物是断裂噻吩碳硫键的催化剂，因此，催化剂的还原是至关重要的，我们将进一步讨论催化剂再生的问题。以图 5-18 中 **P^c** 为例，研究 **P^c** 转变为分子钨配合物 **R** 的反应，计算结果归纳在图 5-19 中。随着 H_2 和 H_2S 从金属中心解离以及两个 PMe$_3$ 配体重新配位到金属中心，**P^c** 转变为 **R**。如图 5-19 所示，整体反应势垒为 65.4 kcal/mol，高于图 5-14～图 5-18 所示的势垒，这意味着整个加氢脱硫催化循环过程中瓶颈步是催化剂还原的步骤。然而 65.4 kcal/mol 这一势垒太高，以至于在温和条件下难以实现，所以要实现催化剂还原，还需要提高反应温度。

5.3.6　小结

本章通过密度泛函理论计算详细研究了分子钨配合物 W(PMe$_3$)$_4$(η^2-CH$_2$PMe$_2$)H 催化噻吩加氢脱硫的反应机理。计算结果显示，加氢脱硫是一个复杂的反应，可以划分为四个关键步骤：噻吩环内金属化合物的生成，丁二烯-硫醇配位的钨配合物的生成，以及之后的钨配合物加氢和最终释放出脱硫产物。四个过程所需克服的势垒分别为 25.5、26.7、31.5 和 43.3 kcal/mol，最后的脱硫过程是整个加氢脱硫反应的决速步，这与实验观察到的，反应加热到 60 ℃生成丁二烯硫醇配位的钨配合物，而加热到 100 ℃才能生成脱硫产物的结论一致。此外，催化剂钨配合物的还原是整个加氢脱硫催化循环反应的瓶颈步。目前理论计算的结果不仅很好地支持了实验结果，并且有助于阐明实际应用中钨配合物异相催化噻吩加氢脱硫的机制。

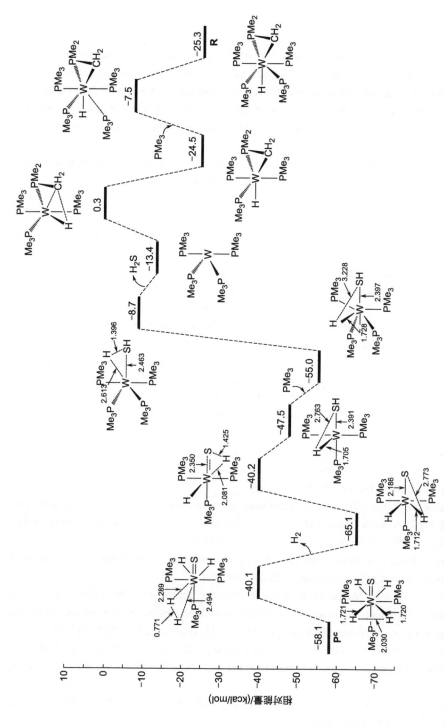

图 5-19　分子钨配合物 R 还原的势能面面图，势能面零点选取与图 5-14～图 5-18 相同（分子钨配合物 W(PMe₃)₄(η²-CH₂PMe₂)H 与噻吩的能量之和）(键长单位：Å)

参考文献

[1]   Johnson S A, Huff C W, Mustafa F, et al. Unexpected intermediates and products in the C–F bond
       activation of tetrafluorobenzenes with a bis (triethylphosphine) nickel synthon: direct evidence of a rapid
       and reversible C–H bond activation by Ni (0)[J]. J Am Chem Soc, 2008, 130(51): 17278-17280.

[2]   Clot E, Eisenstein O, Jasim N, et al. C–F and C–H bond activation of fluorobenzenes and
       fluoropyridines at transition metal centers: how fluorine tips the scales[J]. Acc Chem Res, 2011, 44(5):
       333-348.

[3]   Jana A, Samuel P P, Tavčar G, et al. Selective aromatic C–F and C–H bond activation with silylenes of
       different coordinate silicon[J]. J Am Chem Soc, 2010, 132(29): 10164-10170.

[4]   Yu D, Lu L, Shen Q. Palladium-catalyzed coupling of polyfluorinated arenes with heteroarenes via
       C–F/C–H activation[J]. Org Lett, 2013, 15(4): 940-943.

[5]   Dyker G. Transition metal catalyzed coupling reactions under C–H activation[J]. Angew Chem Int Ed,
       1999, 38(12): 1698-1712.

[6]   Zhou M, Hintermair U, Hashiguchi B G, et al. Cp* iridium precatalysts for selective C–H oxidation
       with sodium periodate as the terminal oxidant[J]. Organometallics, 2013, 32(4): 957-965.

[7]   Wada K, Pamplin C B, Legzdins P, et al. Intermolecular activation of hydrocarbon C–H bonds under
       ambient conditions by 16-electron neopentylidene and benzyne complexes of molybdenum[J]. J Am
       Chem Soc, 2003, 125(23): 7035-7048.

[8]   Ben-Ari E, Cohen R, Gandelman M, et al. ortho C–H activation of haloarenes and anisole by an electron-
       rich iridium(I) complex: mechanism and origin of regio-and chemoselectivity. an experimental and
       theoretical study[J]. Organometallics, 2006, 25(13): 3190-3210.

[9]   Balcells D, Clot E, Eisenstein O. C–H bond activation in transition metal species from a computational
       perspective[J]. Chem Rev, 2010, 110(2): 749-823.

[10]   Klahn A H, Oelckers B, Godoy F, et al. Synthesis and reactions of the rhenium fulvene complexes
       [Re(η ^{6}-C$_5$Me$_4$CH$_2$)(CO)$_2$(C$_6$F$_4$R)](R = F or CF$_3$): products derived from initial C–F activation[J]. J
       Chem Soc, Dalton Trans, 1998, 18: 3079-3086.

[11]   Johnson S A, Taylor E T, Cruise S J. A combined experimental and computational study of unexpected
       C–F bond activation intermediates and selectivity in the reaction of pentafluorobenzene with a
       (PEt$_3$)$_2$Ni synthon[J]. Organometallics, 2009, 28(13): 3842-3855.

[12]   Braun T, Perutz R N. Routes to fluorinated organic derivatives by nickel mediated C–F activation of
       heteroaromatics[J]. Chem Commun, 2002, 23: 2749-2757.

[13]   Nova A, Reinhold M, Perutz R N, et al. Selective activation of the ortho C–F bond in
       pentafluoropyridine by zerovalent nickel: reaction via a metallophosphorane intermediate stabilized by
       neighboring group assistance from the pyridyl nitrogen[J]. Organometallics, 2010, 29(7): 1824-1831.

[14]   Raza A L, Panetier J A, Teltewskoi M, et al. Rhodium(I) silyl complexes for C–F bond activation
       reactions of aromatic compounds: experimental and computational studies[J]. Organometallics, 2013,
       32(14): 3795-3807.

[15]   Sun A D, Love J A. Cross coupling reactions of polyfluoroarenes via C–F activation[J]. Dalton
       Transactions, 2010, 39(43): 10362-10374.

[16]   Ritleng V, Sirlin C, Pfeffer M. Ru-, Rh-, and Pd-catalyzed C–C bond formation involving C–H

activation and addition on unsaturated substrates: reactions and mechanistic aspects[J]. Chem Rev, 2002, 102(5): 1731-1770.

[17] Brunkan N M, Brestensky D M, Jones W D. Kinetics, thermodynamics, and effect of BPh_3 on competitive C–C and C–H bond activation reactions in the interconversion of allyl cyanide by [Ni (dippe)][J]. J Am Chem Soc, 2004, 126(11): 3627-3641.

[18] Keen A L, Johnson S A. Nickel (0)-catalyzed isomerization of an aryne complex: Formation of a dinuclear Ni (I) complex via C–H rather than C–F bond activation[J]. J Am Chem Soc, 2006, 128(6): 1806-1807.

[19] Fuchibe K, Akiyama T. Low-valent niobium-mediated double activation of C–F/C–H bonds: fluorene synthesis from o-Arylated α,α,α-trifluorotoluene derivatives[J]. J Am Chem Soc, 2006, 128(5): 1434-1435.

[20] Docherty J H, Lister T M, Mcarthur G, et al. Transition-metal-catalyzed C–H bond activation for the formation of C–C bonds in complex molecules[J]. Chem Rev, 2023, 123(12): 7692-7760.

[21] Kakiuchi F, Murai S. Catalytic C–H/olefin coupling[J]. Acc Chem Res, 2002, 35(10): 826-834.

[22] Eisenstein O, Milani J, Perutz R N. Selectivity of C–H activation and competition between C–H and C–F bond activation at fluorocarbons[J]. Chem Rev, 2017, 117(13): 8710-8753.

[23] Procacci B, Jiao Y, Evans M E, et al. Activation of B–H, Si–H, and C–F bonds with Tp′ Rh(PMe₃) complexes: Kinetics, mechanism, and selectivity[J]. J Am Chem Soc, 2015, 137(3): 1258-1272.

[24] Kakiuchi F, Usui M, Ueno S, et al. Ruthenium-catalyzed functionalization of aryl carbon-oxygen bonds in aromatic ethers with organoboron compounds[J]. J Am Chem Soc, 2004, 126(9): 2706-2707.

[25] Hiroshima S, Matsumura D, Kochi T, et al. Control of Product Selectivity by a Styrene Additive in Ruthenium-Catalyzed C–H Arylation[J]. Org Lett, 2010, 12(22): 5318-5321.

[26] Barrio P, Castarlenas R, Esteruelas M A, et al. Reactions of a hexahydride-osmium complex with aromatic ketones: C–H activation versus C–F activation[J]. Organometallics, 2001, 20(3): 442-452.

[27] Reinhold M, McGrady J E, Perutz R N. A comparison of C–F and C–H bond activation by zerovalent Ni and Pt: a density functional study[J]. J Am Chem Soc, 2004, 126(16): 5268-5276.

[28] Camadanli S, Beck R, Flörke U, et al. First regioselective cyclometalation reactions of cobalt in arylketones: C–H versus C–F activation[J]. Dalton Transactions, 2008, 42: 5701-5704.

[29] Yoshikai N. Cobalt-catalyzed, chelation-assisted CH bond functionalization[J]. Synlett, 2011, 2011(08): 1047-1051.

[30] Zheng T, Sun H, Ding J, et al. Effect of anchoring group and valent of cobalt center on the competitive cleavage of C–F or C–H bond activation[J]. J Organomet Chem, 2010, 695(15-16): 1873-1877.

[31] Li J J, Zheng T, Sun H, et al. Selective C–F/C–H bond activation of fluoroarenes by cobalt complex supported with phosphine ligands[J]. Dalton Transactions, 2013, 42(16): 5740-5748.

[32] Xu X, Jia J, Sun H, et al. Selective activation of C–F and C–H bonds with iron complexes, the relevant mechanism study by DFT calculations and study on the chemical properties of hydrido iron complex[J]. Dalton Transactions, 2013, 42(10): 3417-3428.

[33] Singh D, Chopra A, Mahendra P K, et al. Sulfur compounds in the fuel range fractions from different crude oils[J]. Petrol Sci Technol, 2016, 34(14): 1248-1254.

[34] Srivastava V C. An evaluation of desulfurization technologies for sulfur removal from liquid fuels[J]. RSC Adv, 2012, 2(3): 759-783.

[35] Stirling D. The sulfur problem: cleaning up industrial feedstocks[M]. Royal Society of Chemistry, 2000.

[36] Rosini G P, Jones W D. First examples of homogeneous hydrogenolysis of thiophene to 1-butanethiolate and ethylthioketene ligands: synthesis and reactivity of (eta. 4-C$_4$H$_5$S) ReH$_2$ (PPh$_3$)$_2$[J]. J Am Chem Soc, 1992, 114(27): 10767-10775.

[37] Bianchini C, Meli A, Vizza F. Role of single-site catalysts in the hydrogenation of thiophenes: from models systems to effective HDS catalysts[J]. J Organomet Chem, 2004, 689(24): 4277-4290.

[38] Pang W W, Zhang Y Z, Choi K H, et al. Design of catalyst support for deep hydrodesulfurization of gas oil[J]. Petrol Sci Technol, 2009, 27(12): 1349-1359.

[39] Delafuente D A, Myers W H, Sabat M, et al. Tungsten(0) η ^{2}-thiophene complexes: dearomatization of thiophene and its facile oxidation, protonation, and hydrogenation[J]. Organometallics, 2005, 24(8): 1876-1885.

[40] Moses P G, Hinnemann B, Topsøe H, et al. The hydrogenation and direct desulfurization reaction pathway in thiophene hydrodesulfurization over MoS$_2$ catalysts at realistic conditions: A density functional study[J]. J Catal, 2007, 248(2): 188-203.

[41] Hirotsu M, Tsuboi C, Nishioka T, et al. Carbon-sulfur bond cleavage reactions of dibenzothiophene derivatives mediated by iron and ruthenium carbonyls[J]. Dalton Transactions, 2011, 40(4): 785-787.

[42] Buccella D, Janak K E, Parkin G. Reactivity of Mo(PMe$_3$)$_6$ towards benzothiophene and selenophenes: new pathways relevant to hydrodesulfurization[J]. J Am Chem Soc, 2008, 130(48): 16187-16189.

[43] Bianchini C, Meli A. Hydrogenation, hydrogenolysis, and desulfurization of thiophenes by soluble metal complexes: Recent achievements and future directions[J]. Acc Chem Res, 1998, 31(3): 109-116.

[44] Angelici R J. Thiophenes in organotransition metal chemistry: patterns of reactivity[J]. Organometallics, 2001, 20(7): 1259-1275.

[45] Desnoyer A N, Love J A. Recent advances in well-defined, late transition metal complexes that make and/or break C–N, C–O and C–S bonds[J]. Chem Soc Rev, 2017, 46(1): 197-238.

[46] Oster S S, Grochowski M R, Lachicotte R J, et al. Carbon-sulfur bond activation of dibenzothiophenes and phenoxythiin by [Rh(dippe)(μ-H)]$_2$ and [Rh$_2$(dippe)$_2$(μ-Cl)(μ-H)][J]. Organometallics, 2010, 29(21): 4923-4931.

[47] Vivic D A, Jones W D. Hydrodesulfurization of thiophene and benzothiopbene to burane and ethylbenzene by a homogeneous iridium complex[J]. Organometallics, 1997, 16: 1912-1919.

[48] Baldovino-Medrano V G, Eloy P, Gaigneaux E M, et al. Development of the HYD route of hydrodesulfurization of dibenzothiophenes over Pd–Pt/γ-Al$_2$O$_3$ catalysts[J]. J Catal, 2009, 267(2): 129-139.

[49] Garcia J J, Maitlis P M. Hydrodesulfurization of dibenzothiophene into biphenyl by tris (triethylphosphine)platinum(0)[J]. J Am Chem Soc, 1993, 115(25): 12200-12201.

[50] Moses P G, Hinnemann B, Topsøe H, et al. The effect of Co-promotion on MoS$_2$ catalysts for hydrodesulfurization of thiophene: a density functional study[J]. J Catal, 2009, 268(2): 201-208.

[51] Besenbacher F, Brorson M, Clausen B S, et al. Recent STM, DFT and HAADF-STEM studies of sulfide-based hydrotreating catalysts: Insight into mechanistic, structural and particle size effects[J]. Catalysis Today, 2008, 130(1): 86-96.

[52] Lauritsen J V, Bollinger M V, Lægsgaard E, et al. Atomic-scale insight into structure and morphology changes of MoS$_2$ nanoclusters in hydrotreating catalysts[J]. J Catal, 2004, 221(2): 510-522.

[53] Raybaud P, Kresse G, Hafner J, et al. Ab initio density functional studies of transition-metal sulphides: I. Crystal structure and cohesive properties[J]. J Phys-Condens Mat, 1997, 9(50): 11085-11106.

[54] Toulhoat H, Raybaud P. Kinetic interpretation of catalytic activity patterns based on theoretical chemical descriptors[J]. J Catal, 2003, 216(1-2): 63-72.

[55] Toulhoat H, Raybaud P, Kasztelan S, et al. Transition metals to sulfur binding energies relationship to catalytic activities in HDS: back to Sabatier with first principle calculations[J]. Catalysis Today, 1999, 50(3-4): 629-636.

[56] Chianelli R R, Berhault G, Raybaud P, et al. Periodic trends in hydrodesulfurization: in support of the Sabatier principle[J]. Appl Catal A: Gen, 2002, 227(1-2): 83-96.

[57] Raybaud P. Understanding and predicting improved sulfide catalysts: Insights from first principles modeling[J]. Appl Catal A: Gen, 2007, 322: 76-91.

[58] Oviedo-Roa R, Martínez-Magadán J M, Illas F. Correlation between electronic properties and hydrodesulfurization activity of 4d-transition-metal sulfides[J]. J Phys Chem B, 2006, 110(15): 7951-7966.

[59] Ancheyta J, Rana M S, Furimsky E. Hydroprocessing of heavy petroleum feeds: Tutorial[J]. Catalysis today, 2005, 109(1-4): 3-15.

[60] Startsev A N. Concept of acid–base catalysis by metal sulfides[J]. Catalysis Today, 2009, 144(3-4): 350-357.

[61] Choudhary T V. Structure–reactivity–mechanistic considerations in heavy oil desulfurization[J]. Ind Eng Chem Res, 2007, 46(25): 8363-8370.

[62] Sattler A, Parkin G. Carbon-sulfur bond cleavage and hydrodesulfurization of thiophenes by tungsten[J]. J Am Chem Soc, 2011, 133(11): 3748-3751.

[63] Li J J, Zhang D J, Sun H, et al. Computational rationalization of the selective C–H and C–F activations of fluoroaromatic imines and ketones by cobalt complexes[J]. Org Biomol Chem, 2014, 12(12): 1897-1907.

[64] Godbout N, Oldfield E. Density functional study of cobalt-59 nuclear magnetic resonance chemical shifts and shielding tensor elements in Co (Ⅲ) complexes[J]. J Am Chem Soc, 1997, 119(34): 8065-8069.

[65] Li J J, Han Z, Zhang D J, et al. Mechanistic insight into the hydrodesulfurization of thiophene by a molecular tungsten complex W(PMe$_3$)$_4$(η ^{2}-CH$_2$PMe$_2$)H[J]. Appl Catal A: Gen, 2014, 487: 54-61.

[66] Liu Y, Zhang D, Gao J, et al. Theoretical elucidation of the mechanism of cleavage of the aromatic C–C bond in quinoxaline by a Tungsten-based complex [W(PMe$_3$)4(η ^{2}-CH$_2$PMe$_2$)H] [J]. Chem-Eur J, 2012, 18(48): 15537-15545.

[67] Cohen A J, Mori-Sánchez P, Yang W. Challenges for density functional theory[J]. Chem Rev, 2012, 112(1): 289-320.

[68] Nia N Y, Farahani P, Sabzyan H, et al. A combined computational and experimental study of the [Co(bpy)$_3$]$^{2+/3+}$complexes as one-electron outer-sphere redox couples in dye-sensitized solar cell electrolyte media[J]. Phys Chem Chem Phys, 2014, 16(23): 11481-11491.

[69] Shubina T E, Marbach H, Flechtner K, et al. Principle and mechanism of direct porphyrin metalation: joint experimental and theoretical investigation[J]. J Am Chem Soc, 2007, 129(30): 9476-9483.

[70] Musaev D G, Kaledin A, Shi B F, et al. Key mechanistic features of enantioselective C–H bond

activation reactions catalyzed by [(chiral mono-*N*-protected amino acid)−Pd(Ⅱ)] complexes[J]. J Am Chem Soc, 2012, 134(3): 1690-1698.

[71] Li D, Wang Y, Han K. Recent density functional theory model calculations of drug metabolism by cytochrome P450[J]. Coord Chem Rev, 2012, 256(11-12): 1137-1150.

[72] Li D, Huang X, Han K, et al. Catalytic mechanism of cytochrome P450 for 5′-hydroxylation of nicotine: fundamental reaction pathways and stereoselectivity[J]. J Am Chem Soc, 2011, 133(19): 7416-7427.

[73] Li Y, Liu D, Wan L, et al. Ligand-controlled cobalt-catalyzed regiodivergent alkyne hydroalkylation[J]. J Am Chem Soc, 2022, 144(30): 13961-13972.

[74] Chen Y, Sakaki S. Theoretical study of mononuclear nickel(Ⅰ), nickel(0), copper(Ⅰ), and cobalt(Ⅰ) dioxygen complexes: new insight into differences and similarities in geometry and bonding nature[J]. Inorg Chem, 2013, 52(22): 13146-13159.

[75] Liao C, Wang J, Li B. Mechanism of Mo-catalyzed C−S cleavage of thiophene[J]. J Organomet Chem, 2014, 749: 275-286.